大美乡村规划建设

中国建设科技集团 编著

Beautiful Rural Areas of China:
Planning and Construction

人民出版社

中国建设科技集团《大美乡村规划建设》编委会

建设宜居宜业和美乡村（序言）

吕书正

作为能够全面覆盖城乡建设领域各专业门类的科技型中央企业，中国建设科技集团（以下简称"中国建科"）坚持"两个基础""六个力量"的政治定位和"六个者"（即"落实国家战略的重要践行者、满足人民美好生活需要的重要承载者、中华文化的重要传承者、行业科技创新的重要引领者、行业标准的主要制定者、行业高质量发展的重要推动者"）的战略定位，紧紧聚焦国土空间规划、建筑工程、市政工程及文化遗产保护等主营业务板块，大力发挥勘查设计企业在行业头部的要素引领作用，主动服务国家区域发展、有力保障基础设施建设、积极改善民生人居环境，努力为推动更大范围更宽领域的经济循环作出新贡献，为国家的规划、建筑、城市设计创造一流的产品和产业。

中国建科是一个传承红色基因的企业。自 1952 年中央直属设计公司创建以来，始终立足"国家队"的使命责任，中国建科的发展印刻了中华民族伟大复兴的时代烙印，我们在风雨中成长、在历练中成熟，在京津冀协同发展、粤港澳大湾区建设、长三角地区发展的国家战略当中，都有中国建科的身影。七十年来，先后设计完成北京火车站、中国美术馆、国家体育场（鸟巢）、北京世园会、丝绸之路申遗、良渚古城遗址申遗、北京冬奥会、北京城市副中心、雄安新区等国家重点工程。

中国建科是一个践行绿色发展的企业。党的十八大以来，积极践行新发展理念，按照习近平总书记"共抓大保护，不搞大开发"要求，用实践展示"绿水青山就是金山银山"的真理伟力，承担了重庆、岳阳、九江等"长江流域大保护"试点城市水环境综合治理、重庆广阳岛生态修复工程、内江沱江流域水环境治理等一批重点项目，打造"生态文明样板"；在城乡融合发展的交汇期重点发力，在青海黑城村探索实践了"共谋　共建　共管　共评　共享"的共同缔造新模式；在西藏阿里，完成六县市政基础设施建设，兑现让藏族同胞"冬天不再寒冷，饮水更有保障"的承诺；在福建福州为九峰、前洋两村留住了"乡土风貌、乡土文化"；把助力甘肃省陇西县脱贫攻坚作为政治责任，帮助陇西县提前脱贫摘帽，受到了甘肃省的肯定和赞扬；深入云南怒江的 3 个县 18 个村开展设计帮扶工作，助力"三区三州"脱贫攻坚；这一系列衔接脱贫攻坚和乡村振兴的行动，为充分调动农业农村发展要素、健全城乡融合发展体制积累了实践经验，得到政府和社会广泛好评。

中国建科是一个追求蓝色合作的企业。2012 年全资收购新加坡 CPG 集团（前新加坡国家设计院），进一步巩固了建设科技领域综合优势、提升了国际竞争力。在"一带一路"倡议下，按照习近平总书记"聚焦重点、精雕细琢"要求，承担了一批沿线国家城市标志性项目，先后建设完成了斯里兰卡班达拉奈克国际会议大厦、新加坡国家博物馆、新加坡滨海湾花园、新加坡樟宜机场、中白工业园、援埃塞俄比亚绿色河岸项目等具有国际影响力的海外工程，累计为沿线34个国家承担各类项目，助力"一带一路"建设走深走实。

党的十九大以来，中央多次强调优先发展农业农村，全面推进乡村振兴，开启城乡融合发展和现代化建设新局面，为乡村振兴新发展提供了强大引擎。美丽乡村建设是实施乡村振兴战略的重要举措，中国建科将坚持以规划引领发展、以设计指导建设，建立一套完整的乡村建设规划设计思路，从文化培育到规划理念、景观治理，直到建筑单体设计一系列的研究，稳步推进美丽乡村建设；坚持传承历史文化的脉络，从文化和产业入手抓好乡村风貌建设，文化是灵魂、产业是生命，美好的乡村风貌，一定是良好的产业和健康的文化的展现，当今社会背景下，旅游、培训、养生、养老等新方式对乡村的文化与风貌提出了更高要求；坚持城乡要素综合发展，根据城乡融合发展体制机制和政策体系的要求，遵循乡村建设要缓而不宜操之过急，要小而不应好大喜功，要省而不是廉价复制，要细而不能粗制滥造的乡村建设核心价值观，认真实施乡村建设行动；坚持科技创新发展，充分发挥中国建科多年来在国家科技支撑项目、行业标准规范、美丽乡村建设、小城镇建设、历史文化名镇名村、传统村落保护等领域的综合专业技术优势，统筹县域城镇和村庄规划建设，完善基础设施，提升农房建设质量，因地制宜推进农村改厕、生活垃圾处理和污水治理，实施河湖水系综合整治，改善农村人居环境，推动乡村振兴。

中国建科将深入学习贯彻党的二十大精神，全面推进乡村振兴，为建设宜居宜业和美乡村贡献央企智慧和力量！

前　言

习近平总书记强调："民族要复兴，乡村必振兴。"乡村建设是关系全国近 5 亿农民生产、生活的大事，是党和政府"三农"工作的重要组成部分。改革开放以来，我国乡村建设进入了历史发展最快的时期，取得了举世瞩目的辉煌成就。从新农村建设，到美丽乡村，再到乡村振兴，中国乡村以崭新面貌展现在世人面前，成功走出一条中国特色社会主义乡村振兴道路。

大美乡村离不开一代又一代乡村建设者的无私付出与不懈努力。作为目前中国能够覆盖城乡建设领域全部专业门类、整体实力雄厚的科技型中央企业，中国建科拥有一支全国最早投身并持续不断服务于乡村建设的专业技术团队，是乡村建设研究与实践技术团队中名副其实的"国家队"。自 20 世纪 70 年代中期起，中国建科开始有计划、有组织地服务我国乡村建设事业，至今已有四十余年，在我国乡村建设领域一直处于前沿和领先地位。几代中国建科人薪火相传、接续奋斗、久久为功，用全面过硬的专业技术与真挚深厚的乡土情怀，在美丽中国、大美乡村的宏大画卷上留下了浓墨重彩的一笔。

正值乡村振兴战略引领的新一轮乡村建设启动之际，回顾七十余年来我国乡村建设的发展历程，是深入认识我国乡村建设历史和现实，总结经验和规律，进而更加准确地把握未来发展趋势的内在需要。梳理研究新中国乡村建设历史，有利于厘清乡村建设同国家和社会发展的历史脉络及其辩证关系，有利于在历史文化传承中开创未来，推动我国乡村建设事业蓬勃发展。

为深入贯彻落实党的十九大和十九届历次全会精神，进一步实施乡村建设行动，推动乡村全面振兴，本书集中回顾和展示中国建科在乡村建设领域的理论探索、科技创新、规划设计、乡建工程等工作与成果，以期为我国乡村振兴战略的深入推进提供有益的参考样板和借鉴视角。

雄关漫道真如铁，而今迈步从头越。中国建科将继续砥砺前行，走在前列、做好示范，为全面推进美丽乡村建设，为实现第二个百年奋斗目标、实现中华民族伟大复兴的中国梦作出更大贡献。

目　录

上篇 大美乡村建设历程

中国共产党从成立之日起，就坚持把为中国人民谋幸福、为中华民族谋复兴作为初心使命，团结带领中国人民为创造美好生活而奋斗。新民主主义革命时期，党团结带领广大农民"打土豪、分田地"，实行'耕者有其田'，帮助穷苦人民翻身得解放，赢得了人民广泛支持，夺取了中国革命胜利，建立了新中国，为摆脱贫困创造了根本政治条件。新中国成立以来，党团结带领人民完成社会主义革命，确立社会主义基本制度，推进社会主义建设，组织人民自力更生、发愤图强、重整山河，为摆脱贫困、改善人民生活打下坚实基础。改革开放以来，党团结带领人民实施了大规模、有计划、有组织的扶贫开发，着力解放和发展社会生产力，着力保障和改善民生，取得了前所未有的伟大成就。

　　新中国成立以来，全国乡村建设事业随着国民经济恢复逐步发展起来。特别是党的十一届三中全会以后，国家进入了全新发展阶段，社会主义市场经济体制逐步取代了计划经济体制，带动了农村产业结构、就业结构的深刻变革和小城镇迅猛发展，我国乡村建设驶入快车道，逐步走上了政府引导，有目标、有规划、有步骤的发展轨道。乡村建设工作在党的领导下，走出了一条主要依靠农民群众、艰苦奋斗、建设和改造数百万村庄、发展数万个小城镇、持续改善村镇人居环境、促进城乡社会和谐进步、为"三农"全局工作服务的路子。乡村建设的政策、法规、技术规范、机构队伍在不断完善，我国乡村发生了翻天覆地的变化，乡村建设成就有目共睹。

大美乡村建设历程

　　七十余年间，我国乡村建设工作内容不断扩展、工作机制逐步建立完善，高度体现了党在"三农"理论上的实践探索。乡村建设的要素配置、资金投入及工作机制均受到党的"三农"政策演变影响。总体来看，在不同的经济社会发展阶段，资源在工农城乡间的配置取向、经济体制（计划经济体制或市场经济体制）决定了七十余年间"三农"政策取向及政策工具的选择，也决定了不同阶段乡村建设的政策制度供给。根据不同阶段资源在城乡间配置的取向，城乡、工农发展互动关系等乡村建设的影响因素及特定阶段下"三农"问题的重大决策，以及乡村建设领域的重大转折性事件，大体可将新中国成立以来的乡村建设工作分为四大历史阶段。

一、新中国成立以后的乡村规划建设（1949—1978 年）

（一）新中国初期的乡村规划建设（1949—1957 年）

　　1949 年到 1957 年间，我国迅速恢复了被多年战争破坏的国民经济，基本完成社会主义改造，全国各条战线欣欣向荣，乡村建设也得到稳步发展。我国农村由经济凋敝、农民饥饿破产，转入全面恢复和发展的时期。

　　围绕恢复生产、重建家园，全国农村开展了轰轰烈烈的土地改革运动。土地改革之后，全国绝大部分农村土地变为农民所有制，广大农民获得了由人民政府颁发的土地所有证，并有权自由经营、买卖及出租其拥有的土地。这些土地不仅包括耕地等农业用地，也包括农民住房用地，即"宅基地"。除国家和集体保留的小部分土地外，农村大部分土地都分散到农民家庭、个体手中。尽管后期农村土地所有制逐步由农民私有制转变为集体所有制，宅基地也归集体所有，农民只对宅基地享有使用权而没有所有权，但宅基地没有使用年限，一家一户始终可以在极大程度上自由决策其宅基地上的建设行为。土地使用权的分散决定了后期农村建设，特别是农村住房建设通常是采用自建模式，自建房单体形态及其组合也因农民家庭偏好、经济条件、家庭情况等呈现千差万别的形态风貌。城乡二元土地制度在这一时期基本形成，逐渐成为影响乡村建设的根本因素之一。

　　为迅速恢复与发展农业，防治水患，国家大力兴修水利，有重点地进行河流治理，并结合兴修水利和救灾活动建设一批新村。如 1951 年淮河沿岸村庄的农民积极响应毛泽东同志"一定要把淮河治好"号召，参加治淮工作，同时重建家园。一批受灾严重的村庄异地建起新房，有的村还配建牛棚、猪栏等生产设施，小学、供销社、理发馆、杂货铺子等公共设施；村周围运栽植树木改善环境。

在爱国卫生运动推动下，农村环境得以初步改善。结合爱国卫生运动，全国农村掀起除四害、讲卫生的移风易俗高潮，农村环境有了较大改观，农民的健康状况显著改善。农村群众开展了"四净、五灭"运动，一批村庄开展了清除垃圾、粪便，清除污水塘、修筑排水沟，改良住宅、街院、水井、厕所、猪圈，建立卫生所，整修道路，种植树木等工作，整治脏乱环境，改善生活条件，农民逐渐养成讲文明、讲卫生的好习惯。

"一五"时期的农业合作化运动，极大促进了乡村建设发展。我国第一个五年计划建设的新时期，是我国农业合作化发展比较快的时期。农村出现大批专业和兼营手工业者，办起了一些作坊和加工厂。随着农村经济的活跃，农村的各项事业，开始进入有组织、有规划的发展阶段。农村居民点建设有了新的发展，农村环境卫生得到了新的改善。农民修房、建房积极性高涨，房屋建设标准也大有提高，大幅改善居住条件。有些村庄不仅改善了居住条件，而且规划建设了一些公共设施，如乡镇文化站。一些地区在合作化运动的推动下，出现了一批新的村庄。1957 年，中共中央公布了《一九五六年到一九六七年全国农业发展纲要（修正草案）》，根据文件要求，一些地方开始进行农村居民点建设的示范工作。

经过短期恢复，随着生产发展和经济的繁荣，各地农户生活水平提升，乡村建设也逐步开展起来。逐渐富裕起来的农户和村庄，开始建新房，许多旧社会的劳苦农民从山洞、破屋中搬入新的有玻璃窗、砖墙瓦顶的平房住宅。乡村文化教育事业也有了恢复和发展，一些地区重建或新建了小学，成年男女都参加识字班和夜校。为了满足农民购买生活与生产用品的需要，有的乡里还创办了供销合作社。

（二）人民公社化运动中的乡村规划建设（1958—1963 年）

1958 年，中国共产党八届二中全会通过"鼓足干劲，力争上游，多快好省地建设社会主义"的社会主义建设总路线。全国人民意气风发，斗志昂扬，在生产建设中发挥社会主义积极性和创造精神，各条战线都出现蓬勃发展的大好形势，农村形势也十分喜人，掀起农村"人民公社化"运动，开展大规模的乡村规划建设行动。

一是大部分公社做规划，有些县还对全县所有公社规划提出具体要求。人民公社化运动开始以后，为了适应短时启动各类乡村建设项目的新形势，农业部于 1958 年 9 月发出开展人民公社规划通知，要求各省、自治区、直辖市在"今冬明春"对公社进行全面规划。规划内容除农、林、牧、渔外，还包括平整土地、整修道路、建设新村。建筑工程部也发出公社规划号召。全国各地规划设计部门技术人员和大专院校建筑系的广大师生广泛动员起来，深入农村，夜以继日，持续奋战，编制大量人民公社建设规划。

二是住宅建设广泛开展。1958 年春开始，人民公社新建改建一批住宅，相当于集体宿舍；建设一批公社食堂，供集体用餐。当年 11 月，中共中央在《关于人民公社若干问题的决议》中要求"乡镇和村居民点住宅的建设规划，要经过群众的充分讨论"。"在住宅建筑方面，必须使房屋适宜于每个家庭男女老幼的团聚。"此后住宅中允许保留家庭厨房。1962年初，建筑工程部号召全国建筑设计工作者到农村调查研究，做好支援农村有关设计工作。从1962年到1963年，各地建筑设计工作者为农民创作了大量住宅设计方案，受到了农民的热烈欢迎。

三是各地农村建起一批公共福利设施。1958年中共中央关于在农村人民公社问题决议中，要求全国大办公共食堂、幼儿园、托儿所、幸福院等公共福利设施。为实现"组织军事化、行动战斗化、生活集体化"，各人民公社大办公共食堂、托儿所、幼儿园、敬老院等。

在"人民公社必须大办工业"的号召下，许多公社兴办了一批小型工业企业，同时还将原来农业合作社兴办的工业企业和3万多个农村手工业社（组）"转"为人民公社工业企业。兴办得比较多的企业类型有：农业机械修配制造厂、粮食加工厂、砖厂、石灰厂等。

虽然，公社建设规划指导下的农村住宅、公共福利设施和工业企业建设，造成一定浪费，但是在城乡二元财政供给体制下，一些地区依靠人民公社对农村资源的动员和整合，进行了乡村道路、晒场、仓库、输电线路、中小学、合作医疗、文化站、邮电所等公共福利设施的建设，农村基础设施建设和公共事业发展都取得了一定进展。

（三）"农业学大寨"运动中的乡村规划建设（1964—1977年）

从1953年开始，山西省大寨村制定了"改造自然"的规划，累计投工11000个，没要国家一分钱，用五年时间改造了7条大沟和几十条小沟，筑坝垒堰，淤成良田。新村建设方面，大寨大队做法是：坚持自力更生，艰苦奋斗的精神，发动群众自己烧砖采石，所有住宅都由大队统一组织施工，住宅产权归集体所有，由大队按照各户人情况分配给社员居住，社员要交纳房屋维修费用。大寨经验可以归纳为：一是通过修筑梯田，改善耕地质量；二是通过治理沟滩，增加土地数量；三是变水害为水利；四是通过与相邻村调换土地，方便耕作；五是修建道路，改善交通。

中央号召"农业学大寨"，大寨成为全国农村战线树立的一面"红旗"。1964年到1977年，全国农村广泛推广大寨大队经验。不少地方按照大寨做法建起一批新村，成为我国乡村建设事业中的重要组成部分，例如昔阳县411个大队都修建了青石窑洞和砖瓦房，基本建成新村庄。

在"农业学大寨"时期，部分地区突破大寨经验，从实际出发，采取"自建公助"方式，建起一批新村。做法是：由生产队和社员共同筹集资金和建筑材料，由集体统一规划，统一组织施工，建成住宅产权归社员所有，集体投资部分，由社员逐步偿还。还有一些社员自己筹集资金、材料，按照自己的需要建造独门独户住宅，如上海市嘉定县泾角生产队、江苏省江阴县华西大队等。这种做法既发挥了集体组织优势，又调动社员个人积极性，农民群众的居住条件得到改善，受到农民群众欢迎。

二、改革开放以后的乡村规划建设（1978—2001 年）

1978 年，党的十一届三中全会召开，国家进入改革开放阶段，农村获得前所未有的发展机遇。党对农村的发展目标、资源在城乡之间的配置及实施路径进行了重大调整，开始采取赋权与放活政策，解决农村问题的路径逐步拓宽，突破了城市发展工业、农村发展农业的产业政策，乡镇开始异军突起，农村城镇化的快速推进，探索出中国特色的农民就业和人口的非农化路径，乡村建设内涵发生了重大变化。以 1979 年 12 月，国家建委、国家农委、农业部、建材部、国家建工总局在青岛联合召开的全国农村房屋建设工作会议为历史分水岭，长期自发进行的乡村建设，逐步走上了有引导、有规划、有步骤的制度化发展轨道。20 世纪 90 年代以后，我国宏观经济总体较好较快发展，中国农业实现了快速发展，解决了全国人民的温饱问题，农产品供给也实现了由供给不足转向供需基本平衡的历史性跨越，农村劳动力单一从事农业情况彻底改变。进入 21 世纪后，中央每年都下发有关"三农"的一号文件，整个"三农"问题的战略思路越来越清晰，那就是在城乡一体化的进程中解决"三农"问题，这昭示着中国开始进入"以工补农、以城带乡"的全新发展阶段。

这一时期，乡村建设专门管理机构成立并逐步发展完善，全国的乡村规划建设基本形成了专业技术指导和规范管理的体制机制。乡村中心——建制镇和乡集镇规划建设管理也逐步加强，小城镇建设有效带动农村发展和城镇化发展。为积极应对"三农"问题，推动城乡统筹协调发展，2004 年中央正式开始推动社会主义新农村建设，农村生态人居环境得到持续改善。城市基础设施和公共服务设施也开始向农村延伸，部分地区出现了城乡融合发展态势。依据这一阶段乡村建设的特点，可分为农房规范建设时期（1978—1981 年）、集镇规划设计与建设管理时期（1982—1992 年）、以小城镇为重点的村镇建设规范化发展时期（1993—2001 年）三个小阶段。

（一）农房规范建设时期（1978—1981 年）

党的十一届三中全会以后，我国乡村发生巨大变化。推行多种形式的家庭联产承包责任制，人民公社恢复为乡镇，极大地调动了亿万农民的积极性。农业生产连年持续上升，更多农民开始投入工商业发展，特别是原来社队企业也积极放眼更广阔的市场，乡镇企业如雨后春笋般蓬勃兴起，农民收入不断增加，多年来一直困扰着人们的穿衣吃饭问题在大部分农民中基本得到解决。在这种情况下，富起来的农民迫切要求改善居住条件。这一时期，农村经济振兴成为农房建设强大的动力，农房建设规模空前，质量不断提高，投资逐年提高，发达地区农民开始建楼房，乡镇企业加大了对生产用房的需求，专业户和专业村对住房宅院建设也提出新要求。

面临新中国成立以来最大规模的持续数年的农房建设高潮，一些地方出现了乱占耕地、盲目新建等问题。党和国家十分重视，中央领导对乡村建设问题作过多次重要指示，有关部门把农房建设列入议事日程。为服务国家乡村建设工作，原国家建委下属的

"中国建筑科学研究院"（即中国建筑设计研究院前身）成立"农村房屋调查研究组"。1974 年，农村房屋调查研究组的一批先行者在国家基本建设委员会的领导下，开展我国第一次受政府委托的农村房屋建设调查。通过对全国各地农村居民点的实地考查，深入分析研究当时农房建设有关特点之后，在调研报告中总结了多项各地农村房屋建设的初步经验。这次调研及时反映了 70 年代初全国各地农村房屋规划建设动态和经验，在当时尚缺乏系统的农村房屋建设规范标准的情况下，对农房建设事业起到积极引导作用。在此成果基础上，农村房屋调查研究组进一步深化调研工作，通过认真总结正反两个方面的经验和教训，协助政府细化了农房建设政策；出版了我国在乡村建设领域的第一本专著《农村房屋建设手册》，引导我国农房建设走向规范化。

1979 年 12 月，国家建委、国家农委、农业部、建材部、国家建工总局在青岛联合召开全国农村房屋建设工作会议。这是新中国成立以后第一次专门召开的全国性研究农村建房问题的会议。这次会议确定我国农村房屋建设采取"全面规划，正确引导，依靠群众，自力更生，因地制宜，逐步建设"的方针；提出要认真解决房屋设计、施工力量、材料供应等问题，并决定在国家建委设立在国家机关中建立第一个乡村建设管理机构——"农村房屋建设办公室"，指导和协调全国农村房屋建设工作。青岛会议之后，为改善村镇自发建设中出现的问题，加强耕地保护和村镇建设综合管理，村镇建设管理工作在国家和地方层面全面推开，农村建设管理工作思路根据实际需求进行了调整，从农房建设逐步转向对农村规划建设的综合管理。

为解决农房建设中一些地区房屋建设形式呆板、单调、质量不高的问题，国家建委和农委于 1979 年共同提出了乡村房屋建设要"精心进行设计"的要求，并于 1980 年委托国家建委农村房屋建设办公室和中国建筑学会联合组织了全国性的乡村住宅建筑设计竞赛活动。设计竞赛成果被积极推广和应用，1981 年，乡村住宅设计竞赛的《优秀方案选编》在全国范围内发行；随后，绝大多数省、自治区、直辖市也编印了各地区住宅设计方案选编，将获奖方案向农民宣传推荐。有的地方把图纸做成了便于携带的模型到乡村展览宣传，以便农民能够更清楚地看懂设计方案，详细了解房屋样式，很受农民欢迎。一些地区还积极组织工程试点，进行新的设计，供农民评议、选择和仿建。这次新中国成立以来的第一次全国性乡村住宅设计竞赛活动，为广大农民提供了一批优秀的住宅设计方案，提高了农村住宅设计水平，推动了农房建设工作良好发展。

1981 年 12 月，国家建委、国家农委在北京召开第二次全国农村房屋建设工作会议。这次会议强调，应从乡村建设全局出发，使村镇住房建设同生产、文教、卫生、商业、服务等设施建设相结合，从组织领导、规划建设和管理法规等方面提出了农房建设需要采取的措施。这次会议的召开，标志着我国的乡村建设工作开始从只抓农房建设进入到对各个村庄和集镇进行综合规划、综合建设的新阶段。到 1981 年 12 月召开第二次全国农村房屋建设工作会议时，22 个省、自治区、直辖市在建委内也建立了农房处或农房办公室。我国长期自发进行的农房建设，逐步走上了有引导、有规划、有步骤的发展轨道。

（二）集镇规划设计与建设管理时期（1982—1992年）

1982年1月1日，中共中央批转《全国农村工作会议纪要》，提出在区划基础上，制定土地利用和农村建设总体规划。把山、水、田、林、路综合治理，生产、生活、教育、文化、卫生等公共设施和农村小城镇全面规划好。同月，国家基本建设委员会和国家农业委员会颁发试行《村镇规划原则》，对村镇规划的任务、内容做出原则性规定，把村镇规划分为总体规划和建设规划两个阶段，以便使每一个村庄和集镇规划能够与整个乡村全面发展有机结合起来，这对推动指引全国乡村规划发挥了重要作用。"实行综合开发，综合建设，把农房建设引向有领导、有规划、有步骤地建设社会主义新村镇轨道"，要求1985年底以前，分期分批地完成全国村镇规划编制任务。1982年2月，第二次全国农村房屋建设工作会议制定的《村镇建设用地管理条例》正式发布，对加强村镇建设管理的原则和办法进行了规定。同月，国务院颁发《村镇建房用地管理条例》，明确村庄规划和集镇规划审批程序。为确保工程质量和安全生产，城乡建设环境保护部于1982年8月制定三个《暂行规定》[①]，使我国乡村建设工作开始走上法治轨道。为系统掌握乡村建设进展情况，建设部于1983年实施《村镇建设统计年报》制度。为推动部分起步较晚、进展较慢地区的规划编制工作，城乡建设环境保护部于1984年3月在甘肃兰州召开12个省、自治区的村镇规划工作座谈会，强调编制规划要根据不同地区、不同类型的村镇实行分类指导、区别对待，如针对较为分散且规模较小的基层村可适度简化规划内容和深度。1984年9月，国务院颁发《关于加强乡镇街道企业环境管理的规定》，要求各地从"以防为主，综合治理"入手，在编制村镇建设规划时做到把乡镇企业纳入村镇规划统一布局，力求合理协调；选择无污染或低污染行业作为乡镇企业的发展方向；对新建乡镇工业坚持实行"三同时"，即环境设施与主体工程同时设计、同时施工、同时投产，我国乡村建设工作与环境保护工作同步进行有了法律保障。这些政策的颁布实施将我国村镇建设推上一个新的高度。

这一时期，全国村镇建设管理工作初步形成系统，各级管理机构逐步建立。1982年，新成立的城乡建设环境保护部内设乡村建设局，乡村建设管理工作从组织机构上得以加强。1983年，各省、自治区、直辖市在机构改革中，省一级的村镇建设管理机构也普遍得到了充实和加强，29个省、自治区、直辖市成立了村镇建设管理机构，县级建设主管部门的主要任务是抓好村镇建设。有些省市在省、地、县三级普遍设置乡村建设管理机构，乡一级配备专职乡村建设助理员。到1984年，村镇规划建设已正式列入国家经济社会发展计划，基本结束了农村建设自发状态，有效遏止了农房建设乱占耕地行为。1988年，国家机关机构改革，原城乡建设环境保护部乡村建设管理局更名为建设部村镇建设司，主要职能是研究制订村镇建设方针政策和法规；组织编制村镇建设的发展规划；指导和推动村镇规划的编制、实施和通用设计图的推广工作；指导村镇的统

[①] 三个《暂行规定》分别为：《关于加强县社建筑勘察设计管理的暂行规定》、《关于加强县社建筑施工技术管理的暂行规定》和《关于加强集体所有制建筑企业安全生产管理的暂行规定》。

一开发、综合建设，组织村镇建设试点；指导受灾地区的村镇重建和国家大型建设项目地区的村镇迁建工作等。1990 年 6 月，为落实规划试点 ① 要求，原建设部村镇建设试点办公室成立，具体承办有关村镇建设试点组织协调、技术指导、督促检查、评比总结等工作。

1982 年，伴随机构调整，中国建筑科学研究院农村建筑研究所更名为中国建筑技术发展中心村镇建设研究所，负责指导全国的村镇规划设计研究工作。80 年代中期，为满足日益发展的村镇规划建设工作的需要，村镇建设研究所针对当时村镇规划、设计和建设实践当中存在的问题，采取理论探索与示范工程经验相结合、专业技术人员与行政主管部门相结合等研究方法，及时提出《村镇建设技术政策要点》《城乡住宅建设技术政策要点》等技术政策性文件，为当时各级政府行政主管部门指导村镇建设和国家"七五"计划的编制提供了可靠的技术支撑，陆续开展《"八五"期间村镇建设发展趋势的预测》《关于贫困地区集镇建设问题的调查研究》《中外村镇建设比较研究》等重点课题研究。随着村镇规划设计工作广泛开展，一定地域范围内，村镇体系合理布局的问题提上了议事日程，1986 年，村镇建设研究所以《我国平原地区县域城—镇—村体系布局研究》为题，从多学科的视角，对我国乡村地区县（市）域范围内城镇和村庄的职能结构、规模等级结构和空间布局进行了深入分析研究，最终得出了城（县城）—镇（中心镇、一般镇）—村（中心村、基层村）三个等级、五个层次的体系布局框架。村镇建设的学术研究也逐步走向社会，中国建筑学会三次举办全国村镇建设学术讨论会，从理论上总结党的十一届三中全会以来的村镇建设经验、理论和方法，为下一阶段实践提供基础条件，起到承上启下的作用。

由于编制村镇规划工作任务多，技术性强，亟须培训村镇规划建设专业人才。1982 年以来，全国省、地、县三级城乡建设部门通过举办短期培训班、委托代培等多种形式大力培养初级村镇规划建设人才。1981 年，中国建筑科学研究院农村建筑研究所着手编制《村镇规划讲义》，并以其为基本教材，在全国各地举办培训班，培养村镇建设的规划、设计和管理人员。更名后的中国建筑技术发展中心村镇建设研究所，除了负责指导全国的村镇规划研究工作，也成为全国村镇规划人才培养、竞赛评比、技术下乡、学术交流的组织者和实施机构，到 1985 年底培养近 50 万人次，初步形成了一支村镇建设的初级技术队伍，这支队伍在编制村镇规划过程中发挥了重要作用。此外，为了指导基层工作人员开展前所未有的数量和难度的乡镇建设管理工作，中国建筑科学研究院农村建筑研究所于 1988 年主编《乡镇建设工作手册》，作为政策性与实用性兼备的工具书，满足基层管理人员学习与使用的需求。

在加紧培养村镇建设人才的同时，国家也开始动员、组织城市技术力量下乡，支援村镇建设，广泛开展村镇规划实践。如《广东省东莞市常平镇总体规划（1984—1990）》《广西壮族自治区阳朔县兴坪镇总体规划（1986—2000）》《福建省漳浦县佛昙镇总体规

---

① 1988 年在无锡评议沿海六省市规划试点，1989 年在嘉定评议 12 个省市规划试点，1990 年在北京评议第三批规划试点。

大美乡村规划建设
Beautiful Rural Areas of China: Planning and Construction

划（1988—2000）》《河南省沈丘县留福镇总体规划（1990—2000）》等。这些规划遵循了村镇建设和农村经济发展及社会进步之间相互促进的规律，将村镇置于市、县、镇、村的体系中进行研究，提出村镇建设发展的科学依据，在村镇建设领域中进一步摸索科学技术引导经济和社会发展的实践经验，还对村镇规划的成果表达方式，进行了细致实践，代表了当时村镇规划最前沿的理念与技术，用科学技术引导乡村社会经济发展。

这一时期，小城镇开始在市场与政策双向驱动下逐步发展壮大。1978 年以来，随着中国改革开放政策的落实和深入，尤其是广大乡村由于实行家庭联产承包责任制，发展多种经营，农业生产连年丰收，乡村经济迅速繁荣，商品生产和商品交换日益扩大。随着农村改革深入和乡镇企业蓬勃发展，农村产业结构、社会结构快速转变，农村的非农生产要素加速向乡镇流动，主要的经济活动开始向乡镇集中。人民公社恢复为乡镇后，撤乡设镇普遍，在市场与政策的双向驱动下，小城镇快速恢复，进入了迅速发展的新时期，进一步推动中国城镇化进程。1984 年，中央一号文件提出允许农民自理口粮到集镇落户，打开了城乡之间人口流动的大门。乡镇企业的蓬勃发展和商品经济的活跃促使一大批农民进镇落户，农民开始通过"离土不离乡、进厂不进城"的形式向非农产业和集镇转移。1984 年和 1986 年国家先后两次放宽建制市镇标准，建制镇的数量爆发式增长，全面促进了广大农村地区、少数民族居住地区、人口稀少的边远地区、山区和小型矿区、小港口、风景旅游、边境口岸等地建制镇的发展。1984 年 11 月，城乡建设环境保护部在北京召开了全国村镇建设经验交流会，这是自两次全国农村房屋建设工作会议之后第三次具有历史意义的重要会议，明确了在国家"七五"计划时期"以集镇建设为重点，带动整个村镇建设"的工作方针。小城镇和乡镇企业的快速发展，为下一时期以小城镇为重点开展村镇建设埋下伏笔。

（三）以小城镇为重点的乡镇规划建设规范化发展时期（1993—2001 年）

从 20 世纪 80 年代起，乡镇企业繁荣发展和政策引导带动了小城镇快速发展，小城镇数量呈现爆发式增长，至 2002 年，全国建制镇已达 2.06 万个，比 1978 年翻了七番有余。1993 年，建设部在江苏省苏州市召开"全国村镇建设工作会议"，确定以小城镇建设为中心，带动村镇建设，促进农村经济全面发展的工作方针。1998 年，中共十五届三中全会提出"小城镇、大战略"的方针，2000 年中共中央、国务院在《关于促进小城镇健康发展的若干意见》中强调了小城镇的重要地位，党的十六大明确提出"坚持大中小城市和小城镇协调发展，走中国特色的城镇化道路"。小城镇的发展道路逐步清晰，小城镇发展受到高度重视和支持，部分地区在村镇建设中开始进行创新实践。

在机构方面，配合当时国家乡村规划建设管理工作需要，政府机关与技术单位都进行了一系列机构完善与调整。1993 年，中央机构编制委员会在《关于地方各级党政机构设置的意见》（中编〔1993〕4 号）中对基层村镇建设管理机构给予了明确规定，解决了基层管理人员编制问题。到 1996 年底，全国所有的省（区、市）、98% 的地（市、县）和 67% 的乡镇建立了村镇建设管理机构，基本形成了村镇建设管理网络。为进一步做好村镇建设工作，2004 年 12 月经中央编办批准，建设部独立设置了村镇建设办公室，专门负责统筹推进村镇建设管理工作。2001 年，中国建筑技术研究院改制为中国建筑设计研究院，村镇规划设计研究所于 2003 年改为城镇规划设计研究院（简称"城镇院"）。

自 1993 年起，村镇建设立法工作加快步伐，有关村镇建设的一系列法规、条例和标准相继出台，我国村镇规划编制和乡村建设开始步入规范化发展的新阶段。针对村镇建设面临的生态环境破坏、基础设施滞后问题，国家及地方政府陆续出台了以"三集中"模式和划定"基本农田保护区"为代表的村镇规划应对措施，来加强村镇建设的有效管控，初步完成了法规、编制和实施体系框架的构建。在村镇规划设计研究所专家的参与下，建设部先后颁布实施了《村庄和集镇规划建设管理条例》和《建制镇规划建设管理办法》。1993 年，由村镇规划设计研究所牵头组织 6 个省市规划设计院，在《村镇规划原则》的基础上，总结了以往近 20 年乡村建设实践经验，编制完成了国家强制性标准《村镇规划标准》（GB 50188—93），于 1994 年 6 月 1 日正式实施，成为我国第一部村镇规划标准。为了使乡村建设有章可循、有法可依，1993—1998 年期间，原建设部还发布了《关于加强小城镇建设的若干意见》《村镇建筑工匠从业资格管理办法》等文件，为加强全国村镇的规划建设和管理、保障村镇建设事业健康发展提供了有力的法律依据。全国大部分省区市也制定了相应的地方性法规和标准。2000 年，建设部发布施行《村镇规划编制办法（试行）》，提出村镇规划的完整成果包括村镇总体规划和村镇建设规划，最终成果体现为"六图及文本、说明书及基础资料汇编"，开始强调近期建设规划；确定镇总体规划包含镇域体系规划、驻地总体规划两个层面，镇总体规划成果直接指导镇的具体建设。

这一时期，国务院各部门根据各自职能开展了小城镇建设、综合体制改革、综合开发、科技示范等不同类型、不同层面的小城镇工作。1993 年全国村镇建设工作会议后，建设部提出"625"工程[①]，对小城镇建设开展多层次、多方位的试点工作，从 1994 年开始共确定"全国小城镇建设试点镇"近 600 个，"小城镇建设示范镇"75 个，并进行了积极的支持和指导。2003 年建设部和国家文物局共同组织评选了中国历史文化名镇名村，完善相关体制机制，保存文物特别丰富且具有重大历史价值或纪念意义的、能较完整地反映一些历史时期传统风貌和地方民族特色的镇和村，对部分乡村地区的历史文化遗产资源起到了抢救性的保护作用。2004 年 2 月，为贯彻《中共中央、国务院关于做好农业和农村工作的意见》（中发〔2003〕3 号）和《国务院办公厅关于落实中共中央、国务院做好农业和农村工作意见有关政策措施的通知》（国办函〔2003〕15 号）有关"突出重点，完善功能，加快小城镇发展"的精神，建设部、国家发展和改革委员会等共同下发《关于公布全国重点镇名单的通知》（建村〔2004〕23 号），将北京市昌平区小汤

---

① "6"是以县（市）为单位，选择沿海六个先进县（市）为试点，研究和总结关于城市化进程中的问题以及相应的技术标准问题；"2"是两个市场经济孕育比较成熟的地区，研究和总结在小城镇建设的政策配套，具体措施辅助的问题；"5"是各地抓的 500 个不同类型的试点，研究和总结规划建设管理的具体经验。

山镇等 1887 个镇列为全国重点镇。此后，建设部陆续推进了"全国重点镇""改革试点小城镇""特色景观名镇""历史文化名镇名村""绿色低碳重点小城镇"等工作，有效促进了一批小城镇的发展建设，小城镇发展转变为有选择性地发展重点镇、特色镇，尤其是有历史文化保护价值的村镇和全国重点镇开始受到更多关注与帮扶。各级地方政府也根据当地情况确定一批中心镇和试点镇（乡），如"小城镇健康发展试点镇""百新工程试点镇"等。

三、以村庄整治为先导的社会主义新农村建设（2002—2011 年）

进入 21 世纪，随着第九个五年计划的顺利完成，我国开始进入全面建设小康社会，加快推进社会主义现代化的新的发展阶段。面对经济全球化、我国加入世贸组织、国际竞争日趋激烈的国际环境和中国农业农村经济进入艰难调整期、"三农"问题日益突出的国内形势，党和政府采取扩大内需、城乡统筹、加速乡村城镇化、区域整体发展等一系列宏观措施。2004 年开始，中央连续每年下发关于农业、农村和农民问题的一号文件，指导新世纪新阶段的农村改革发展。建设社会主义新农村是社会主义市场经济制度下中国进入工业化中期阶段后在全国乡村范围进行的全新事业。2005 年，党中央做出新农村建设战略部署，党的十六届五中全会正式提出社会主义新农村建设目标，明确了"生产发展、生活富裕、乡风文明、村容整洁、管理民主"二十字方针；2006 年，中央一号文件《中共中央、国务院关于推进社会主义新农村建设的若干意见》（中发〔2006〕号）又进一步对新农村建设提出了明确要求，正式拉开社会主义新农村建设的大幕。这一时期，建设社会主义新农村成为我国"三农"工作的统领和全党全国的共同行动。乡村建设进入到以科学发展观为指导，以社会主义新农村建设为统领，城市、镇、村庄协调发展的新时期。

村庄整治工作成果是农民最容易"看得见、摸得着"的实惠，是社会主义新农村建设的基础性、先导性工作。各地以"村庄整治"作为加强村庄规划建设管理和服务的切入点。2005 年 11 月，建设部在江西召开全国村庄整治工作会议，明确村庄整治的基本目标和要求，扎实稳步推进村庄整治，防止形式主义、强迫命令、大拆大建。为加强对村庄整治技术指导，住房和城乡建设部出台《关于村庄整治工作的指导意见》《村庄整治技术导则》以及《村庄整治技术规范》（GB 50445-2008），用于指导各地行动计划编制与实施。

这一阶段国家启动实施农村危房改造工作，帮助贫困农户解决最基本的住房问题，推进农村实现住有所居目标。按照党中央、国务院关于加快农村危房改造的决策部署，住房和城乡建设部、国家发展改革委、财政部从 2009 年起联合开展扩大农村危房改造试点工作。2008—2012 年，中央累计安排 732 亿元补助资金，支持近 1000 万贫困农户改造危房，逐步建立了较为有效的农村危房改造政策措施和管理办法。城镇院的专家在这项工作的政策、工作方案、评价标准等文件制定之初，就开始提供各类技术支持，并连续多年参与了全国性督查工作。十余年来，全国农村危房改造持续推进，成为我国打赢脱贫攻坚战的重要举措之一，成效显著：农村困难群众住房条件得到改善，农房抗震防灾能力得以提升，农房风貌和农村人居环境得到改善，还起到一定拉动内需和农村就业的作用，住上"安全房"的贫困农户精神面貌大为改观，促进了社会和谐和基层团结，中央对陆地边境一线的倾斜政策也对固边戍边睦邻发挥了积极作用。

2008 年住建部村镇办改制为村镇建设司，加强农房建设、农村危房改造和村镇规划管理，村镇规划建设法律法规和技术标准体系也进一步完善。在总结村镇规划标准执行 10 年的基础上，为适应我国村镇规划建设事业发展变化，《村镇规划标准》进行修编，调整为《镇规划标准》（GB 50188-2007），于 2007 年 5 月 1 日实施。2007 年全国人大常委会通过《中华人民共和国城乡规划法》（以下简称《城乡规划法》），并于 2008 年颁布实施。《城乡规划法》对村镇规划的制定、实施、修改监督检查和法律责任做了规定，将城市、乡村规划二元立法体系调整为城乡规划立法体系，将体现科学发展和城乡统筹思想、提高统筹城乡发展水平、规范城乡规划行为、保护公共利益的重要性上升到法治层面，具有划时代的意义。2010 年，住房和城乡建设部先后出台了《镇（乡）域规划导则（试行）》《城市、镇控制性详细规划编制审批办法》等相关法规，对《城乡规划法》进行配套，进一步完善了我国村镇规划建设管理的法规体系。此外，为了加强对历史文化名城、名镇、名村的保护，2008 年 4 月 2 日国务院第 3 次常务会议通过《历史文化名城名镇名村保护条例》，自 2008 年 7 月 1 日起施行。

这一时期，规划先行的指导思想已被高度重视和广泛认可，在"科学制定社会主义新农村建设规划""切实加强村庄规划工作""实施农村危房改造"等具体要求下，村庄规划建设实践也在各地如火如荼开展的新农村建设中进行了广泛探索，各地的村镇规划普及率得到大幅提升。全国各地广泛编制了面向实施的村庄整治规划设计方案，如《北京市延庆县八达岭旧村改造 A 区详细规划方案》《北京市海淀区田村旧村改造规划设计方案》《北京市平谷区将军关新村村域规划》等。由于村庄整治工作注重存量规划建设，这一时期村镇道路等基础设施水平和村容镇貌得到大幅整体提升。

四、新时代的美丽乡村规划建设（2012 年至今）

党的十八大以来，以习近平同志为核心的党中央对做好"三农"工作提出了一系列新理念、新思想、新战略。2013 年中央农村工作会议指出，中国要强，农业必须强，中国要美，农村必须美，中国要富，农民必须富；2017 年中央农村工作会议上再次强调，农业强不强、农村美不美、农民富不富，决定着亿万农民的获得感和幸福感，决定着我国全面建成小康社会的成色和社会主义现代化的质量。党的十九大提出实施乡村振兴战略，并写入党章，这是重大战略安排。实施乡村振兴战略，开启了加快我国农业农村现代化的新征程。实施乡村振兴战略就是要解决我国经济社会发展中最大的结构性问题，通过补短板、强底板，使农业农村同步现代化，防止出现农业衰落、农村凋敝；建立实施乡村振兴战略领导责任制，党政"一把手"是第一责任人，五级书记抓乡村振兴。在这种背景下，农村地区持续深入推进集体土地流转、集体经营性用地入市等一系列变革。村镇建设在原有框架下进行了再升级，以美丽乡村建设、农村人居环境整治、特色小（城）镇培育建设、传统村落保护等工作为代表，村镇建设走向更加人性化、绿色化和特色化，强调了示范试点和项目带动。村镇建设主体也由政府转向多元——各类企业、社会组织、专家学者、艺术家等能人下乡参与乡建，进行了诸多有益探索。村镇建设的各项工作都面临着新要求、新挑战和新机遇。

这一时期的新理念新思想新战略，系统全面、内涵丰富，为做好新时代乡村建设工作提供了基本遵循和理论指引，村镇规划建设管理工作迈入了新时代，即生态文明时代的美丽乡村建设阶段。

由于我国农村基础设施和民生领域欠账多，农村环境和生态问题比较突出，乡村发展整体水平亟待提升，发展不平衡不充分问题在乡村仍然较为突出。预计到2035年，我国城镇化率超过70%，仍将有4亿—5亿人生活居住在乡村，因此，持续加快乡村建设、改善人居环境，已经成为广大农民群众的强烈愿望。近年，积极推动改善农村人居环境整治，成为全国村镇建设的重要任务与工作抓手。2013年，习近平总书记充分肯定浙江省"千村示范、万村整治"工程的成效，做出了总结经验加以推广的指示。同年，首次召开全国改善农村人居环境工作会议，号召以群众最关心、最迫切需要解决的问题为切入点，以项目为抓手，全面展开农村垃圾、污水治理以及改厕为重点的农村人居环境改善工作。2015年，习近平总书记又提出进行"厕所革命"，强调让农村群众用上卫生厕所对于农村人居环境整治和美丽乡村建设的重要性。

自2013年起，在中央农村工作领导小组的统一部署下，国家在改善农村人居环境上做了大量工作。作为村镇规划建设领域的核心技术团队，城镇院从工作筹备初期就全程参与相关工作，持续协助筹办全国改善农村人居环境会议，参与了《关于改善农村人居环境的指导意见》《农村人居环境整治三年行动方案》等重大政策文件的研究起草，参与了农村人居环境统计评价机制的构建，部分专家还参与了全国农村人居环境整治检查与指导工作。

2012年底，党的十八大召开以后，党中央突出强调，"小康不小康，关键看老乡，关键在贫困的老乡能不能脱贫"，承诺"决不能落下一个贫困地区、一个贫困群众"，拉开了新时代脱贫攻坚的序幕。2013年，党中央提出精准扶贫理念，创新扶贫工作机制。2015年，党中央召开扶贫开发工作会议，提出实现脱贫攻坚目标的总体要求，实行扶持对象、项目安排、资金使用、措施到户、因村派人、脱贫成效"六个精准"，实行发展生产、易地搬迁、生态补偿、发展教育、社会保障兜底"五个一批"，发出打赢脱贫攻坚战的总攻令。2017年，党的十九大把精准脱贫作为三大攻坚战之一进行全面部署，聚焦全面建成小康社会目标，聚力攻克深度贫困堡垒，决战决胜脱贫攻坚。2020年，为有力应对新冠肺炎疫情和特大洪涝灾情带来的影响，党中央要求全党全国以更大的决心、更强的力度，做好"加试题"、打好收官战，信心百倍地向着脱贫攻坚的最后胜利进军。因此，"十三五"期间，在存在农村贫困人口的地区，多以脱贫攻坚来统领乡村建设。按照中央脱贫攻坚总体工作部署，坚持精准扶贫、精准脱贫的基本方略，保障贫困人口住房安全、推进贫困地区农村人居环境整治和美丽宜居乡村建设均成为扶贫工作的重要内容。

在美丽乡村建设实践与探索中，农村住房建设进入以"宜居"为关键词的新阶段。为探索支持农民建设宜居型农房机制、农房设计力量下乡服务机制以及农村建筑工匠培养和管理制度，2019年，住房和城乡建设部印发了《关于开展农村住房建设试点工作的通知》（建办村〔2019〕11号），运用共建共治共享的理念和方法，坚持政府引导、村民主体的基本原则，在尊重农民安居需求和农房建设实际的基础上，通过农村住房建设试点工作，提升农房建设设计和服务管理水平，建设一批功能现代、风貌乡土、成本经济、结构安全、绿色环保的宜居型示范农房，改善农民居住条件和居住环境，提升乡村风貌。

这一时期历史文化名镇名村评选工作继续推进，传统村落保护工作也正式上升至国家文化战略层面，成为乡村建设领域的重点专项工作之一。2012年，住建部、文化部、财政部联合印发了国家部委关于传统村落保护的首个指导意见《关于加强传统村落保护发展工作的指导意见》（建村〔2012〕184号）。同年，第一批《中国传统村落名录》公布，截止目前，共确定五批6799个中国传统村落，另有多个省份建立了省级传统村落名录，不少市、县也建立了保护名录。随着一系列具体保护政策措施的实施，传统村落快速消失的局面得到根本扭转，大量有重要保护价值的濒危文化遗产得到了抢救性保护，一些重要的历史环境要素、传统建筑及民居等都得以修缮，传统村落的社会关注度不断提升。传统村落保护工作的开展和历史文化名镇名村评选工作的延续，不仅是对传统文化和地域特色文化的弘扬，同时也是改善村庄环境的过程，许多传统村落、历史文化名村成为了美丽乡村建设的标杆。

党的十八大以后，按照有重点、有特色发展的原则，中央部委和各地也为推进小城镇建设发展做了大量努力。"十二五"期间中央财政支持602个重点流域重点镇建设了1.1万公里污水管网，支持开展绿色低碳小城镇试点和建制镇试点示范，对历史文化名镇保护也给予了一定补助。2013年，住房和城乡建设部等部门印发《关于开展全国重点镇增补调整工作的通知》（建村〔2013〕119号），启动全国重点镇增补工作，次年，七部委公布全国重点镇名单，列入各省、自治区、直辖市共计3675个建制镇。2014—2015年，浙江省将"特色小镇"作为年度重点工作并出台了相关指导意见，随后，习近平总书记作出重要批示："抓特色小镇、小城镇建设大有可为，对经济转型升级、新型城镇化建设，都具有重要的意义。"2016年，"十三五"规划纲要提出"因地制宜发展特色鲜明、产城融合、充满魅力的小城镇"，进一步确立了"有特色发展小城镇"的战略部署。2016—2018年，多部委开展了特色小城镇与特色小镇培育建设工作，对全国小城镇的建设管理起到了有力的指导与促进作用。许多全国各地各级政府以中心镇、特色镇为重点，出台了资金、土地、税收、保障房等政策，使一批小城镇面貌一新，具备了一定发展能力，成为当地新的经济增长点和地区乡村振兴的发展引擎。

随着我国经济发展进入新常态，城乡建设也开启了新局面，以城市为中心的建设正加速向城乡协调建设转变，实现全面建成小康社会目标、改善农村人居环境的任务更加迫切，美丽乡村越来越成为人们喜爱和向往的家园，乡村规划编制和管理随之进行了一系列改革创新。为落实"规划先行，分类指导农村人居环境治理"的要求，贯彻落实中央新农村建设和改善农村人居环境的部署，各地政府积极推进乡村规划编制和管理改革创新，村镇规划的新理念、新类型、新模式不断涌现。

为全面有效推进乡村规划工作，满足新农村建设需要，增强农村规划的实用性，住房和城乡建设部积极鼓励创新乡村规划理念、方法与内容，提出了推进"县（市）域乡村建设规划"和实用性村庄规划编制等任务，推动乡村规划体系建设，建立乡村规划检查制度，加强了乡村规划编制技术培训。2014年，为加强乡村建设规划许可管理工作，制定了《乡村建设规划许可实施意见》，明确了乡村建设规划许可的实施范围、内容和规范程序，探索强化规划实施管理的手段，村镇建设管理持续加强。

中篇 规划设计与实践探索

中国建设科技集团（以下简称"中国建科"）是国务院国资委直属的大型骨干科技型中央企业，是目前中国能够覆盖城乡建设领域全部专业门类、整体实力雄厚的科技型企业。中国建科的主营业务范围包括建筑工程、市政工程、生态环境、空间规划四大板块，涵盖 20 余项专业门类，自成立以来在全球近 60 个国家和地区，已完成项目设计 6 万余项。

作为落实国家战略的重要践行者、满足人民美好生活需要的重要承载者、中华文化的重要传承者、行业科技创新的重要引领者、行业高质量发展的重要推动者、行业标准的主要制定者，中国建科自 20 世纪 70 年代起，深耕乡村建设领域，有计划、有组织地服务我国乡村建设事业已有 40 余年，在各个历史阶段为大美乡村建设贡献力量。中国建科秉承以科研创新引领的"研究—规划—实践"工作理念，遵循乡村发展规律，围绕乡村建设，开展规划设计、科技研发和工程实践业务。研究起草了中国农民建房的第一本说明书、中国乡村建设管理的第一部法律、中国村庄和集镇的第一部建设标准等多项重大成果，拥有一支完整的由乡村建设资深专家、领军人才及规划、建筑、景观、市政等多专业人员组成的技术团队，成为国内城乡建设领域富有影响力的综合型科研设计机构，世界先进的城乡全产业链建设服务提供商。

四十余年以来，几代建科人薪火相传，接续奋斗，久久为功，用全面过硬的专业技术与真挚深厚的乡土情怀，在美丽中国的宏大画卷上留下浓墨重彩的一笔。为继续深入贯彻落实党的十九大精神，进一步推动乡村振兴战略，建设大美乡村，中国建科作为"国家队"，将遵循国家政策，以县域空间为单元，在产业策划、村庄与城镇规划、生态修复与环境整治、乡建设计、全过程咨询、人才培训等重点业务领域，为实施乡村振兴战略、开展乡村建设行动提供多元参考样板。

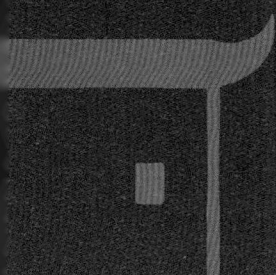

01 县镇规划

在县域空间单元规划实践方面，中国建科累计完成国土空间规划、县域乡村建设规划、特色小镇规划咨询项目近百项，项目区域涵盖全国多个省份，多次获得各级奖项。中国建科的县、镇业务以研究和行业标准为基础，以解决不同阶段乡村建设现实问题为导向，编制了一批国家和地方标准规范；完成了北京、福建、湖北、海南等不同地区、不同类型的县域及示范村镇规划，并长期为中央部委和省级村镇建设主管部门提供规划技术支持。

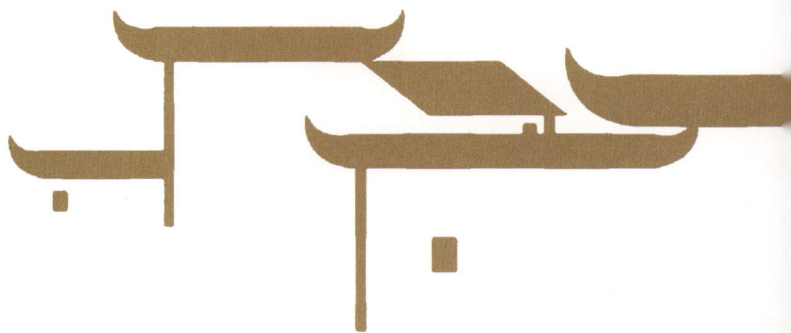

大美乡村规划建设
Beautiful Rural Areas of China: Planning and Construction

北京市延庆区张山营镇国土空间规划

北京市顺义区大孙各庄镇规划综合实施方案

河北省平山县西柏坡华润希望小镇规划设计

内蒙古自治区和林格尔县乡村振兴总体规划

江苏省镇江市韦岗片区核心区城市设计

浙江省杭州市余杭'梦想小镇'设计

浙江省湖州市妙西镇项目策划及城市设计

安徽省滁州市来安县县域乡村建设规划

江西省九江市永修县鄱阳湖国际候鸟小镇总体规划

江西省樟树市阁山镇特色小镇规划设计

湖北省荆门市奈美国际芳香小镇控制性详细规划

海南省保亭县水果旅游小镇规划设计

海南省澄迈县福山镇规划及城市设计

四川省凉山彝族自治州昭觉县谷克德高山云地概念性规划

贵州省贵阳市花溪区孟关乡"风情小镇"提升规划设计

云南省玉溪市江川区工城镇概念规划

甘肃省张掖市临泽县屯泉小镇规划设计

甘肃省定西市陇西县首阳中药材小镇规划设计

甘肃省定西市陇西县城区城市设计及风貌改造规划

青海省海南州共和县黑马河镇城市设计

新疆维吾尔自治区喀什地区疏勒县丝路小镇及主题稻田片区规划

北京市延庆区张山营镇国土空间规划

张山营镇地处北京市延庆区西北部，是 2022 年北京冬奥会延庆赛区所在地，是名副其实的冬奥小镇。张山营镇域内有松山、玉渡山、野鸭湖三个自然保护区，官厅、卓家营两个水源保护区，以及北京最大的平原造林，是生态涵养赋地。起源文化、戍边文化、北山文化、红色文化在张山营多元叠加，同时，受冬奥文化深远影响，凭借得天独厚的山水资源、悠久的文化资源、多样的农业资源，以及不断完善的旅游基础条件，张山营在北京、河北地区有着较高的影响力和知名度，是休闲度假胜地。

借冬奥契机，聚世界目光，张山营将打造成为"世界知名冬奥冰雪休闲名镇"，成为向世界展示后冬奥中国成就的窗口。规划在"存量、减量"基础上，突出"高品质"，谋划后冬奥时代张山营发展的美好蓝图。

大事件影响下的乡镇国土空间规划编制要点探索

冬奥对张山营提出更高的发展要求，包括生态本底更需牢固、产业发展面临挑战、

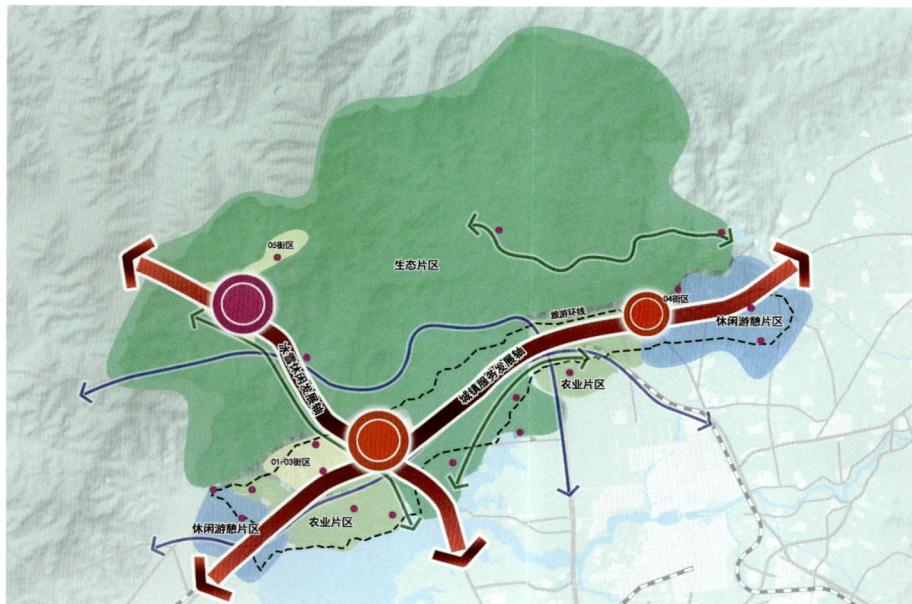

空间格局示意图

大美乡村规划建设
Beautiful Rural Areas of China: Planning and Construction

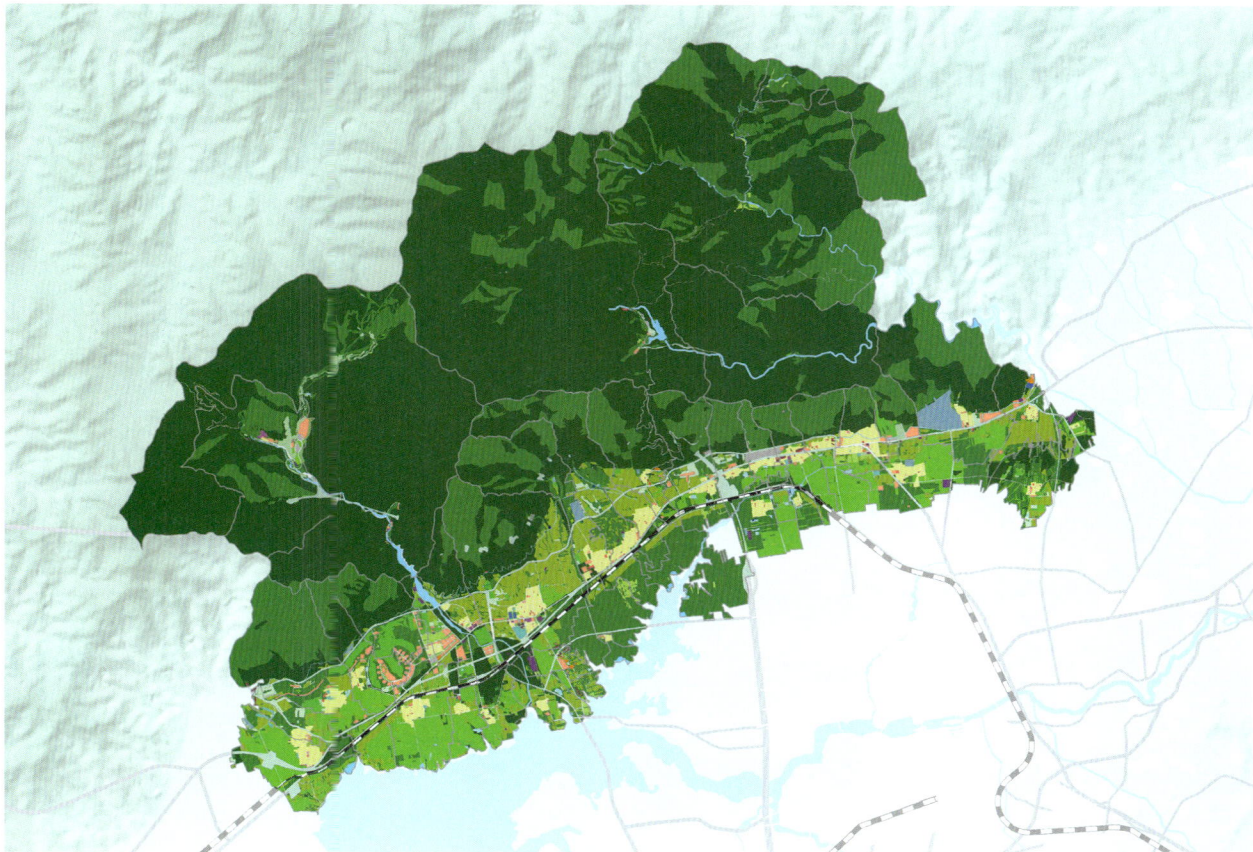

国土用途规划分类图

城乡关系率先重构、文化价值充分激发、现代治理不断推进。规划将"世界知名冬奥冰雪休闲名镇"的定位，结合冬奥要求的五个方面进行分解，提出可持续冬奥的生态实践样板、冰雪运动带动全域旅游的表率、后冬奥城乡关系重塑的典范、中国冬奥村镇魅力展示的窗口、以及国土空间善治的示范。为了实现高标准的目标，规划从五大策略做好响应和落实，以绿水青山守护冰天雪地，以冰雪运动引爆全季全域旅游、建冬奥名镇，以城乡统筹优化资源配置、讲中国故事，以京北气韵共绘最美冬奥城、强保障措施，以权责统一提升乡镇治理水平。

生态优先理念下城乡建设用地减量路径探索

张山营镇位于生态涵养区，用地减量需要以保护生态环境为前提，同时满足乡镇民生建设、产业发展等诉求。规划提出了生态优先理念下保生态、提效益、优民生、促发展的减量路径。张山营镇建设用地减量以实现延庆分区规划下达的城乡总用地指标为目标，以第三次全国土地调查为依据，结合管理类数据，技术校核现状边界，梳理现状底图底数。以保障生态安全为前提，分析镇域限制性要素，基于生态适宜性评价，明确减量图斑。针对现状产业用地进行重点梳理，基于产业用地评价，划分整治类型，对不同类型的土地利用方式进行指引，将有限的建设用地指标向近期实施项目、集中建设区投

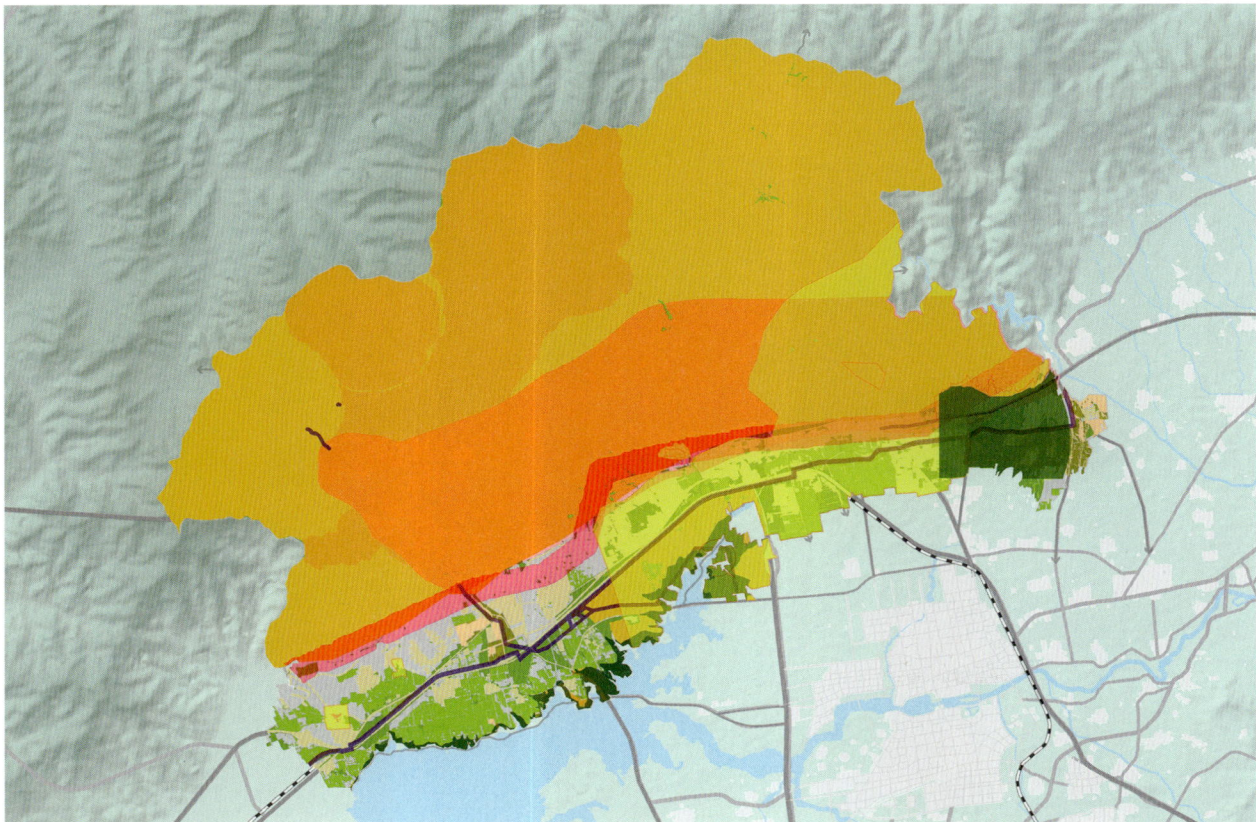

现状限制要素分析图

放。盘点全镇现状公服、市政设施，用地指标优先保障居住用地、公服市政设施配置。全域核算拆占比，增减挂钩，制定减量时序，实现分区规划下达的城乡建设用地指标。

生态资源价值实现方法探索

张山营生态资源丰富，将"绿水青山"和"冰天雪地"转化为"金山银山"是实现绿色发展的关键。规划提出张山营在传承和发扬冬奥生态修复技术，加强区域协作，联防联控的基础上，需要探索四种因地制宜的生态价值实现路径：生态重点管控及治理区域应通过生态修复模式，恢复生态系统，发展接续产业。一般生态功能区，发展生态旅游，获得旅游收入。生物栖息地、森林、湿地等区域，可以获得补偿金，实现可持续。碎片化农林资源、碳汇指标，可通过生态资源产权交易的方式转化为优质资产包，实现生态价值。

设计单位：中国建筑设计研究院有限公司

设计人员：李霞、范晓杰、王璐、王迎、刘静雅、许书洋、郭英涛、孙璇、张浩、刘欣宇

完成时间：编制中

项目规模：262.8 平方公里

北京市顺义区大孙各庄镇规划综合实施方案

在后疫情时代和"双循环"背景下，高标准保障首都民生物资供应、改善人民群众生活服务成为顺义区的重点任务之一，北京市"疏整促"工作也进入了"精准疏解、高效升级"的新阶段。顺义区提出在大孙各庄镇规划建设一个以保障首都民生和带动区域产业升级为核心任务，以标准、连通、少人、高效为建设基准，智能化、技术化的新型物流中心。

规划策略

项目坚持以规划引领，全面落实上位规划要求；依托实施评估，聚焦提升功能补充短板；引入龙头企业，打造集约高效物流体系；保障项目落地，明确园区规划实施路径；强化精细管理，严格控制项目土地成本。

大孙各庄镇智慧物流园区鸟瞰效果图

创新内容

（1）全要素的"最后一公里"规划。通过梳理现状、统筹资源，对落实近期建设计划目标，从技术方案、实施路径、成本测算等方面做出全面、具体的计划安排。统筹控制性详细规划、城市设计、土地利用规划、市政规划、园林审查、"三评"等面向实施的各类规划设计，打通项目落地的"最后一公里"。

（2）全部门的双圆桌协商平台。规划搭建了"建设圆桌"和"审批圆桌"两个平台，成为各级政府、编制单位、建设主体、审批监管部门、社会公众之间的桥梁，平衡多方权益、明确各方责任，形成"协商式"规划。

（3）全流程的规建管三维实施。通过规划综合实施方案，全面统筹从规划方案设计、实施建设、规划管理的全流程，确保项目落地实施。

（4）全时空的有预留四维方案。制定园区准入标准，从地上、地面、地下、时间四个维度，明确园区建设管控要求，打造集约高效、智慧便捷的城市物流体系。

技术特色

（1）形成以面向实施为核心导向的"圆桌式"规划，统筹全域空间资源和社会需求。

大孙各庄镇智慧物流园区总平面图

大美乡村规划建设

Beautiful Rural Areas of China: Planning and Construction

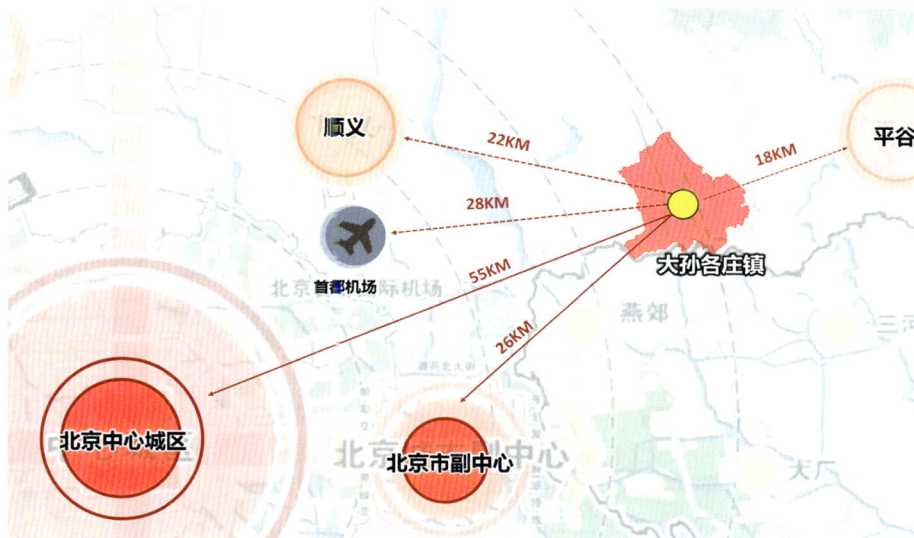

大孙各庄镇区位图

平衡各级政府、企业、多方编制单位、建设主体、社会公众等多方权益，分类施策、落实各方责任，形成高效易懂的工作机制。

（2）加强区域统筹，对全域进行土地盘整，落实减量提质，腾退低效产业。构建城乡共融的新型城乡关系，促进农民持续增收。补充公共设施和基础设施短板，全面提升居民生活保障。

（3）构建以龙头企业牵引的智慧、高效现代物流业产业集群，以标准、连通、少人、高效为原则，打造后疫情时代集约高效、智慧便捷的城市物流体系。

（4）以实施为导向，提出土地指标平衡思路，制定土地增减挂钩和耕地占补平衡方案，明确各类用地的土地出让方式、实施主体及实施时序，强化精细管理，严格控制项目土地成本。

设计单位：中国建筑设计研究院有限公司

设计人员：盛况、徐北静、李霞、管力、李秋童、杨乔丹、任芳、白琳

完成时间：2021 年

项目规模：0.7 平方公里

河北省平山县西柏坡华润希望小镇规划设计

　　西柏坡华润希望小镇是由华润集团有限公司捐资兴建的新农村建设试验性项目。针对新农村建设中出现的千村一面、与传统断裂、与环境脱节、与农民需求相悖等问题，设计过程中深入探讨了由央企主导的具有社会公益性质的新农村营建模式，建立以"从根本上提高农民生活质量"为目的、以"农村合作社模式下的产业帮扶"为手段的新农

华润希望小镇总平面图

村建设体系。希望小镇运用聚落的设计方法以应对场地条件、人群特征、历史记忆和传统沿承等方面的诸多问题，形成"居于高台，游于绿谷，聚于中心"的立体化聚落空间，因地制宜、从自然中生成的秩序使其具有了"当代聚落"的独特性和丰富性。

希望小镇的规划设计结合对传统聚落、国内外新聚落经典案例的研究，在深入细致地对当地及周边村落、场地条件、现存历史建筑、桥梁、民居、树木、农田等测绘、调查、研究的基础上，关注当地自然环境、人文要素、技术条件，并在物质空间成果中予以充分表达。在场地方面，针对村民对住区高度的要求，保留主要自然景观的同时，对南侧部分场地进行填方，形成"人工住区 + 自然地貌"的独特聚落特征。在布局方面，结合地形地势，将住区分为 3 个组团，并依据自然条件强化各自特征，与搬迁至此的 3 个村落一一对应，延续了已形成的社会关系。在街道方面，提取当地传统聚落的街道要素，不仅营造出变化丰富的空间和错落有致的界面，还兼具保障安全、缩短"感官距离"、改善微环境等优势。在节点方面，结合对当地村民生活的调研，用建筑围合等方式创造出"村民广场—组团活动空间—道路交叉口空间"这一尺度多样的开放空间体系。在单体方面，提供 3 种基本住宅户型，并依据村民意见及反馈，将其具体化为 20 种实

华润希望小镇俯瞰图

华润希望小镇组团空间俯瞰

住宅外景

际户型，不仅体现了村民的现状需求和未来加建，还形成了丰富的聚落空间形态。在要素方面，基于对当地传统聚落的研究，延续了门楼、照壁、檐下空间、花墙、建筑色彩等传统要素，并结合使用功能创造了楼梯间、坡屋面等新要素，在保留村民生活习惯的同时，体现了新聚落的时代特征。

设计单位：中国建筑设计研究院有限公司
设计人员：李兴钢、谭泽阳、邱涧冰、梁旭、张一婷、马津、赵小雨等
完成时间：2012 年
项目规模：5.3 公顷
获得奖项：2012 年第三届中国建筑传媒奖、居住建筑特别奖、入围奖；
2015 年第二届全国村镇规划理论与实践研讨会暨第一届田园建筑研讨会，
第一批田园建筑优秀作品一等优秀作品

内蒙古自治区和林格尔县乡村振兴总体规划

　　内蒙古自治区和林格尔县乡村振兴总体规划强调综合性、政策性、经济性、指向性和引导性，相较于省级和市级乡村振兴战略规划更具实施性、针对性和落地性。按照《国家乡村振兴战略规划（2018—2022年）》提出科学有序推动乡村产业、人才、文化、生态和组织振兴总方针。规划从全县域产业、生态、风俗文化、乡村治理、制度创新等相关方面出发，着力改善和林格尔县乡村发展面对的农民自我发展能力和农业农村发展的内生动力问题、农民收入提升农民幸福感和获得感的问题、乡村振兴缺少制度性供给问题、农村转移人口就地城镇化问题、针对脱贫攻坚和农村老龄化问题、乡村发展人才及资金保障问题、落实乡村振兴类型的重大项目等一系列重大问题。

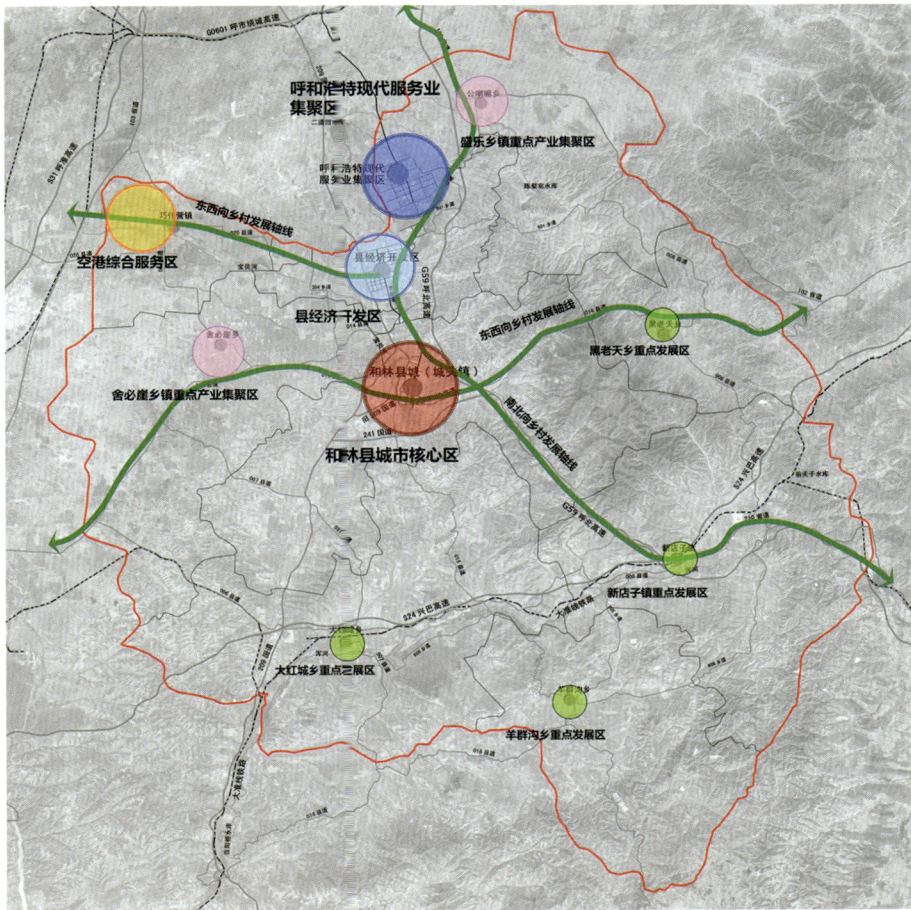

和林格尔县县域总体布局结构图

规划从县域范围内统筹考虑，以乡村产业创新为引领，以打造现代化特色农产品种植及农畜养殖循环经济为重要目标，以重要自然景观、历史文化和红色革命旅游资源为依托，以"互联网＋产业类型"模式为主要路径，以龙头企业、技术能人与合作社、家庭农场、普通农户合作为主要方式，通过土地、资金在制度改革下形成市场化有效配置，通过公共服务和市政基础设施的进一步完善，打造成为具有较强科技创新能力、现代化农业经营体系、特色旅游体系完善、绿色生态宜居、有一定人才基础的综合竞争力较强的乡村振兴样板示范县。

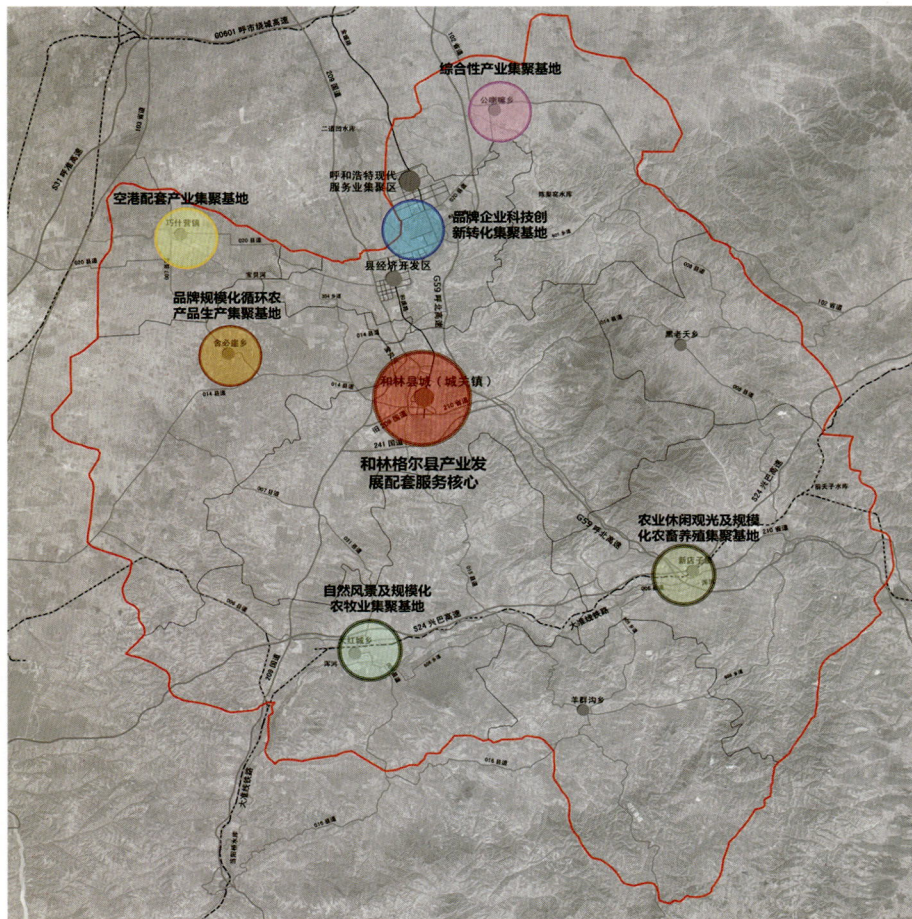

和林格尔县县域乡村总体产业"一核、六基地"分布图

设计单位：中国市政工程华北设计研究总院有限公司

设计人员：张研、许强、赵云铎、张恒宇、张鸿飞

完成时间：2019 年

项目规模：3436 平方公里

大美乡村规划建设

Beautiful Rural Areas of China: Planning and Construction

江苏省镇江市韦岗片区核心区城市设计

镇江市韦岗片区位于区域交通的交汇点，是镇江联动南京发展的西南门户，是南京优势资源沿长江向省内辐射的枢纽站。韦岗片区外部建设条件好，交通便捷，大学城教育资源突出，是地区活力核心。内部资源条件好，温泉资源最具特色，山水资源优势突出。韦岗曾是镇江市重要的采矿和矿石加工基地，有过一段筚路蓝缕继而辉煌夺目的采矿和矿石加工时代，现状工矿企业关停，GDP 下滑，人口流失，新的发展动力源还未形成。

规划策略

有机聚合——打造看得见山、望得见水的山水田城格局，依托现有的山水资源，建

鸟瞰图（日景）

鸟瞰图（夜景）

鸟瞰图（黄昏）

大美乡村规划建设
Beautiful Rural Areas of China: Planning and Construction

立"生态渗透 + 有机聚合"的生态格局，开放主要生态通廊，显露青山绿水，打造水绿交融的有机生态新镇，开启生态韦岗的永续世代。

拼贴城市——时空拼贴，打造链接历史与未来的无界空间，尊重基地的生态本底，整合城市发展的历史积淀进行重新塑造，以创造叠合统一历史与未来、生态与人工都市意象的"拼贴城市"。

活力多元——形成有产业支撑自循环城市复合功能组团，产城融合，动静结合，打造活力多元的城市复合功能组团，有机缝合城市灰色空间，营造多彩城镇风貌。

有序高效——组团发展、引导开发，大数据时代的城市大交通，沿城市主要功能轴线打造功能节点，通过主要功能节点引导组团有机发展。交通快道建立核心区外围快速路网，生活慢街串联各生活圈和功能节点，将高效率与慢生活有机结合，打造有序高效的城市交通。

创新方法

根据城市设计对空间要求以及地块开发条件要素的综合分析，将规划区的控制引导划分为三个等级：特定意图区、重点控制区和通则引导区。根据各个等级不同的区域有针对性地进行地块控制引导，更好地指导城市建设。

特定意图区主要指规划区内的特色区域，主要形成地块控制图则、地下空间控制引导、城市设计引导图则；重点控制区是指规划区内重要的公共建筑群，需要结合建筑的标志性、公共交通站点以及旅游观光小火车站点等综合开发重要因素，形成地块控制图则、地下空间控制引导、城市设计引导图则；通则引导区主要指规划区内的居住地块、一般公共建筑地块以及产业办公等地块，通过一般设计准则加以引导。

社会经济效益

在长江区域生态优先发展背景下，对宁镇地区沿山工矿企业的发展起到生态修复、城市修补的示范作用，同时对接宁镇同城化带来的发展机遇和资源，实现韦岗产业新旧动能转换和创新突破，结合城市旅游优势和大学城建设的机遇，引人留人，实现重塑韦岗活力的新目标，通过文化引领发展，塑造韦岗温泉文旅新名片。

设计单位：上海中森建筑与工程设计顾问有限公司
设计人员：陈鑫春、薛娇、徐之琪、蒯斯聪
完成时间：2019 年
项目规模：1500 公顷

浙江省杭州市余杭"梦想小镇"设计

　　杭州市余杭"梦想小镇"涵盖了互联网创业小镇和天使小镇两大内容。项目位于杭州市余杭区仓前街道，坐落在余杭区粮仓旧址之上，与南侧的余杭师范大学隔河相望，整个区块被余杭塘河支流一分为二，独具特色。独特的水系资源、粮仓的历史积淀、错落有致的建筑形态使得小镇初建成就吸引了不少的目光，除了优美的环境，还有优惠的政府扶植政策，热情高涨的企业创业氛围等等，使得"梦想小镇"名声在外，一度登上中央电视台的新闻联播、焦点访谈，娱乐节目"奔跑吧兄弟"在此选景拍摄。

　　规划设计坚持"三生融合"，打造四宜兼具的田园城市，在开发中充分保护自然生态和历史遗存，对文化底蕴进行深入挖掘，对存量空间按照互联网办公要求进行改造提升，从而推动文化、旅游、产业功能的有机叠加、共生共融，让创业者进则坐拥城市配套、创业无忧，出则尽享田园气息、回归自然，造就一方"在出世和入世之间自由徜徉"的理想家园，成为田园城市的新典范。在"梦想小镇"策划和建设过程中，主要遵循互联网思维和互联网精神，着力构建一个自然生态、历史文化、现代科技交相辉映，办公创业空间、职住生活配套空间、精神文化空间一应俱全的众创空间，让创业者们在这里追梦、造梦、圆梦。

"梦想小镇"鸟瞰图

"梦想小镇"人视效果图

设计单位：中国市政工程华北设计研究总院有限公司

设计人员：袁庆、詹晓磊、张研、穆伟、陈媛、王芳婷

完成时间：2014 年

项目规模：8 公顷

浙江省湖州市妙西镇项目策划及城市设计

　　湖州是习近平总书记"绿水青山就是金山银山"理念的发源地，践行生态文明发展理念的样板地。妙西镇地处湖州市吴兴区西部山区，自然人文条件优越。政府拟对镇区进行更新改造并置入旅游综合服务功能，实现整合镇域旅游资源与提升镇区经济活力和空间品质的目的。

功能特色

　　妙西镇总体定位为太湖南岸旅游度假区综合配套服务基地，世界茶文化发源地之一。从区域角度，妙西镇域内分布着多个景区及度假项目，但旅游资源各自为政，缺乏统筹性的旅游综合服务；从生态与文化角度，妙西镇的特色在于山水林田之清雅与隐逸，以及茶圣陆羽的历史遗迹与茶文化之意象。

产业特色

　　以旅游服务为特色，联动镇区原有的生产生活功能，确立"服务先导、镇区联动、消费繁荣，实现产镇融合一体化发展"的产业发展策略。将文化体验、旅游服务、健康颐养、原真居住和综合服务五大功能落位于镇区空间。

结构特色

　　首先，保留镇区三种不同时代的空间肌理，真实再现其空间生长历程。其次，对原总规中破坏老镇肌理的路网予以优化，并将旅游服务中心调整到顺应城镇生长法则的位置。最后，以山体、

妙西镇总平面图

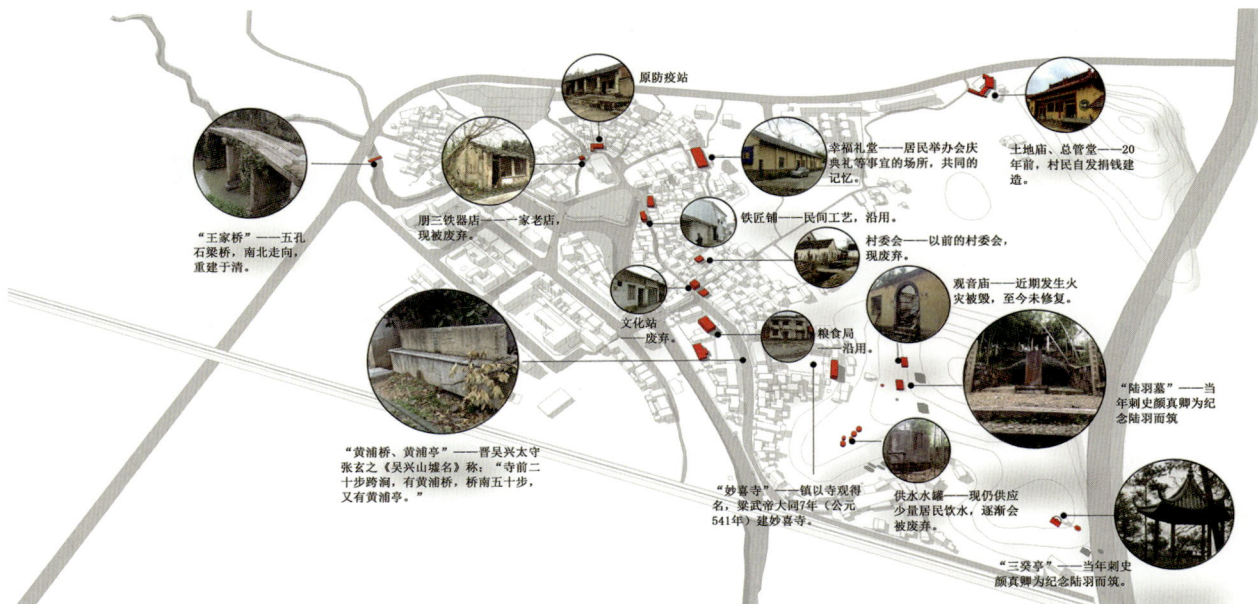

妙西镇历史文化遗存

妙西镇旅游综合服务片区鸟瞰图

大美乡村规划建设
Beautiful Rural Areas of China: Planning and Construction

水系与湿地系统作为天然的空间廊道，将妙西镇的过去、现在与未来予以划分，形成城镇与生态交融的有机整体。

载体特色

根据史料对妙喜寺空间形态的记载，再现其山、寺、桥、亭的空间组合关系。针对老镇内日渐破败的建筑立面，制定街区控制原则及立面改造模式，为老镇的更新提供依据。

模式特色

以妙西镇的结构特色为依据，以点带面地辐射整个镇区，带动其进行全面的更新与建设。以院落为单元引领，明确改造院落的商业业态，合理选取本土材料，运用本土建造技艺对院落进行改造。

设计单位：中国城市发展规划设计咨询有限公司

设计人员：杨一帆、陈杰、赵楠、赵骞、唐克然、胡亮

完成时间：2017 年

项目规模：约 70 公顷

安徽省滁州市来安县县域乡村建设规划

大城市周边的乡村是城乡资源要素单向流出最明显的区域之一。受城镇化发展思维的主导，乡村逐渐出现忽视生态、人口流出、设施不足、风貌缺少、实施管理滞后等一系列问题。来安县地处南京都市圈核心区圈层，是典型的城镇化带动快速发展地区。规划通过以生态引导、理性集聚、以真实意愿模拟城乡体系重构、以实际需求优化设施布局、以潜力评价进行村庄分类指引，形成面向实施的县域乡村建设规划编制技术方法。

项目在编制机制、编制技术、规划实施三方面进行创新。在编制机制方面，运用全域覆盖的调研方法，建立多部门、多层级协调的编制机制。在编制技术方面，探索多规合一方法，实现规划目标、过程和结论的多规协调，运用空间分析方法，构建分析模型提供科学支撑。在规划实施方面，按照由易至难、由急至缓、服从上位的原则，制定行动计划，从资本激活、资源整合、制度完善三方面提

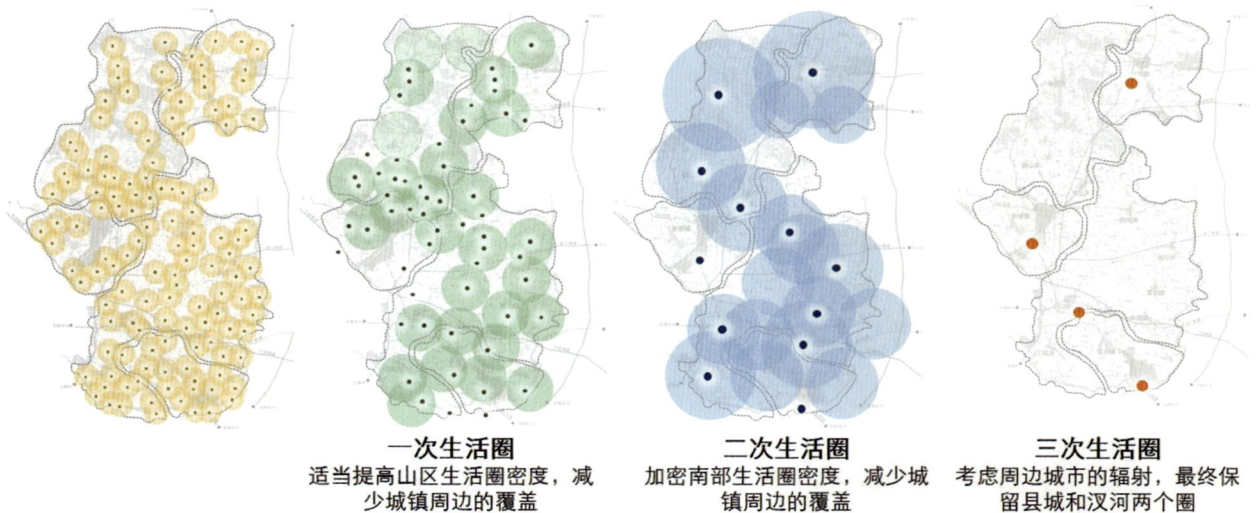

一次生活圈
适当提高山区生活圈密度，减少城镇周边的覆盖

二次生活圈
加密南部生活圈密度，减少城镇周边的覆盖

三次生活圈
考虑周边城市的辐射，最终保留县城和汊河两个圈

优化后乡村多级生活圈

来安县乡村建设规划实践及部分成果

供实施保障建议。

通过规划实施评估可知，规划在政府主导的建设领域推进较好，而在由市场决定的产业、城镇化搬迁等项目上不确定性较大，乡村建设规划需要进一步对接政府和市场职能分工，提出刚性和弹性相结合的建设目标要求，科学推进规划项目的实施。

设计单位：中国建筑设计研究院有限公司

设计人员：冯新刚、李霞、王璐、高明、杨超　周丹、王迎、李燕等

完成时间：2017 年

项目规模：1481 平方公里

获得奖项：2017 年优秀城市规划设计奖

江西省九江市永修县鄱阳湖国际候鸟小镇总体规划

2016年，习近平总书记视察江西时强调，绿色生态是江西最大财富、最大优势、最大品牌，一定要保护好，做好治山理水、显山露水的文章，走出一条经济发展和生态文明水平提高相辅相成、相得益彰的路子。2019年，江西省委、省政府要求认真做好"鄱阳湖国际观鸟节"的各项筹备工作，吴城镇国际候鸟小镇拉开了规划设计、活动策划、基础建设的序幕。

核心理念

以"生态治理、生态保护、绿色发展、绿色共享"为目标，打造"国际候鸟小镇，生态文明样板"，实现环境、经济、社会的最佳平衡，鸟类、人类共同生息，引领可持续的绿色时尚。

候鸟小镇镇域项目布局图

绿道规划图

大美乡村规划建设

Beautiful Rural Areas of China: Planning and Construction

大湖池观鸟点实景图

朱市湖观鸟点实景图

规划思考

（1）通过严格的容量管理控制，调配客流量在时间与空间上的分布。

（2）当地居民转产转业统筹到候鸟保护与旅游开发中，实现从"向湖索取"到"与湖共生"。

（3）区域联动方面，找准定位差异化发展，突破交通瓶颈，从"陆上交通"到"水陆结合"。

（4）通过打造观鸟胜地、会馆群落、渔家生活不同主题产品，形成"陆上会馆林立、空中候鸟飞翔、水上渔舟唱晚"的吴城鲜明品牌形象。

（5）公共设施从"传统服务"到"主客共享"，避免重复建设，提高利用率。

创新方法

根据生态环境保护的需求，吴城镇分为开放区域、封闭整体运营区域、预约体验区域三类；面向不同群体，推出《小镇公约》《观鸟公约》、通行证等软性及硬性约束，引导规范公众行为；在规划过程中，项目建设同步开展，规划师驻场指导，实时修正与调整，规划与建设高效推进。

综合效益

2019 年，吴城镇完成全镇雨污分流管网配套工程和集镇主干道两侧及环路风貌改造，启动吴城镇环岛公路建设。作为首届鄱阳湖国际观鸟周会场之一，吴城镇获得全国首个"中国候鸟小镇"、AAAA 景区荣誉称号。

设计单位：中国城市发展规划设计咨询有限公司

设计人员：冯巧玲、李萃、冯新刚、崔圣实、谭剑、裴欣、徐北静、刘倩、王秀晨、何永平、王冰洁

完成时间：2019 年

项目规模：368.35 平方公里

江西省樟树市阁山镇特色小镇规划设计

樟树市是国内四大药都之一，阁山镇是樟树市的副中心，是"中华药业""樟树药帮"的发源之地。樟树市药材市场经营模式十分传统，阁山镇却药味不浓，相关产业发展不足。阁山镇开启中医药小镇创建工作，并成功入选第二批全国特色小镇名单。通过重塑阁山中医药品牌，复兴樟树市千年中医药产业，引领阁山镇、樟树市经济转型发展。

核心理念

规划梳理基地的自然条件、文化特色、产业基础以及周边资源条件，以"道法自然"为核心理念，构建山水格局，通过山体及水系组织安排基地内的生态廊道，穿插镶嵌在山体绿林之中，保留基地内的重要生态板块，与基地外的生态板块相联系，形成"一心，两轴，三片区"的空间结构。以葛玄广场绿心公园为景观核心，向外辐射联系周围中医药展示区、中医药交易区、中医药配套服务区三片区。

规划思考

规划从以下三方面构建了阁山镇特色小镇的活化路径：

（1）重塑文化特色，强化文化凝聚力

依托优势文化资源，以"道"为核心，将药道、岩盐、访古、民俗等文化产品进行丰富和补充，并依托药文化主题打造开药会、观药景、吃药膳、泡药浴、养药生五大健康产业主题，以此来提升药文化产品的服务性。

（2）打造完整的产业生态圈

樟树市要想实现"中国药都"的振兴，创建阁山中医药小镇，培育特色产业是关键。规划通过引进"交易中心＋博物馆＋会展中心"三大核心场馆重塑药都形象，形成樟树市药都对外窗口，重塑樟树市药都核心贸易集散地，并延伸产业链，培育商贸会展业、健康产业、服务旅游业，形成规模优势。

（3）基于文化与产业的空间风貌塑造

通过独特的建筑与外观展现阁山中医药特色小镇的可识别性，在延续阁山镇现状整体城镇建设风貌的基础上，阁山中医药小镇的建筑风貌塑造与当地的文化底蕴、资

鸟瞰图

大美乡村规划建设
Beautiful Rural Areas of China: Planning and Construction

总平面图

源禀赋、产业特点相适应，主体建筑以汉唐气质为主基调，自信开放，雍容大气，繁华隽永，沿着自然与历史的轨迹将中国药都千年的意识形态融入其中。

社会经济效益

阁山中医药小镇位于阁山城乡结合部位，周边乡土气息浓厚，通过阁山特色小镇的创建，振兴当地中医药产业，促进产业转型升级，同时带动周边乡村地区的发展，形成城乡一体发展格局，实现特色小镇建设与新型城镇化的联动发展。

设计单位：上海中森建筑与工程设计顾问有限公司
设计人员：陆地、陈鑫春、薛娇、史慧劼、任瑞珊
完成时间：2018 年
项目规模：141 公顷

湖北省荆门市奈美国际芳香小镇控制性详细规划

　　项目位于湖北省荆门市屈家岭管理区核心区。建设"中国农谷"是湖北省委、省政府一元多层次战略体系中的重要组成部分，是湖北省构建中部崛起战略的重要支点之一。"中国农谷"以荆门市为建设主体，而荆门市的屈家岭管理区恰是中国农谷的核心区，基地又是核心区中的一个重点项目，对于区域未来发展起着关键性作用。

基地概况

　　基地为三面环山，中间谷地的微丘陵地形，占地面积约 18 平方公里，实际可开发

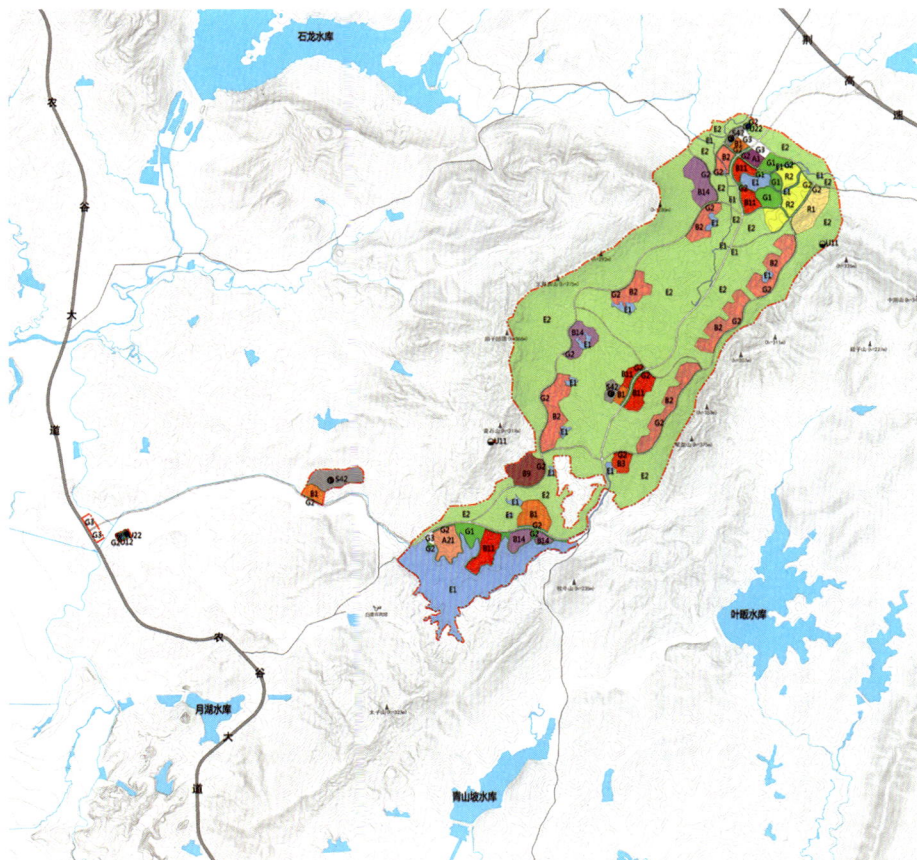

土地使用规划图

范围约 7 平方公里。该项目以业主方主营的芳香产业为切入点，以构建中国农谷核心区的发展引擎为目标，旨在通过本项目点燃区域发展的引擎，实现中国农谷核心区发展突破。

规划构思

规划通过对区域环境、上位规划、产业发展现状的深入研究，明确项目发展定位，通过实地调研、GIS 分析、环境适应性分析等手段深入研究地形，确定可建设用地范围。根据业主方及当地政府发展条件，结合规划设计方案，确定行动规划思路，完成控制性详细规划内容，进行意向性城市设计。

规划特色

发展模式因地制宜。规划以芳香产业为产业切入点，以庄园经济模式为空间切入点，以新型城镇化建设为发展目标，确立发展模式。芳香产业是涉农朝阳性产业，高度实现第一、二、三产业联动，发展可持续性好，高度契合新型城镇化发展内涵。根据基地地形特征，结合芳香产业产业链发展特征，考虑项目未来发展的灵活性，确定庄园模式，梳理基地发展空间。

明确行动规划内容。因项目规模较大，涉及政企合作，规划提出了较为明确的行动规划内容，以满足双方发展需求。

产城融合，四化同步。规划充分贯彻新型城镇化核心内涵，秉承规划区域得天独厚的优势资源，凭借业主企业敏锐的市场嗅觉，引入最具潜力的朝阳产业——芳香产业，构建"奈美国际芳香小镇"产业发展模式：践行农业基础，实现三产联动；践行新型城镇，实现产城融合；践行绿色经济，实现"四化"同步。

设计单位：中国建筑标准设计研究院有限公司
设计人员：徐欢欢、梁双、赵格
完成时间：2014 年
项目规模：18 平方公里

小镇俯瞰图

海南省保亭县水昊旅游小镇规划设计

项目以海垦集团"八八战略"中"热带水果"产业为核心，结合"海南省国际旅游消费中心"的总体发展定位要求，推动优化保亭县产业结构，促进热带果业与相关产业融合发展。

规划构思

总体策划思路为一个品牌、二大引擎、三产融合、四位一体、五大主题、六类消费，即以建设一个统一品牌为中心，以"水果+"和"+旅游"作为"热带水果特色产业小镇"的两大发展驱动力，以采摘、艺术、风情、演艺和康体"五大主题活动"为牵引，带动热带水果生产、观光游览、自制体验、游戏互动、时尚购物、主题活动和餐饮住宿等多元化旅游消费增长，推动项目地"大农业"与"大文旅"融合发展，促进项目地第一、二、三产业协同联动和融合发展，最终形成产业、资本、人气和消费"四位一体"的可持续发展新模式。

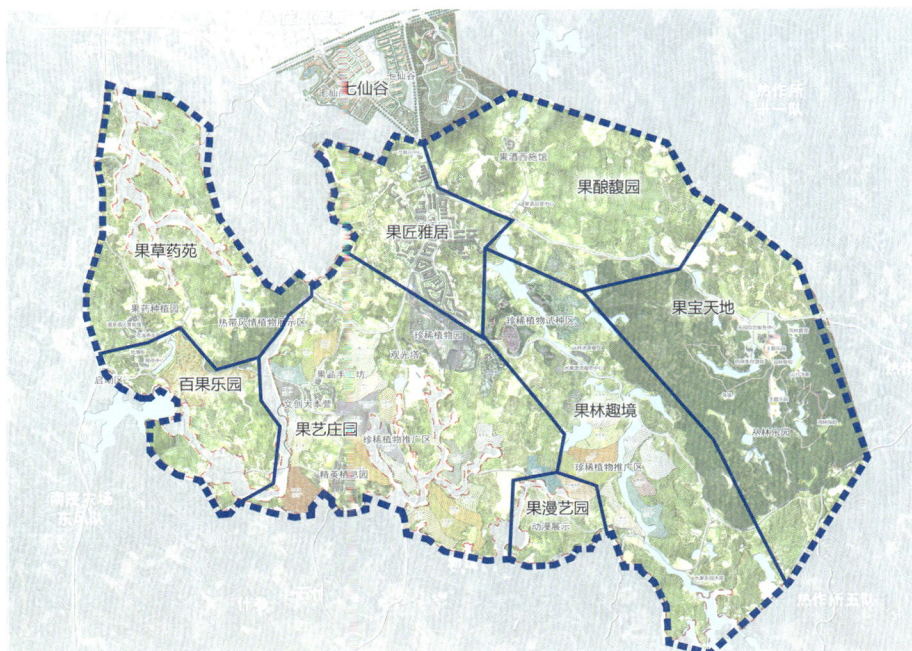

设计方案图

水果 +				
鲜果体验	**地域风情**	**雨林探秘**	**热作科普**	**果药康体**
1.游客可以参与各种"名、优、稀、特"水果的采摘活动，农耕体验，并且能尝到最新鲜的水果。 2.游客可以参与果类加工作坊。体验水果酿酒，果脯制作等体验类活动。	活动重点以热带雨林风情、黎苗民族风情等作为主要内容。	在热带雨林中结合水系及场地现状地貌打造丛林漂流探秘，雨林探险，徒步攀爬等亲近自然热带雨林的活动项目。	打造供儿童体验的"奇妙世界"，可以种植、交易、做菜等，结合热作所科学院为青少年打造热作科普活动，普及果植知识，丰富小镇活动。	建立健康管理中心，以项目地特色的果药及自然资源为基础，重点以温泉、中药、国医、SPA按摩等康体养生项目作为主要内容。

"水果 + 旅游"总体产业策划图

设计理念

"水果 +"重点从引进育种、研发种植、销售溯源和金融服务四个方面，建立完善的热带水果产业生态体系。调整项目地种植产品品种，优化产业结构，升级产品种类，提高经济价值和高附加值产品比例。

"+ 旅游"以热带水果产业为基础，大力引进休闲度假、农业旅游、健康旅游和文体旅游等多元化的旅游要素，推动热带水果种植基础产业与旅游业的融合发展，建立多级旅游产品体系。

设计特色

项目形成"三四五六"的设计特色。

"三"指"三产结合"，形成以水果种植为核心，拓展第二产业水果制品，多渠道销售热带水果、果干、果脯、果酒，推动文化、艺术、演绎、风情、观光、餐饮、住宿、漂流乐园等第三产业融合发展。

"四"指"四位一体"，通过"热带水果特色产业小镇"的建设和运营，在热作所地区能够形成产业、资本、人气、消费一体化发展模式，以产业带动资本、提升人气、促进消费。

"五"指"五大主题"，以"水果 +"为核心，构建鲜果体验、地域风情、雨林探秘、热作科普和果药康体五大类主题活动，通过主题活动持续提升"热带水果特色产业小镇"对游客的吸引力，丰富项目地的旅游产品内容和服务体系。

"六"指"六类消费"，通过五大主题活动，促进游客在"热带水果特色产业小镇"里进行水果体验、旅游观光、自然互动时尚购物、主题活动和餐饮住宿六大类旅游消费的增长和提升。

设计单位：中国建筑标准设计研究院有限公司

设计人员：戴泽钧、黄芳

完成时间：2019 年

项目规模：总用地面积 10.50 公顷，总建筑面积 51330.73 平方米

海南省澄迈县福山镇规划及城市设计

　　规划贯彻全域规划思维，落实上位规划"一张蓝图"，严格进行生态空间管控和开发空间管控，在县总体规划划定的18.45平方公里开发边界内整合生态保护、土地利用、城乡建设、社会发展等规划要求，建立总规、控规全层级模式，将城市设计理念贯穿于规划全过程。

　　规划对福山镇的定位为琼北地区以咖啡为主题的休闲度假小镇、澄迈县新型城镇化示范区、美丽乡村休闲旅游示范区、热带高效特色农业示范区。在产业发展上，福山镇依托农业、咖啡和农场资源，构建以特色农业为基础、休闲旅游聚人气、相关产业联动的现代休闲产业体系。在空间规划上，通过理水引绿、完善设施、注入产业，打造水环绿绕、宜居宜游的现代旅游型城镇，形成"两区三轴，两心多点"的空间结构。

整体鸟瞰图

实景图

规划特色

林田文化与生态相结合，开放空间与活动相结合。规划将生态优先理念贯穿始终，加强对镇区范围内福山水库、农田、林地等自然要素的保护，提升镇区环境绿化水平，形成"三线多点"的绿化空间结构，构建蓝绿交织、城景交融的美丽镇区。同时，利用咖啡文化风情镇的生态本底，着重打造与自然环境亲密结合的度假体验式旅游产业。

配套设施提质增量，共建共享。规划加快推进镇区内配套设施建设，补足设施短板，为居民提供服务保障，为产业发展提供基础条件。建设一批文化馆、体育场、会展中心、博物馆等辐射全镇的文化休闲地标性公共建筑，增强镇区服务水平，促进镇区产业发展，提升镇区整体形象。

运用 GIS 分析工具，支持规划科学决策。规划创新性地运用 GIS 分析工具，对镇区空间进行生态敏感性评价和开发适宜性评价，基于评价结果，科学划定空间管制分区。

构建"单元—组团—地块"三级管控体系。规划以居民步行十分钟可满足基本生活需求为原则划分控制单元，依据路网格局与主导功能将街区划分为若干组团，组团内以一个独立用地性质的地块为基本单位。镇区总计划分为十二个控制单元，逐层分解，管控每个单元及地块的规模、主导功能、开发强度等。

设计单位：中国建筑设计研究院有限公司

设计人员：冯新刚、李霞、周丹、管力、王磊、王永祥、王玮珩、王柳丹、刘静雅

完成时间：2021 年

项目规模：镇域 246.2 平方公里，镇区 18.45 平方公里

四川省凉山彝族自治州昭觉县谷克德高山云地概念性规划

凉山州紧抓旅游首位产业，大力弘扬彝族文化，旅游经济进入快速发展期。昭觉县基于利好政策，通过整合资源，全面启动谷克德景区建设，助力旅游产业起步。

核心理念

以谷克德为品牌统领，坚持"尊重文化、敬畏自然、健全功能、强化体验"的开发理念，充分发挥旅游在扩内需、调结构、促就业、惠民生方面的作用，将谷克德加快建成彝族文化体验大本营。

规划形成"一轴一环，一核多节点"的空间结构。一轴是雁鸣心语特色体验景观轴，一环是云麓心声山地观云景观环，一核是谷克德高原牧场旅游集散服务核，多节点是多

鸟瞰图

效果图

个项目节点。依据资源状况、交通区位等要素，将谷克德景区分为天池观光区、冰雪活力运动区、谷克德文化休闲度假区、高原生态观光区4个功能区。

规划思考

积极对接政策，谋求高位支持。立足自身优势，紧扣市场需求，提升项目的战略示范意义；基于生态搬迁与集团的农商平台优势，探索旅游扶贫的"谷克德模式"。

创新方法

空间创意：腾飞的大雁。在景区的研究空间范围，以重要资源点为核心节点，承谷克德之名，勾勒出一只展翅腾飞的大雁空间意向。

文化创意：归心之旅。以心的共鸣为主线，打造谷克德游雁归心之旅，营造"人与自然的共鸣空间"。

景观创意：焰火草原。在高原牧场打造特色"火"主题景观，引入"三大文化元素"，以暗喻火焰形态的放射状空间布局为依托构筑"焰火草原"。

社会效益

以旅游发展促进民生改善，提升村民生活品质。谷克德景区周边的洼里洛村重点打造"千户彝寨"项目，已修建115栋房屋，其中22家商户型、93家农户型。在彝族传统建筑风貌基础上，加入旅游服务接待功能。目前有20多家烧烤、民宿营业，服务前往谷克德景区游玩和参加火把节的游客。洼里洛村成为电视剧《索玛花开》的主要取景地之一，尼地乡获得首批大凉山旅游名镇称号。

设计单位：中国城市发展规划设计咨询有限公司

设计人员：冯巧玲、宋国庆、王秀晨、崔圣爽、王冰洁、张江勇

完成时间：2018年

项目规模：19.2平方公里

贵州省贵阳市花溪区孟关乡"风情小镇"提升规划设计

项目位于贵阳市花溪区孟关集镇，孟关集镇距离花溪区主城区 10 公里，距离贵阳市中心区 20 公里，交通便捷，是孟关乡政府所在地、片区的经济和服务中心。镇区现有常住人口约 2500 人，以苗族和布依族为主。集镇周边产业发展强劲，聚集了一批贵阳市的重点项目。与强劲的产业发展相比，孟关集镇建设相对滞后，配套落后，人居环境亟待提升，无法承担周边产业聚集区人员的生活、休闲、服务功能，制约了集镇发展。

规划愿景

通过该改造提升规划将孟关集镇打造成为"贵阳市级特色小镇"，实现"花溪东部片区综合服务核心、区域民族魅力文化体验基地、人居环境跨越式发展示范区"三大定位。

规划思想

规划提升主要坚持以下三大战略：

（1）"新型城镇化"战略

集镇改造中新型城镇化主要体现在三方面。一是提升注重民生需求，以人为核心，促进产业聚集和公共服务提升。二是注重构建生态格局和生态文明建设。三是强调产城融合，通过镇区发展，提

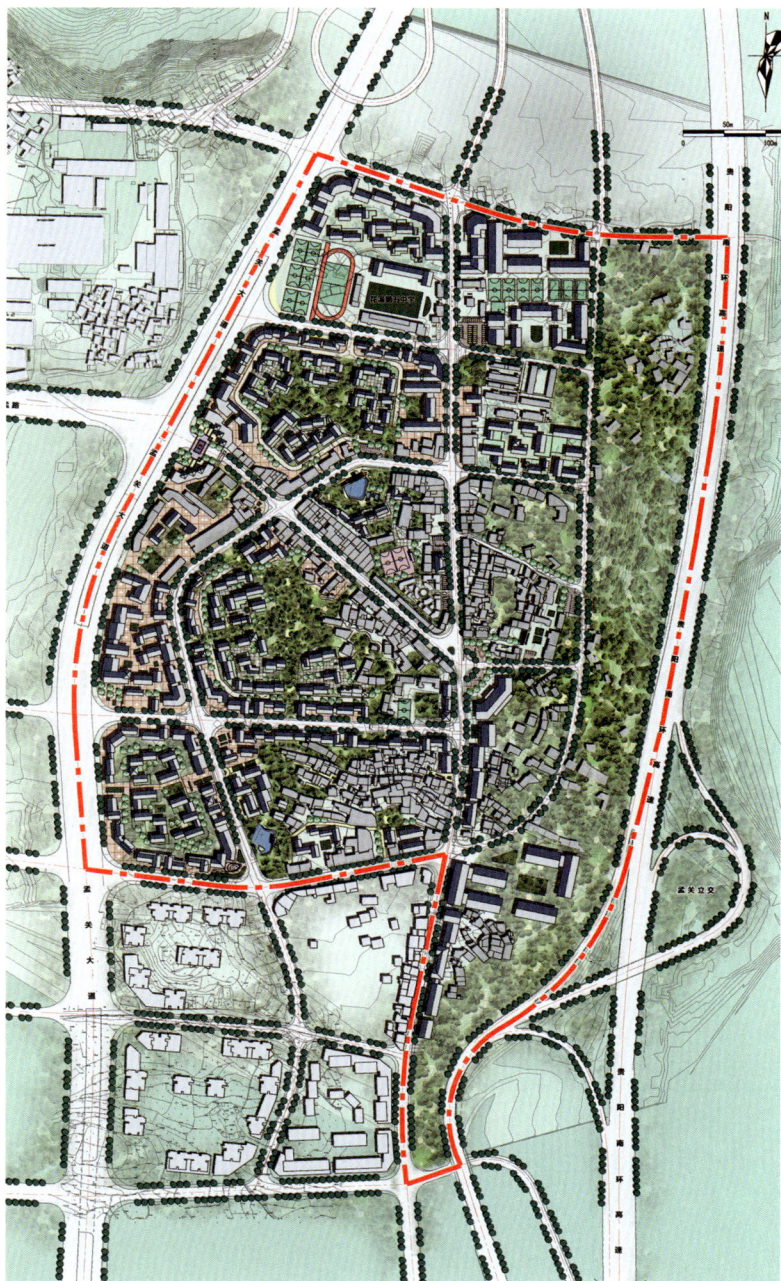

总平面图

鸟瞰图

升区域品质，实现产业与城镇服务功能相互支撑，融合发展。

（2）"民族文化传承"战略

采用因地制宜策略，体现地方与民族特色。具体从群体形态、单体建筑语言、文化主题植入三方面传承民族文化。即群体形态延续民族聚落空间特征与聚落肌理；单体建筑设计运用民族建筑语言对镇区建筑进行提升；公共空间植入民族文化要素和设计主题，提升镇区文化内涵。

（3）"增量与存量并重，面向实施"战略

设计面向实施，改变全部拆除重建的规划思路。重新认识中心区位和既有建成区的土地价值。具体包括现状调研阶段，对城镇进行深入细致调查，充分认知现状情况；通过多部门座谈、多问卷发放，了解地方真实需求；充分考虑镇区改善开发滚动模式，缩短从蓝图到落地的距离。

设计特色

规划布局：总体延续集镇原有肌理，具体增加疏通部分道路，解决现状交通拥堵问题。用地功能充分与上位规划衔接，对镇区内生活服务业态进行充分调研，补充文化类、休闲娱乐类公共服务设施，满足人民群众日益增长的精神文化需求。

建筑风貌：借鉴苗族布依族传统民居建筑语言，屋顶、门窗、外墙饰面等建筑细部，塑造充满民族风情和文化特色的苗族风情小镇。

用地形态：从苗族布依族传统聚落形态中找依据，建设以小聚落的院落组团为单元，通过公共绿地进行整合的建设方式，延续小镇的空间形态特征。同时，形成连续的绿地景观系统、镇区步行休闲系统、雨水组织系统。

设计单位：中国建筑标准设计研究院有限公司

设计人员：何易、赵格、梁双、李超楠、黄坚、马会、高雅

完成时间：2016 年

项目规模：70 公顷

云南省玉溪市江川区江城镇概念规划

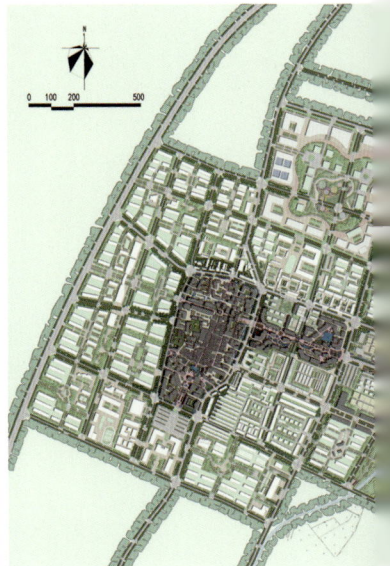

总平面图

　　江城镇位于玉溪市江川区东北部，东临全国第二大深水湖抚仙湖，南临星云湖，本底资源丰富。随着云南省发布《关于加快推进全省特色小镇创建工作的指导意见》《云南省示范特色小镇评选办法（试行）》等文件，以及《玉溪市城市总体规划（2018—2035年)》，均明确提出将康养宜居作为江城镇未来的发展定位。

规划构思

　　在镇域层面，通过区域发展研判，从生态基底的广度、昆玉联动的高度、历史人文的温度、消费升级的跨度等角度提出产业发展策略，打造"青铜古驿、星抚夜城"的美好新江城。在镇区层面，通过"城湖连通、城乡联动"的空间发展理念，优化镇

规划示意图

大美乡村规划建设
Beautiful Rural Areas of China: Planning and Construction

鸟瞰图

区空间布局，建设生态宜居、产业兴旺、环境优美的江城特色小镇创建示范区核心区。

创新内容

以生态优先为基础，严格守护自然空间。规划以《玉溪市城市总体规划（2018—2035年）》多规衔接成果及江城镇现状本底为依据。在镇域层面，分析研究镇域空间资源要素，并进行分类发展引导；在镇区层面，尊重现状地势及河流走向，充分利用优秀生态资源，打造特色廊道、生态花园等重点片区。

以历史文化为脉络，探究自身发展路径。规划针对江城镇悠久历史及众多独特文化要素进行历史文化专题研究，并通过梳理历史文化脉络，阐述文化演变历程，挖掘江城特色人文资源要素，确定江城文化保护传承策略，提出空间结构发展建议。

以特色产业为抓手，激活全镇发展动力。规划通过梳理现状产业分布及未来发展趋势，以全镇众多特色资源要素为依托，确定重点村庄产业职能分工，合理划定产业七大片区，构建特色产业体系。在镇区层面，激发古城内生活力，带动全镇整体发展。

以和谐宜居为目标，建设临湖美好新江城。规划以优化后的镇区用地规划方案为基础，补足基础公共服务，营造序列绿地景观，结合多种产业业态，重点规划建设古城、特色廊道、生态花园等片区，提升镇区整体人居环境。

设计单位：中国建筑设计研究院有限公司

设计人员：徐北静、李志新、赵文强、李霞、杨猛、王松、骆爽、王永祥

完成时间：2019年

项目规模：4平方公里

甘肃省张掖市临泽县屯泉小镇规划设计

项目位于甘肃省张掖市临泽县鸭暖镇，项目用地处于祁连山雪水融合片区，自然涌泉随处可见，泉水富锶含量高，富锶产业基础条件突出。用地周边湿地环绕，具备发展生态旅游、乡村旅游以及富锶产业的基础条件，地方政府计划依托优势资源打造集生活、生产、旅游休闲为一体的文旅小镇。

规划构思

规划充分发挥基地内水资源丰富、生态环境优良、具备建设用地指标的优势，以小镇生活为核，泉水生态为底，富锶产业为支撑，打造集生活居住、综合服务、多元产业、康养度假为一体的"屯泉新水乡、幸福新家园"的"中国西北第一水乡"。

规划特色

规划总用地 70 公顷，包括生活、生产、生态三大功能片区。其中，产业用地约 30 公顷，生活居住用地约 20 公顷，其他生态用地约 20 公顷。总户数约 500 户，建筑高度

"彩蝶湾"入口冬景效果图

"彩蝶湾"入口夏景效果图

大美乡村规划建设
Beautiful Rural Areas of China: Planning and Construction

不超过 4 层，以水乡合院为主，符合地方生活居住习惯，公共服务配套设施齐全，产业支撑力强，是临泽县践行美丽乡村和乡村振兴的重点项目。

住宅总体风貌以中式为主，传承白墙黛瓦、合院形制、生态水乡水路相依布局肌理等中式元素，房屋建筑自然错落，通过"一进正门、二进园境、三进坊巷"的层次秩序，体现中国传统文化和水乡风韵。

社会效益

项目是张掖市乡村振兴重点示范项目，受到甘肃省委领导和张掖市级领导的高度认可和关注，对项目的设计成果给予了高度评价。同时，鸭暖镇是甘肃省 2021 年全省 50 个示范镇之一，随着该项目的落成，将在全省范围内具有推广示范意义。

设计单位：中国建筑标准设计研究院有限公司

设计人员：赵格、武志、关欣、郝毅、梁双、王红娟、祝婉楠、梁博文

完成时间：2020 年

项目规模：70 公顷

社区示意图

住宅示意图

甘肃省定西市陇西县首阳中药材小镇规划设计

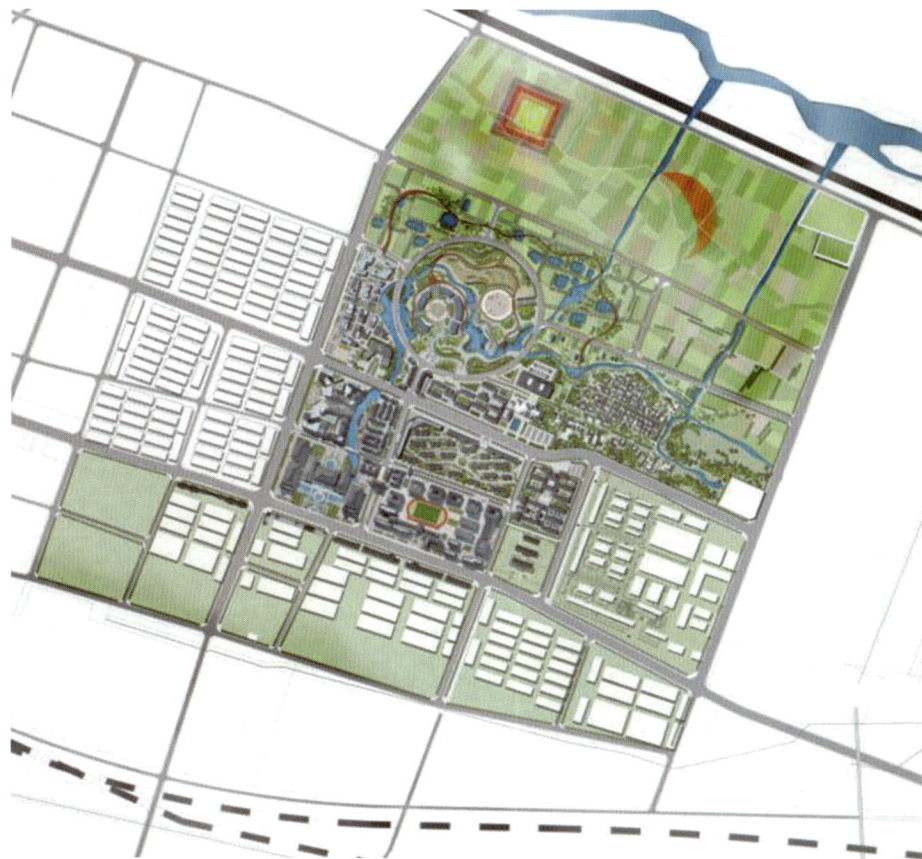

甘肃省定西市陇西县首阳中药材小镇是第二批国家级特色小镇。设计以现有中药材种植、初加工、物流销售及农产品初级生产销售的基础条件为前提，改变以往镇规划强调土地利用、空间整合服务的惯性思维方式，深入考虑现状。虽然中药材产业体系初具雏形，但整体发展仍处于初级阶段，且公共服务、道路及市政基础均存在短板，资源未能被高效利用。

项目提出首阳特色小镇发展产业以中医药为核心的集聚和全方位的业态组合，以大旅游产业作为主导产业的发展策略，深入挖掘首阳历史发展与中草药文化配置相应的旅游产品。在具体设计中，对路网根据功能需要进行梳理，形成主、次、支合理的路网框

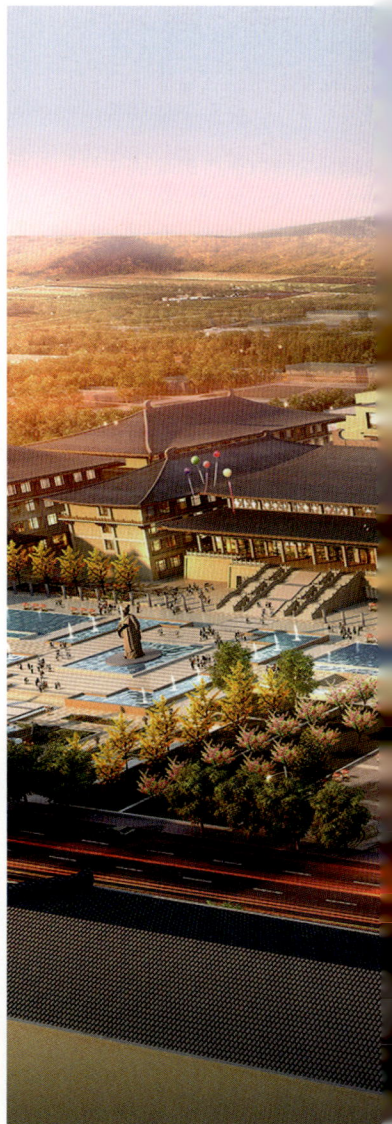

总平面图

大美乡村规划建设
Beautiful Rural Areas of China: Planning and Construction

架体系。在功能布局中，结合现状中药材生产和加工企业逐步引入的情况打造企业聚集区，配合新增规划中药材生产加工物流区，强化中药材生产加工物流体系。

为进一步延伸产业链，增加中药材产业经济价值，项目规划了中草药产品展示及孵化基地区、中草药商贸区、配套住宅区、药文化养生休闲区、中草药公园和休闲农业观光园。在小镇原有发展基础上将健康科技理念引入与旅游服务相衔接，开展休闲旅游、农业体验、健康养生的服务内容，以健康养生为核心，展开由产、游、休、学、研等内容组成的科研衍生行业。实现"以养带医，以医带药，以药促游，以游带建"小镇发展新格局。

设计单位：中国市政工程华北设计研究总院有限公司

设计人员：张研、詹晓磊、陈媛、张鸿飞、赵云铎、穆伟、孙朴诚、邓会丽、张如栋、杨悦、王媛媛、古广磊、王玮、丘宁

完成时间：2018 年

项目规模：3.08 平方公里

甘肃省定西市陇西县城区城市设计及风貌改造规划

　　陇西县位于黄土高原渭河谷地区域，自然山水特征明显，林田资源丰富，主城区延渭河呈带形展开。陇西历史文化丰富，是中国药都、李氏故里，历史建筑遗址残存众多，老城区规划为历史文化名城。

　　通过宏观、中观、微观三个层面的系统规划梳理，结合自上而下的推导梳理、自下而上的思考反馈，对陇西县整体城市风貌规划形成完善的规划定位，对城市后续的开发建设起到系统指引作用。

　　宏观层面：提出整体山水城空间格局，突出风貌特色，文化凸显，以"陇渭风境，郡府风韵，药谷风尚，思路风范"的风貌特色定位，突出陇西自然山水、历史传承、时代建设三大风貌特质。同时，以护山绿水、通古明轴、强区亮点、显心游城、绿网优径、优高通廊六大策略，打造一个生态山水、文化自信、宜驻留、益健康、有序管控的城市。

　　中观层面：加强统筹协调，优化管理，加强对重点地区详细城市设计，对老城区提出"威远陇风情，思路新府景"的规划愿景，串联陇上文脉记忆、复兴古城历史格局，协调鼓楼周边高度，塑造城景和谐韵律，激活特色文化空间，构建活力绿道网络；提升临界界面形象，营造宜人街道氛围，分区分类风格统筹，传承郡府特色风貌。

城区改造规划示意图

大美乡村规划建设
Beautiful Rural Areas of China: Planning and Construction

威远楼改造规划示意图

街区改造规划示意图

　　微观层面：完善城市修补，改造指引。针对县城主要街道风貌缺乏特色问题，规划在微观层面做好主要大街建筑的风貌改造规划，提出建筑风貌改造规划指引，对重要节点建筑提出风貌改造特色要求，对街道断面提出优化设计要求。

设计单位：深圳华森建筑与工程设计顾问有限公司

设计人员：陆地、祁涛、鲁力、刘辉、张妍

完成时间：2021 年

项目规模：50.5 平方公里

青海省海南州共和县黑马河镇城市设计

　　黑马河镇位于青海湖南岸，青海南山北麓，是青海湖旅游路线的重要驿站。凭借区位优势，镇区商贸业、旅游业发展迅速。但镇区面临旅游服务功能与其他功能混杂、配套设施缺乏层次性、自发建设行为影响城镇风貌等问题。2016 年 8 月，习近平总书记在视察青海时提出要扎扎实实推进生态环境保护。规划以青海湖的生态保护为第一要务，以旅游发展完善综合服务为主要目标。

规划特色

（1）区域整合，功能统筹

建立旅游发展共建共享机制，全域功能布局统筹发展。满足游客"吃、住、行、游、

旅游服务设施片区鸟瞰图

大美乡村规划建设
Beautiful Rural Areas of China: Planning and Construction

购、娱"的功能需求和本地居民的生活需求。规划定位为以"日出之城"知名的全国特色旅游小镇、环青海湖旅游服务基地、青海省生态示范镇。

（2）生态优先，组团布局

规划尊重地形地貌，合理选择建设用地，控制城镇开发容量，对青海湖沿岸、黑马河沿岸的生态湿地进行原生态保护。规划将国道以北的建设用地全部腾退，保证镇区面向青海湖的视线通廊，顺应小镇的大地肌理，以自然为基底构建城镇空间，实现小镇的组团化布局。

（3）设施先行，旅居互促

以旅游服务带动居民生活品质提高，以居民公共服务及生活为本底，为旅游发展带来活力。在公共服务设施的配置中，除满足黑马河镇的常住人口需求之外，还应考虑未来游客的需求，布置充足的住宿餐饮等服务设施，如餐饮、住宿、商业服务、停车等设施。

（4）文化彰显，塑造风貌

以活动策划承载当地文化，以空间设计营造活动场所。策划藏文化风情游线、草原特色游线、活力运动游线三大主题游线，串联不同游赏体验。对重点地段进行分类引导，划分现代民族地域风貌片区、现代风貌片区及重要景观保护区三类镇区特色景观片区，同时对地域民族建筑特点归纳和演绎，实现地域建筑的再创作。

空间组团布局示意图

设计单位：中国城市发展规划设计咨询有限公司

设计人员：张清华、陈杰、赵骞、赵楠、王倩、唐克然、赵彦超

完成时间：2018 年

项目规模：2.89 平方公里

获得奖项：2019 年度北京市优秀城乡规划三等奖

新疆维吾尔自治区喀什地区疏勒县丝路小镇及主题稻田片区规划

  项目位于亚曼牙乡克孜勒塔木村，主题稻田片区为"疏勒之恋"小镇核心景观区，"产游"结合采用五色稻米种植描绘"建党100周年""乡村振兴""民族团结"等图案造型的稻田景观，寓意深刻。花海内设有木栈道、心形长廊、风车等氛围构筑物，营造周末近郊游的摄影基地、网红打卡圣地。观景塔作为"疏勒之恋"小镇标志性建筑物，设计原型提取丝绸之路元素——丝带，盘旋上升的丝带造型寓意"凝聚的力量"和"民族大融合"，可满足从不同高度不同视角俯瞰主题稻田片区全景。花田驿站作为"疏勒之恋"小镇的服务配套功能，外形为组合创意集装箱，造型独特，色彩鲜艳。一层为公厕、休息室，二层为平台面朝稻田画，结合休闲茶吧功能，形成休憩休闲驿站节点。此区域可定期举办表演，活动等娱乐项目。

景观俯视效果图

"稻田花海"入口效果图

主题稻田景观实景图

设计单位：中国市政工程华北设计研究总院有限公司

设计人员：李德巍、李英华、周汉青、何士忠、王丹

完成时间：2021 年

项目规模：16.5 万平方米

02 产业策划

产业振兴是乡村振兴极其重要的一环。为响应国家乡村振兴战略，深耕农业产业园、农旅融合项目，中国建科致力于探索构建现代农业产业园、田园综合体、农业产业特色小镇、康养综合体及乡村旅游模式，并开始在示范项目中落实实践。

黑龙江省农垦宝泉岭垦区现代农业产业园核心区规划设计

习近平总书记在视察黑龙江时指出："中国粮食、中国饭碗。"黑龙江省农垦宝泉岭垦区致力于创建农垦农业航母的引领者，打造"国内领先、国际一流、具有全球竞争力的国家现代农业产业园"。

规划理念

（1）强化科技，完善现代农业全产业链体系。

（2）空间优化，塑造智能现代农业产业园区。

（3）三产融合，实现园区示范与可持续运营。

创新方法

补齐科技研发短板。立足黑龙江农垦现代农业发展现实基础，按照国家现代农业产

产业园总平面图

园区建设效果

园区入口实景图

业园"生产 + 加工 + 科技 + 品牌（营销）"全产业链创建的要求，突出科技支撑功能，打造北大荒农垦大农业科技创新示范区。规划于产业园核心区增加产学研基地、科研中心、双创中心、培训中心等功能，强化科技在现代农业发展中的引领和示范作用。

优化园区各类空间布局。科学布局产业园核心区内部功能板块，智能化改造园区基础设施和现代农业设施。打造与国家现代农业产业园区相适应的景观环境和园区小品，塑造景观环境特色化、设备智能化、生产运营高效的国家现代农业产业园区。

产业融合推动农业高质量发展。依托垦区现代农业产业特色，构建集科技展示、科技服务、科技创新、农业体验、旅游休闲、农业产品销售为一体的现代农业科技综合服务园区，构建园区科技服务、科普教育、旅游休闲等功能融合发展的产业体系，实现园区可持续运营。

园区入口空中俯瞰

实景图

经济效益

（1）提升科技研发水平。规划增加了产业园区内科研用地面积，增设试验田、科研基地等用地，为科技研发板块的空间扩张，产学研深度合作奠定了空间基础。

（2）扩大产业园影响力。通过合理规划、有序建设，宝泉岭垦区现代农业产业园被认定为第三批国家现代农业产业园，影响力辐射范围得到显著扩张。

（3）壮大产业园旅游产业。规划设置花海景观、农机体验、蔬果采摘等农旅融合项目，完善旅游服务配套设施，培育旅游产业发展。现宝泉岭垦区现代农业产业园已成为集观光、采摘、农事体验、高新农业展示等功能于一体的知名农业旅游景区。

设计单位：中国城市发展规划设计咨询有限公司

设计人员：高宜程、董浩、王凡等

完成时间：2019 年

项目规模：278.64 公顷

大美乡村规划建设
Beautiful Rural Areas of China: Planning and Construction

福建省厦门市莲花镇镇域概念规划与产业策划

莲花镇位于厦门市同安区西北部山区地带，南面接集美区，西连长泰县，北邻安溪县，处于多县区交界处。镇域总面积 214.4 平方公里，占厦门市域面积 12.59%。据厦门机场约 30 公里车程。莲花镇是厦门乡村山水人文条件最优的后花园储备地，"美丽厦门"战略助力莲花镇营建"国际花园城市"的北门户。莲花镇的发展是"美丽厦门"写好"美丽山水"与"美丽乡镇"的重要载体。

规划思路

以"多元人文美""地域特色美""城乡和谐美"为主要目标，充分利用莲花镇的区位、山水资源、丰富的人文资源优势，发展"福建特色小城镇创新发展示范镇、厦门生态经济先行区、'美丽厦门'镇景合一样板区"。

形成"一心两轴四片区"的空间结构。一心：依托莲花镇区，打造综合服务中心；两轴：依托主要交通联络线，带动镇域发展。其中，乡村文化体验轴是连接乡村文化体验片区及高山农业旅游片区，体现本地文化民俗特色；农业休闲发展廊道连接整体三大片区，让游客在山水中放松身心，享受自然。营造四大旅游片区：高山度假片区、山地运动片区、乡村度假片区和文化休闲片区。

创新与特色

（1）产业发展策略

以艺术激活乡村产业、产业塑造乡村空间、主题成就品质效应规划以下三条旅游线：

朱熹文创线——在现有绿道基础上规划朱熹文化漫道串联起多个文化体验点。如文化创意酒店、文创村落、文化馆、民俗馆、艺术节、非物质文化遗产的现代演绎、文化学校（设计学校、国学学校）等。

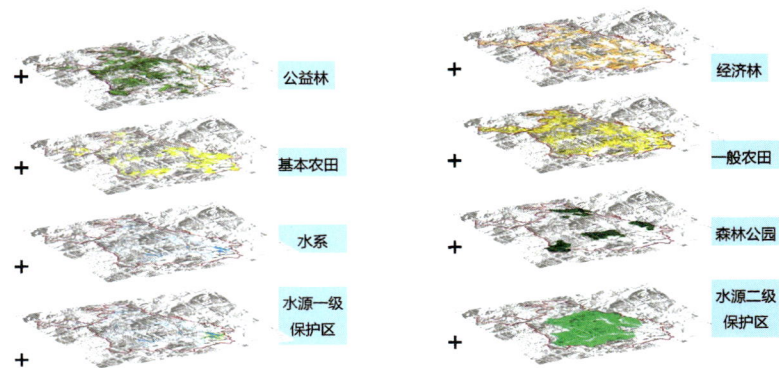

禁建区
公益林+25度以上（无资料）+基本农田+水系+湿地+水源一级保护区

公益林

基本农田

水系

水源一级保护区

限建区
一般农田+经济林+森林公园+15度以上区域（无资料）+水源二级保护区

经济林

一般农田

森林公园

水源二级保护区

空间管制规划要素

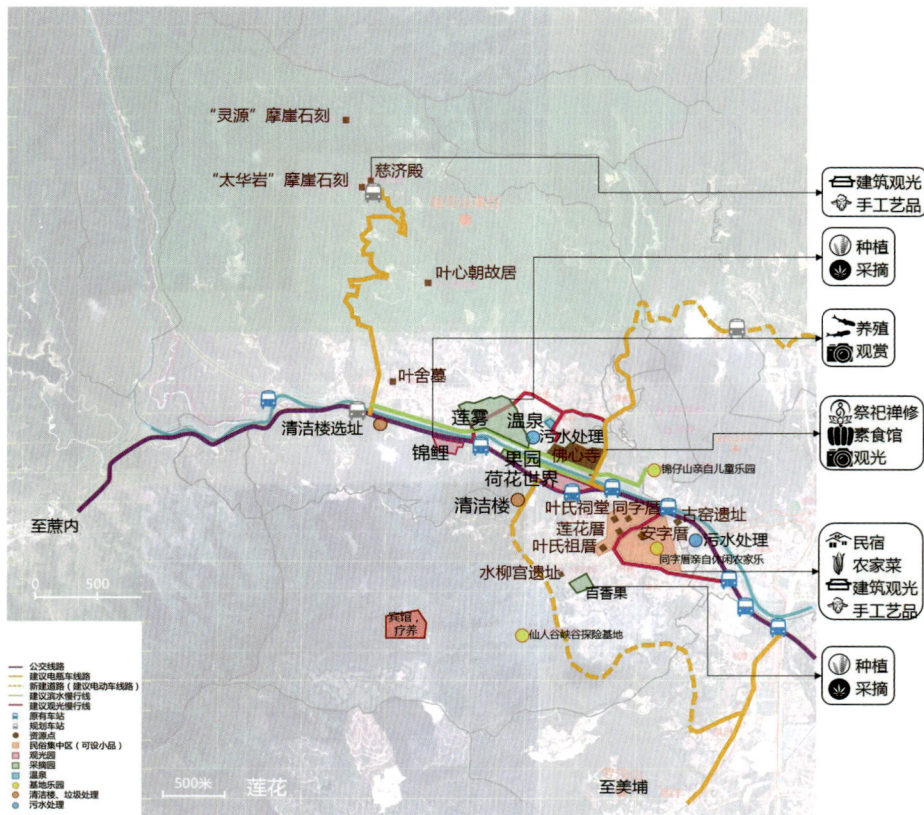

同字厝片区项目规划

运动康养线——在现有绿道基础上规划运动康养绿道串联起多个运动康养项目点。如运动康养酒店、温泉酒店、体育康养村落、健身场馆、郊野体育节、拓展基地、体育郊野训练基地等。

亲子教育线——在现有绿道基础上规划教育科普绿道串联起多个青少年儿童教育科普点。如亲子主题酒店、森林游乐场、科学乐园、徒步教育活动线路、儿童农场、森林学校、营地活动基地等。

（2）策划项目落地实施路径

规划通过对镇域土地类型的梳理，结合厦门市生态控制区用地管控政策要求，分析可增建的配套设施内容，进行项目选址和投资额估算。

设计单位：中国城市发展规划设计咨询有限公司

设计人员：杨一帆、倪莉莉、何文欣、袁迪、赵骞

完成时间：2019 年

项目规模：214.4 平方公里

078

大美乡村规划建设
Beautiful Rural Areas of China: Planning and Construction

江西省宜春市靖安县中源乡产业规划及文化旅游策划

　　自 2017 年起，生态环境部开展"绿水青山就是金山银山"实践创新基地建设，靖安县成功获批首批"两山"理论实践创新基地，着力打造生态和经济良性互动的绿色发展方式。2020 年以来，靖安县不断推进创建国家全域旅游示范区、建设美丽宜居示范县、建设乡村振兴示范村等"三项示范"，立足县情实际，加快绿色发展，打通生态优势与经济优势双向转化通道。

规划理念

　　深入贯彻习近平生态文明思想，牢固树立绿色发展理念，推动旅游产业创新发展，打通生态优势与经济优势双向转化通道，将中源乡打造为山地乡村旅游度假区、全国乡村振兴示范区。

夜景图

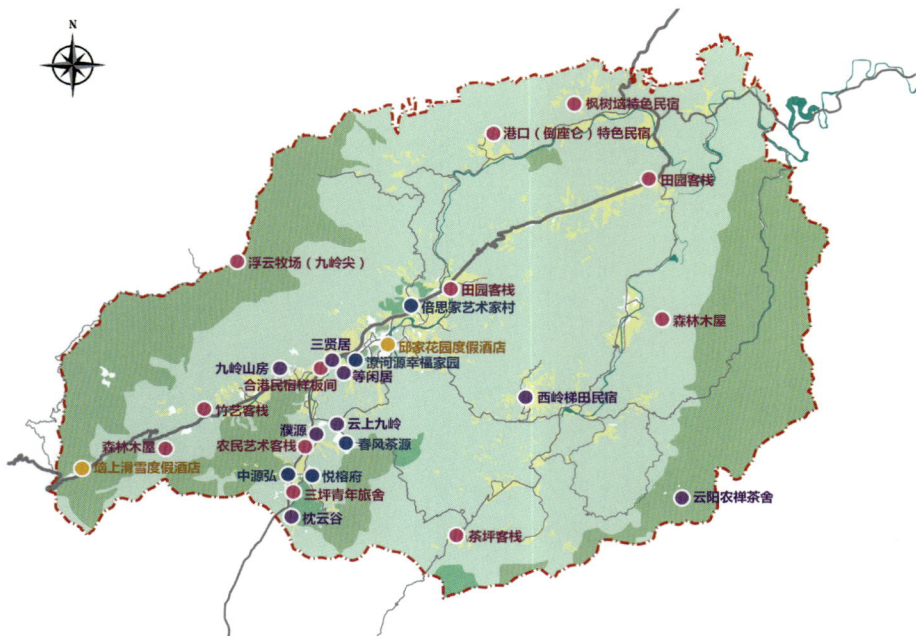

民宿酒店规划布局图

规划目标

以生态为基，以群众为本，建设"两山"理论实践创新基地，全面优化中源乡生态环境，提升生产生活环境。服务主客共享，统筹旅游公服与乡村设施建设，实现区域功能从"传统服务"到"主客共享"。打造产品全景，将享受山水美景变成一种生活方式，实现"井井（景景）有条"的大旅游景象。

创新方法

生态优势与经济优势双向转化：第一产业助推旅游，发展生态休闲农业，推进土地

实景图

鸟瞰图

建设节点鸟瞰图

亩产增效,构建农旅融合经济模式;第二产业服从生态,建立产业负面清单,升级竹、茶资源产业利用方式;第三产业激活全局,以旅游为基,多产业融合发展。

"两山"理论的"中源实践":立足自身特色,定位避暑度假市场,提升供给质量,促进农民群众向产业工人、小镇建设者、民宿业主的转化,实现从生态价值向社会效益的绿色转化。

落地实施

生态经济促发展,绿色产业助振兴,咬定青山优生态,人居环境再改善。绿色产业体系与区域环境风貌取得了明显成效,旅游产业加速升级。项目在山下、古竹等通村公路沿线栽种红花草,打造千亩富硒药材基地,推进有机蔬菜、高山大米及稻田甲鱼等特色种养。完成了农村公路、污水管网及配套处理设施、自来水厂改造、游客集散中心、智慧旅游服务平台等项目建设,旅游接待水平和承载能力显著提高。同时,引进实施康养项目,集中打造一批中高端民宿,全乡接待床铺增加至 2 万余张,带动就业 2000 余人,全年接待游客 120 万人次,旅游综合收入达 1.3 亿元。

设计单位:中国城市发展规划设计咨询有限公司

设计人员:冯巧玲、宋国庆、张雷、王秀晨、谭剑、刘倩、何永平

完成时间:2020 年

项目规模:178.5 平方公里

江西省樟树市双金园艺场现代农业产业融合发展示范园建设规划

江西省樟树市双金园艺是以园艺和油料物科研、试验示范、技术推广为主，集果树苗木繁育、花生良种选育繁育、中药材种植、畜牧水产养殖以及粮油、食品、茶叶加工等多产业发展的综合性国有农场。沪昆铁路、樟宜公路、东昌高速横贯而过，交通区位优势明显。樟树市拥有中国药都的品牌优势，双金有条件成为全市中药产业体系的重要一环，以发展中药材种植培育为核心，延伸做大与中药相关联的种植、商贸物流、电子商务、文化旅游等配套产业。

规划理念

在创新、协调、绿色、开放、共享发展理念引领下，充分把握政策扶持及经济社会发展机遇，确定双金园艺场现代农业产业融合示范园的发展以产业为载体，以旅游为契机，以文化为导向，以生态为介质，打造"中国知名的现代农业示范园区"。

以不破坏当地原有生态完整性，注重保护原生自然景观、原汁原味的本土文化为前

鸟瞰图

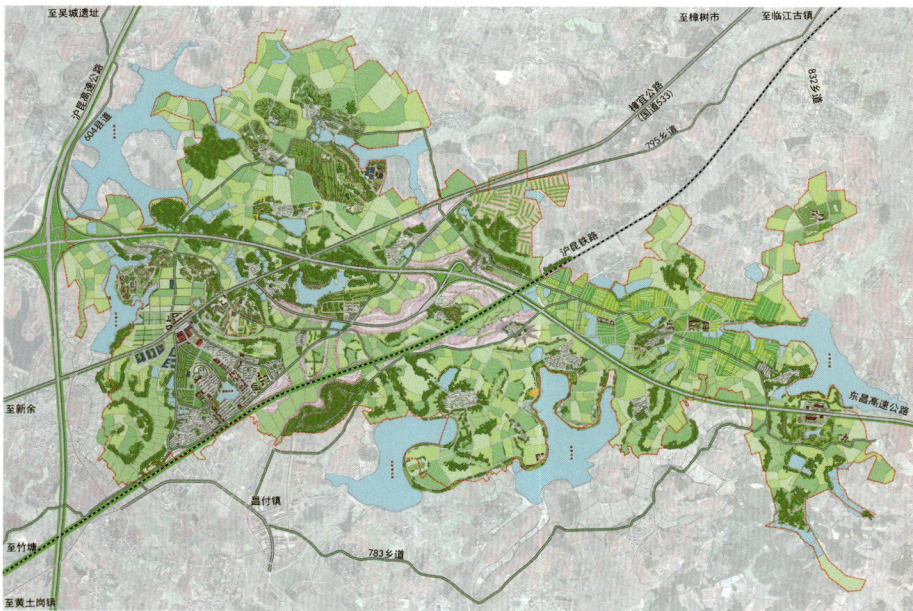

规划方案总平面图

大美乡村规划建设
Beautiful Rural Areas of China: Planning and Construction

提，以第一、二、三产业融合发展为指引，以生态农业为依托，以现代农业园区的旅游休闲元素为主导，构建"生态科技＋旅游休闲"的复合化发展模式，打造集生态农业、生态科技、娱乐休闲、度假养生为一体的综合性园区，成为产业融合新标杆。

规划创新

探索现代农场的新模式。通过产业专题研究构建现代农场新模式，构筑以现代农业为基础的三产融合发展体系，建设现代化农业示范园。研究以农业为核心，实现"经济效益＋生态效益＋社会效益"和谐共赢的现代农业发展趋势；延伸产业链、提升价值链高度，实现规模化、体验化、科技化的"三化"农业；探索高效和生态农业、休闲农业和乡村旅游、科技农业和"互联网＋"的"以产促园，以园带产"的第二、三产业融合新模式。

　　提供利益联结的政策保障。促进规模化种植、经营，实现土地集约化，完善土地集中、承包制度，提供土地要素保障，保证土地资源高效利用，促进农业园规模化发展；培育多元化的农村产业融合经营主体，引导各类社会资本投向农场，实现适合企业化经营、规模化发展的现代农业，构建多形式企农利益联结机制；引导社会资本参与产业园建设，形成财政优先保障、金融重点倾斜、社会积极参与的多元投入格局，形成资金要素保障。

社会经济效益

　　通过"分期、多核心、多节点"的项目建设规划，项目前期重点打造总场部集镇综合服务核心，形成双金的行政、文化、商贸、旅游服务中心。利用现有优势，以生态保育为前提，以多元发展为基本思路，最大限度保持双金园艺场原风貌、原生态的乡村地域环境特色，重点培育壮大"一村一品"，大力发展"一村一景""一村一风""一村一韵"，培育休闲旅游村、特色种植专业村，推动当地乡村振兴、乡村旅游的崛起。

设计单位：上海中森建筑与工程设计顾问有限公司

设计人员：陈鑫春、薛娇、徐之琪、蒯斯聪

完成时间：2020 年

项目规模：21.5 平方公里

江西省萍乡市武功山国家级风景名胜区产业发展规划

武功山是国家 AAAAA 级旅游景区，管委会下辖麻田镇、万龙山乡两个乡镇。目前，武功山已获得国家地质公园、国家森林公园、国家级风景名胜区、国家自然遗产等国家级名片。武功山与较成熟的 AAAAA 级山岳型景区相比，存在旅游节点设施数量及能级不足、旅游产品类型单一、山上（景区）山下（城镇和乡村地区）产业发展联动不足、品牌吸引力较低等问题。

规划思路

规划将依托"云中草原、户外天堂"的特色品牌，以户外运动产业为核心特色，以康养产业为长远谋划，打造世界级旅游目的地、国家级旅游度假区。"山上山下"同步发力，山上打造户外运动孵化基地，吸引世界级户外运动爱好者体验，山下依托丰富的温泉等资源，深化景村融合，发展度假经济。

镇区重点完善旅游配套设施，建立户外运动、温泉康养度假产业集群，推进城镇化建设向旅游接待和服务型转变。

乡村地区以全域旅游为契机，不断创新丰富旅游业态产品，实施"农业＋"战略向休

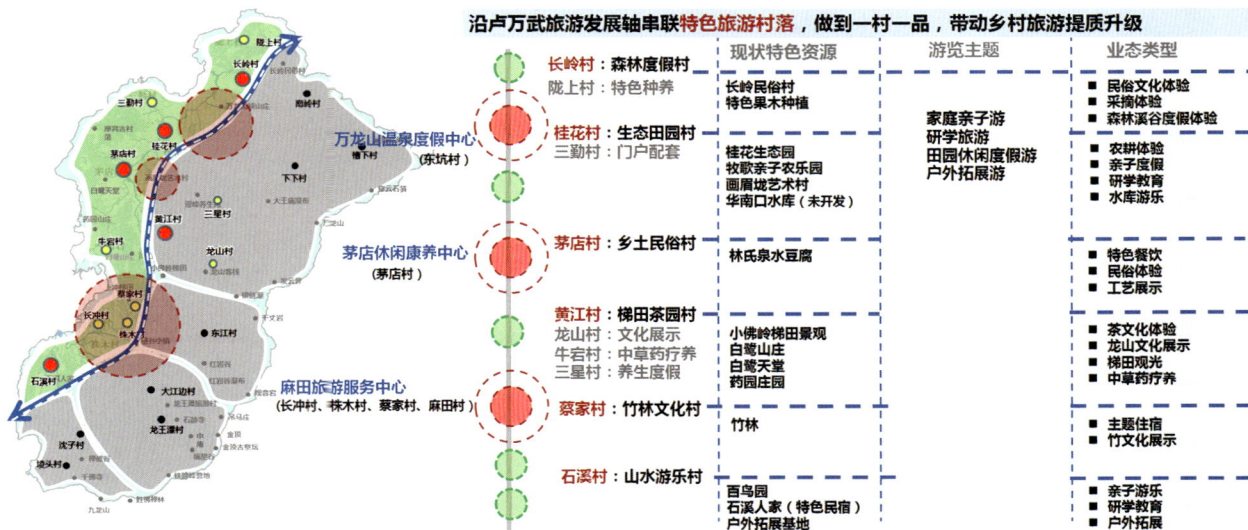

武功山乡村旅游点发展指引示意图

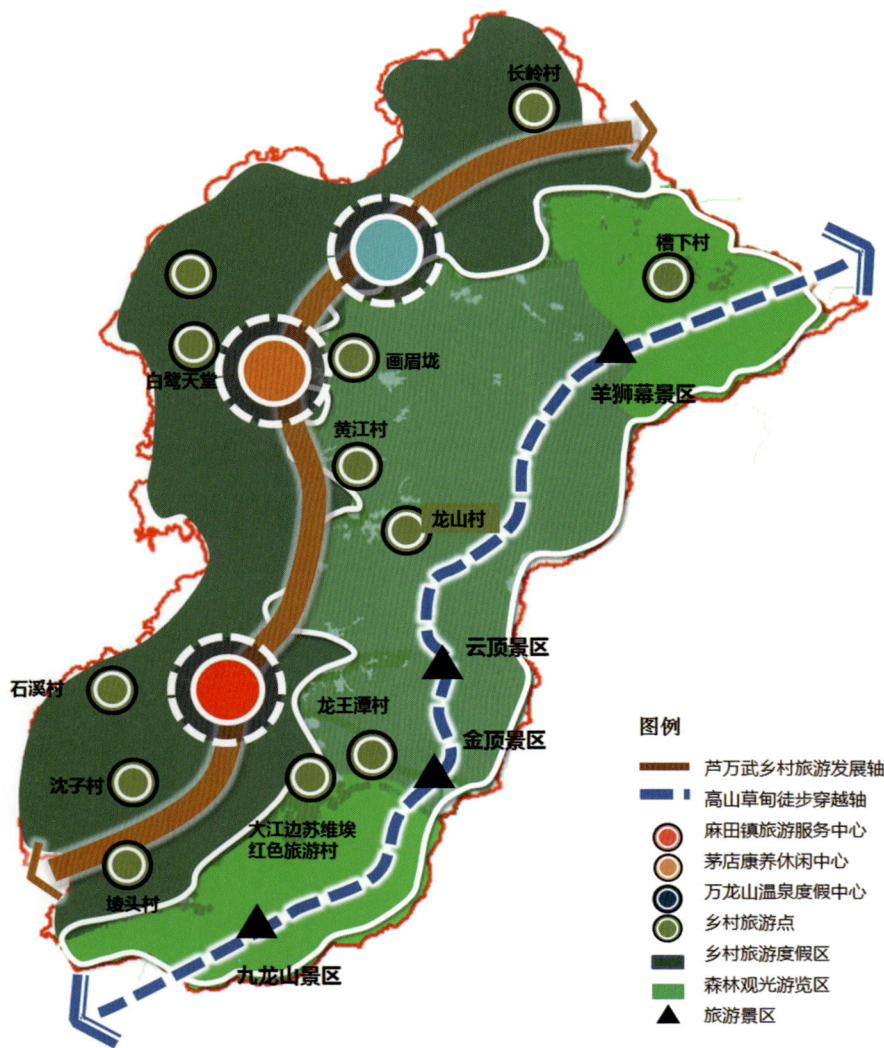

武功山区域产业空间结构规划图

图例

- 芦万武乡村旅游发展轴
- 高山草甸徒步穿越轴
- 麻田镇旅游服务中心
- 茅店康养休闲中心
- 万龙山温泉度假中心
- 乡村旅游点
- 乡村旅游度假区
- 森林观光游览区
- 旅游景区

闲旅游延伸产业链，依托竹林资源、高山有机茶、特色果蔬等农业基础，发展农业科技园、休闲农庄、特色民宿等产业项目，推动农产品多重价值转化；有效盘活乡村各项资产，释放消费潜能，打造一批 AAAA 级乡村旅游点，开辟特色旅游线路，提升沿线建筑及景观风貌，丰富旅游要素配置，全面提升全域旅游服务接待能力；完善全域旅游交通体系及配套设施建设，建立以旅游风景道、乡村绿道、森林徒步穿越线、索道为支撑的立体交通网络，分级配套完善旅游综合服务中心、景区入口服务区、田园驿站等旅游服务设施；依托大型赛事及全季活动打响武功山户外旅游品牌，研究制定系列优惠政策，深耕湖南省、广东省及江西省客源市场，主动链接庐山、张家界等国际客源集聚地，集成系列精品旅游线路，共同开展境外营销，提升景区品牌影响力。

设计单位：中国建筑设计研究院有限公司

设计人员：李霞、周丹、郭星、王永祥、王磊、王柳丹、王迪等

完成时间：编制中

项目规模：230.3 平方公里

河南省平顶山市宝丰县石板河村田园综合体规划设计

石板河村位于宝丰县城以西约 30 公里处，总面积 6.6 平方公里，户籍人口 1308 人，共 291 户，空心化率较高。村庄依水库而建，水质清洁，群山倒映，森林覆盖率 70％以上。石板河村是河南省第一批传统村落之一，村庄内石头房屋特色鲜明，保留着从清代至今各时期的历史建筑，以及丰富多样的石头历史元素，如石刻、石阶、石梯、石碾、石凳等。

规划思路

规划依托石板河优良的山水资源和传统石头村落的风貌特色，以及所在县城的文化优势，引入文化类项目和资源，充筹生态保护、文化传承和产业发展，把石板河打造成借助"文化振兴"实现村民致富的中原当代文化新村。村庄品牌定位为"山水石板河，文化综合体"，倡导"生态与文化共生，传统与现代相融"的风貌设计理念。规划总体结构为"一轴一心四谷"："一轴"为山水石板河的核心游览轴；"一心"为综合服务中心；"四谷"为各具特色的产业谷。

古树书舍效果图

规划改造后美丽宜居的石板河村

规划特色

（1）开展人居环境整治工程，如道路工程、给排水工程、绿化亮化工程、环境净化工程、文化建设工程、民居风貌提升工程，改善村庄人居环境。

（2）利用闲置宅基地，建设"石头风情"民宿、餐饮、茶室、书吧、民俗表演等旅游项目，由村集体旅游合作社统一经营管理，发展旅游产业。

（3）利用县政府的号召力和先导力，导入宝丰县各类文化团体，带动村庄发展。如利用山清水秀、村落古朴的风貌特色，挂牌宝丰县美术家协会写生基地，吸引各类写生团体；利用摄影协会，开展石板河村摄影大赛，提高村庄知名度；改造闲置宅基地为培训教育机构，承接各类文化、户外拓展等夏令营活动，吸引社会培训机构等，通过"文化"唱戏，实现从"石头风貌村庄"到"石头文化村落"的跨越。

（4）成立村集体合作社，利用"草编"非物质文化遗产的文化传统优势，对当地村民开展"草编"技能培训，生产各类草编工艺品，作为旅游伴手礼，增加农民收入。

（5）挖掘村域范围内四谷地特色，结合现有农田、自然风景资源，因地制宜打造"果乡谷、草药谷、运动活力谷、生态石蜜谷"，进一步优化产业结构，建设百花蜜、花椒、果脯、油料生产作坊，实现第一、二、三产业融合发展。

设计单位：中国建筑标准设计研究院有限公司

设计人员：武志、赵格、梁双、祝婉楠

完成时间：2018 年

项目规模：6.6 平方公里

四川省凉山州木里香格里拉核心区旅游规划

国家出台政策助力藏区经济社会发展，支持藏区建设，木里藏族自治县在维护社会稳定和藏区稳定方面成绩卓著。屋脚乡纳布村、水洛乡其拉村等村落被列入国家旅游扶贫试点村，为旅游扶贫带来利好政策。

规划思路

项目开发遵循保护民族传统历史文化，带动各民族共同发展，坚持以保护式开发、生态为本的原则，建立针对自然环境、文化生态、旅游氛围的整体环境保护系统。以游客市场为导向，依据年游客量串联旅游线路，通过观光、探险、中高端体验、中高端休闲在内的特种旅游引导形成差异化旅游市场。

按照凉山州旅游首位产业战略，结合木里藏族自治县民族、旅游扶贫等政策，整合片区优质资源，打造以洛克文化为主线，以自然生态为引领的世界性全域原生态专项旅

鸟瞰图

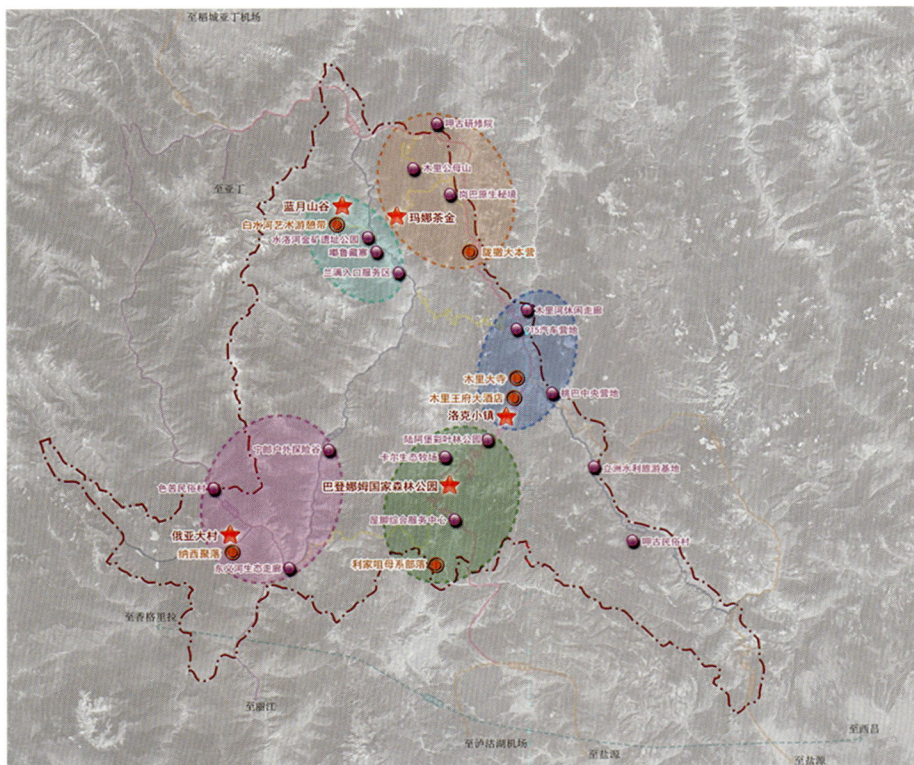

项目分布图

游目的地。

规划"一心一轴两带四片区"的空间结构。"一心"是瓦厂综合服务中心,"一轴"是泸亚旅游产业发展轴,"两带"是木里河山水观光带和水洛河休闲景观带,"四片区"是俄亚纳西文化体验区、玛娜茶金探险观光区、屋脚文化生态休闲区和水洛其拉生态康养区。

创新方法

挖掘项目地顶级资源和影响力,确定世界级旅游目的地评价指标体系,打造"世界性全域原生态专项旅游目的地"。通过七大举措打造最安心的藏区风情畅游地,以立体交通、国家步道、智慧旅游、恒氧系统、私定路线等为支撑,打造全域"畅游木里"体系。游客市场以小众带大众,以国外带国内,打造"洛克之路木里,背包客的天堂",重点发展中高端小众旅游、户外旅游、文化旅游、自驾游、科考探险游。

设计单位:中国城市发展规划设计咨询有限公司

设计人员:冯巧玲、宋国庆、王秀晨、崔圣爽、王冰洁、张江勇

完成时间:2017 年

项目规模:3761 平方公里

获得奖项:北京市优秀规划奖三等奖

四川省凉山州安宁河谷产业发展规划

四川省凉山州作为我国深度贫困地区的典型代表，生存环境恶劣、致贫原因复杂、基础设施和公共服务缺口巨大，脱贫攻坚工作任务艰巨。安宁河谷作为凉山州经济发展的核心区域，率先实现脱贫奔康目标，对带动全州脱贫攻坚及全州转型提升跨越发展具有重要的引领和示范作用。

在新一轮西部大开发、国家"一带一路"战略、长江经济带、攀西战略资源创新开发试验区等新的战略机遇和背景下，围绕凉山州州委、州政府关于加快建设美丽富饶文明和谐安宁河谷、世界级阳光生态河谷的部署，为促进安宁河谷抢抓时代机遇，加快转变经济发展方式，努力推动产业转型升级取得新突破、绿色循环发展取得新成效、创新驱动发展取得新进展，特编制《安宁河谷产业发展规划（2016—2030 年）》。

规划特色

规划针对"调结构增后劲 双驱动促转型"两大工作重点，以重大项目为抓手，为安宁河谷区域绿色创新发展注入新动力。一是以发展产业作为脱贫攻坚的首要任务，通过农、文、旅一体发展，打造一批乡村旅游扶贫示范点，带动村民增收成效显著。二是通过实施新型工业与现代服务业"双轮驱动"战略，强化新型工业支柱地位、加快发展现代服务业，重点突破安宁河谷地区经济发展内生动力不足的问题。三是保障规划落地实施，在规划中因地制宜地制订了近期行动计划，并突出重点项目对安宁河谷发展的带动作用，建立 7 大类、78 个近期重大项目库。四是引入可比案列的经验，为安宁河谷产业发展提供新思路、新模式，如以"三园一体"建设为主要抓手，培育农业"新六产"；以流域水利

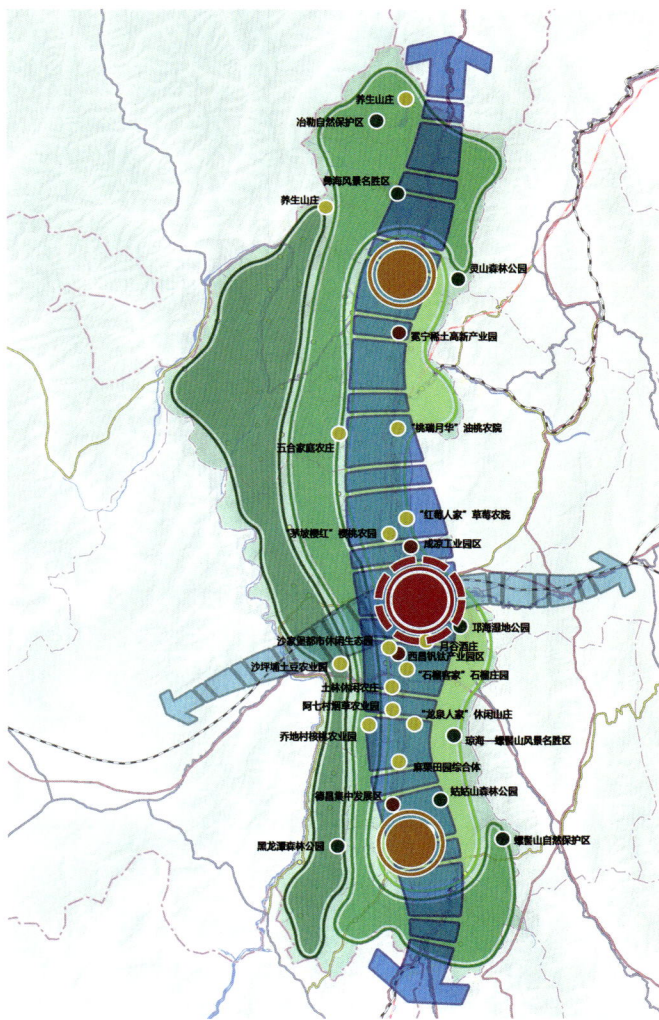

产业总体布局规划图

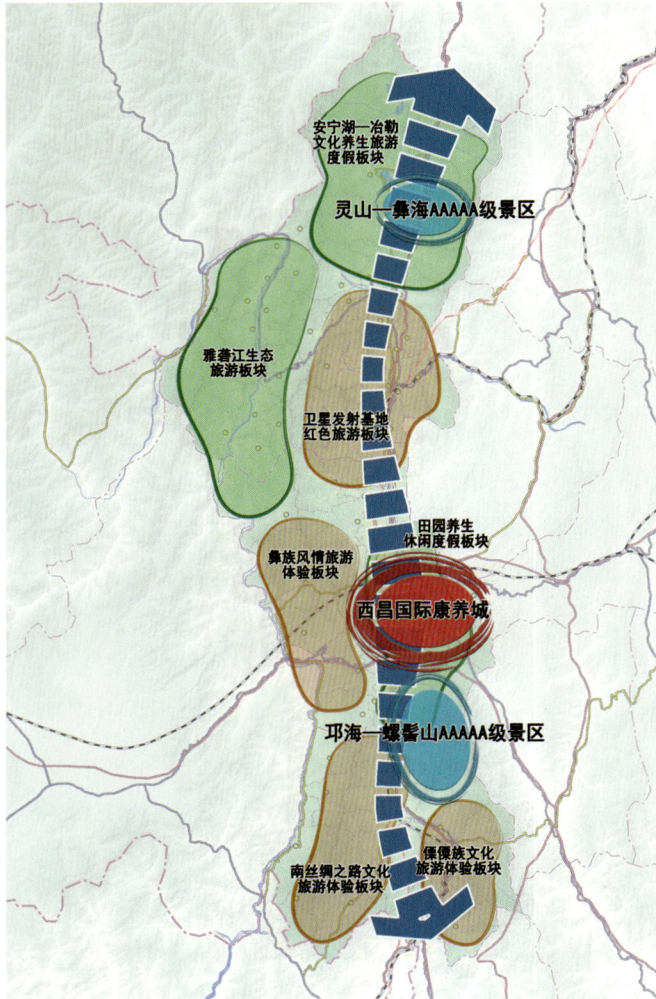

安宁湖—冶勒
文化养生旅游
度假板块

灵山—彝海AAAAA级景区

雅砻江生态
旅游板块

卫星发射基地
红色旅游板块

田园养生
休闲度假板块

彝族风情旅游
体验板块

西昌国际康养城

邛海—螺髻山AAAAA级景区

僳僳族文化
旅游体验板块

南丝绸之路文化
旅游体验板块

旅游空间布局规划图

风景区旅游节点建设为重点、打造全流域河湖公园体系，分类打造特色度假小镇和乡村度假群落等。

社会经济效益

在规划的引领下，冶勒牧羊小镇、德昌县麻栗镇、冕宁县漫水湾镇等多个特色小镇项目开工建设。一批集优质生态资源、人文风情、特色农业基础于一体的现代农业庄园正在加紧布局，将形成乡村旅游扶贫示范点，成为凉山州全域旅游的先行示范样板。

设计单位：中国建筑设计研究院有限公司

设计人员：冯新刚、朱冀宇、李霞、李燕、王璐、高明、周丹等

完成时间：2018 年

项目规模：包括西昌市、德昌县、冕宁县"一市两县"行政区划范围，
9362 平方公里

四川省遂宁市船山区龙老复现代农业产业园总体规划

遂宁市船山区龙老复现代农业产业园位于成渝经济区，区位条件优越。但目前园区的开发利用并不充分，承担的功能主要是向成渝地区输出农副产品原料，缺乏具有一定代表性、知名度的产品，市场占有率低。园区范围内的龙凤古镇具有一定知名度，但开发程度较低。

规划特色

项目从农业产业园的发展机遇、政策趋势、地形条件等方面，综合分析园区面临的机遇与挑战，充分利用"互联网＋农业"的发展机会，紧抓成渝经济区市场对绿色、无公害食品消费的需求，打造产销一体化平台并带动乡村旅游。

农业产业园以绿色农副产品生产与加工为主导，打造以文旅观光、养老休闲为特色的川中丘陵地区现代都市农业示范园，并提出以下四大发展策略：

效果图

总体规划功能结构图

产村融合：由种植业向农产品加工、乡村旅游延伸，通过农业发展方式转变，带动农民、农村的发展。

文旅带动：深挖地方人文、自然等资源，提供丰富的旅游产品，提升地区知名度，增加农民创收致富的途径。

抢抓机遇：在资源环境与周边地区相近的现实条件下，抢抓政策、交通、市场等机遇，率先实现发展。

绿色崛起：发挥生态环境优良、农业基础雄厚的优势，保障食品的绿色、安全、无公害，力争实现绿色崛起。

农业产业园以绿色蔬菜、精品水果、花卉苗木为主导产业，延伸农业价值链，发展农产品加工及面向成渝地区商贸物流业，同时注入休闲养生元素，成为推动乡村旅游发展的重要园区。空间结构上形成"一带"（涪江沿岸产业发展带）、"三心"（文化旅游、科技创新、商贸物流）、"四区"（休闲观光、精品水果、生态种养、绿色蔬菜）、"多点"（产品加工、旅游景观等）的布局。

社会经济效益

农业产业园的建设，有效带动道路、水利、市政管网等相关基础设施建设。带动农民就业，增加就业岗位 2 万个，改善家庭经营性收入，"多轮驱动"农民增收。通过组织模式的创新和先进销售模式的引进，促进园区现代农业产业发展，近期实现"政府规划、企业运作、科技参与、项目带动、多方受益"，远期实现"政府引导、企业主导、科技支撑、品牌打造、持续发展"的运营理念。

设计单位：中国建筑设计研究院有限公司

设计人员：李霞、张志远、姜珊、王磊、佘云云等

完成时间：2016 年

项目规模：118 平方公里

西藏自治区山南幸福家园产业发展规划

青藏高原 4800 米以上的极高海拔地区，占西藏全区面积 46%，是西藏自治区生态保护与生存发展矛盾最突出的区域，生态保护任务重、贫困程度深、发展难度大，典型的不适宜人类生存和"一方水土养不起一方人"的区域，迫切需要通过生态搬迁实现脱贫致富和生态环境改善。

规划构思

规划以落实西藏自治区、山南市相关任务要求以及破解自身产业发展难题，针对性地提出"1234"产业发展总体思路："1"，牢牢把握"产业兴藏、就业稳藏"一条主线，重点解决产业吸纳就业问题；"2"，坚持生态产业与民生产业双轮驱动；"3"，破解高原地区产业主要矛盾，实现"搬迁群众—资源环境—产业发展"三大核心要素耦合；"4"，明确面向解决极高海拔地区搬迁群众"搬得出、稳得住、生态路、能致富"四大关键问题的产业发展路径。

产业空间布局规划图

大美乡村规划建设
Beautiful Rural Areas of China: Planning and Construction

创新与特色

统筹产业项目与搬迁安置选址规划建设，确保"搬得出"。规划对生态搬迁安置任务的时间进度分解，将"搬得出"任务落实到每一处集中安置点。针对五大集中安置点的搬迁安置人口规模，提出配套产业区发展重点与路径，实现产业就业与安置人口的匹配。

统筹产业培育与安置群众就业协同共进，实现"稳得住"。规划牢牢把握"产业兴藏、就业稳藏"的主线，通过对"就业稳藏"需求与"产业兴藏"就业供给的供需关系测算，实现产业发展带动新增就业岗位大于搬迁群众"一户最少一人就业"的总体目标。

统筹产业发展与雅江生态治理互融共促，走通"生态路"。一是依托雅鲁藏布江中游生态综合整治重大项目，统一协调现代农业、优质草畜业、高效特色经济林果业、生态沙产业等产业发展与生态治理工程、引水工程的关系。二是重点解决幸福家园范围内雅江北岸土地沙化面积大的问题，积极探索"治沙"和"用沙"良性循环，实现点"沙"成金。

建立产业落地带动多元化长效增收机制，实现"能致富"。通过对产业发展相关的资源、资产、资金等确权到户，完善收益分配和利益联结机制，带动农牧民和村集体双增收。

社会经济效益

山南幸福家园作为拉萨山南一体化的主战场发展建设全面铺开：S5 拉萨至山南快速通道稳步建设；承接自治区极高海拔生态搬迁重大战略任务按照计划推进，森布日一期建成入住、二期加快推进，完成那曲群众搬迁安置工作；森布日牧业产品加工产业园顺利开工；经开区、昌果新兴产业聚集区、桑耶文化旅游创意区、鲁琼商贸物流区产业招商及项目建设情况较好，入驻企业 56 家。

设计单位：中国建筑设计研究院有限公司
设计人员：冯新刚、朱冀宇、顾金波、李霞、李燕、王璐、范晓杰、刘静雅、贾宁、高明、周丹、王永祥、管力、刘欣宇等
完成时间：2020 年
项目规模：涵盖山南市乃东区、贡嘎县、扎囊县、桑日县"一区三县"的 12 个乡镇，55 个行政村，规划面积 3536 平方公里

03 美丽乡村

近年来，中国建科依托在乡村地区多年积累的规划、设计实践经验，承担了多个美丽乡村示范精品项目，贯彻落实绿色可持续发展理念和地域文化的传承和创新，展示生态文明建设新成就。在北京市美丽乡村建设、江苏省特色田园乡村、福建省人居环境提升、青海省"共同缔造"等省部级示范项目中，不断创新规划技术内容及组织模式，落实乡村振兴战略。

大美乡村规划建设
Beautiful Rural Areas of China: Planning and Construction

北京市怀柔区北房镇城镇集建型村庄规划

北京市怀柔区北房镇科学田园型村庄规划

北京市顺义区李桥镇沮沟村村庄规划

北京市延庆区盆窑村村庄规划

北京市延庆区井庄镇三司村美丽乡村建设规划

内蒙古自治区兴安盟扎赉特旗"美丽乡村"村庄规划

江苏省宿迁市泗阳县特色田园乡村规划设计

安徽省凤阳县小岗村村庄规划设计

安徽省铜陵市周潭镇枫林村美丽乡村建设规划

福建省福州市寿山乡九峰村村庄规划设计

福建省福州市寿山乡前洋村村庄规划设计

江西省樟树市阁山镇高兴村秀美乡村规划

山东省济南市商河县贾庄镇孟东村美丽村居设计

山东省烟台市市域乡村风貌规划

海南省三亚市天涯区桶井村美丽乡村规划

海南省乐东县艾德山道规划设计

甘肃省陇西县巩昌镇河那坡村村庄规划

青海省湟中县黑城村美好环境与幸福生活共同缔造试点

新疆维吾尔自治区喀什地区疏勒县塔孜洪乡乡村振兴规划

北京市怀柔区北房镇城镇集建型村庄规划

本规划涵盖怀柔区北房镇北房村、南房村、黄吉营村和小周各庄村四个城镇集建型村庄规划，位于怀柔区北房镇镇区西南，户数 2692 户，人口 6185 人，村域总面积 875.09 公顷。按照上位规划，北房镇城镇集建型村庄规划应严格落实乡村振兴战略和北京市总体规划对村庄规划建设管控机制，着重解决好近期发展与远期衔接问题。

规划构思

北房村等 4 个城镇集建型村庄规划以"控制总量、盘活存量、品质提升"为原则，严格控制村庄建设总量，解决好近期与远期发展的衔接问题。近期规划以综合整治、改善村庄公共服务设施和基础设施，保障村民基本生活需求，提升村庄人居环境，使村容村貌焕然一新；远期随着怀柔科学城的规划建设，村庄以集体产业用地腾退整治，村庄搬迁安置为主要工作，实现村庄城镇化、村民市民化，纳入怀柔科学城。

北房村等 4 个城镇集建型村庄本着集约发展的原则，依托现有资源和怀柔科学城的

北房村村庄规划图

现代科技型

造型风格现代简洁，以深浅灰色系为主，体现科技感。

三大类方案：针对村庄现代科技型风貌，本次通过不同的建筑设计手法，提供A、B、C三种建筑风貌设计，引导村庄后续建设。

入口位置：同时考虑不同院子出入口位置不同，南向、东向、西向均存在的实际情况，本次引导在三种方案的基础上，分别提供不同入口的院落建设引导方案。

加装采光棚：针对部分村民加装采光棚的使用习惯，对采光棚的加装方式、加装型号进行设计引导。

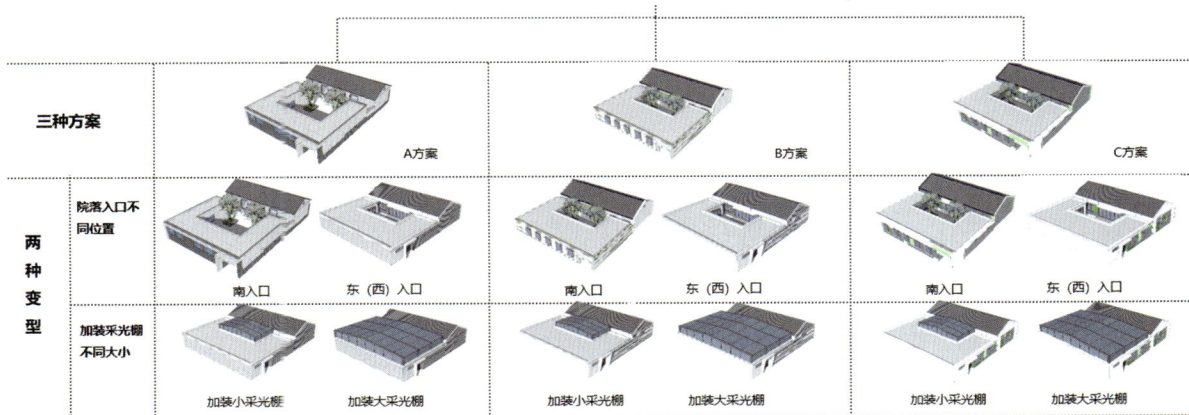

北房村村庄建筑风貌引导图

规划布局，形成"核心、轴带、片区"相结合的空间布局方式。"核心"是指村庄的管理服务核心、休闲娱乐核心；"轴带"是指村庄的景观廊道和商业集聚发展轴；"片区"是指村庄发展的各个功能片区，包括村庄建设区、科学城服务区、农林种植区、生态景观区等。

创新内容

"菜单式"规划思路。村庄规划采用"菜单式"的规划手法，即用地整合、设施提质、风貌管控三个一级规划内容。用地整合包括梳理现状闲置建设用地、腾退集体产业用地；设施提质包括安全项、增补项、提升项；风貌管控包括建筑风貌和景观风貌。

服务设施优化提质。村庄公共服务设施整体良好，行政管理、文化教育、商业、医疗养老等设施类型较齐全，但村庄普遍存在闲置阳光浴室和缺少活动场地、停车场等问题，规划充分利用闲置建设用地，在保持村庄总建设用地不变的情况下，增补公园、停车场等设施，同时，将闲置的阳光浴室改造为养老驿站或文化活动中心，提升村民的生活品质。

开展实用性村庄规划。北房村等4个村庄的规划紧抓城镇集建型村庄"盘活存量、原地更新改造、补齐配套设施、提升村民生活环境"等迫切需求，采用明细规划指引、确定规划思路、分解规划任务、严守用地底线、盘活村庄存量、增补服务设施、改造优化设施、管控建筑风貌、引导景观风貌等手法，保证村庄规划的实用性和落地性。

设计单位：中国建筑标准设计研究院有限公司

设计人员：赵格、梁双、张雪珂、武志、任可、关欣

完成时间：2020 年

项目规模：875.09 公顷

北京市怀柔区北房镇科学田园型村庄规划

项目规划的三个村庄，即安各庄村、宰相庄村和梨园庄村，隶属于怀柔区北房镇，属于怀柔科学城的科学田园型村庄。当前三个村庄规模大、人口多、建设密集，居民点建设土地使用低效，宅基地紧缺和部分用地闲置并存。建筑风貌较为杂乱，服务设施基本完备但品质不佳。产业以农业种植为主，村民收入不高。村庄实际建设情况、人居环境和产业发展均与科学城发展不匹配。

规划构思

规划充分研究各村现状，分别确定其发展目标、发展规模、用地布局、公服及基础设施建设，与科学城整体发展要求对接，对乡村产业发展做出策略指引。基于村庄现状和"减量发展"的政策，规划确定优化土地布局、塑造品质人居、促进产业升级三项基本任务，以匹配怀柔科学城发展要求，打造高质量乡村的总体目标，通过规划和后续建设，使村庄呈现出具有现代风尚的社区环境和宜人的科学田园空间。在三村产业发展上，利用田园空间，发展农业科学交流、农业科创

安各庄村村庄用地规划图

村委会风貌改造图

村委会现状图

综合文化站风貌改造图

综合文化站现状图

服务、农业休闲体验等科技田园功能，带动村民创收。项目划定了"三生空间"，落实基本农田保护红线，村庄建设用地空间和生态保护空间。其中，村庄集中建设区原则上不再增加建设用地，优化存量空间，提升土地效能；村庄内闲置土地用以增补公服服务设施和活动空间。

创新内容

村庄规划中的"统筹协调"思路。项目紧密落实了怀柔科学城发展要求，充分考虑了村庄自身与科学城、科学田园、镇区等多个外部元素的关系，跳出村庄做村庄，最终形成了落地性更强，更符合片区发展定位，更有利于村庄融入科学城整体发展的高质量村庄规划技术成稿，提高了乡村规划的技术水平。

村庄规划中的"标准化"思路。运用标准化的思路，提供乡村民居模块、植物配置组合、人居环境改造清单三项内容，每项改造内容均提供了 4 种以上的建设选型，形成了指导村庄后续实施和建设的成果库，从而降低成本，优化风貌。

设计单位：中国建筑标准设计研究院有限公司

设计人员：赵格、冉弘天、祝婉楠、王越、武志、王红娟、赵兴都

完成时间：2020 年

项目规模：总用地面积 10.50 公顷，总建筑面积 51330.73 平方米

北京市顺义区李桥镇沮沟村村庄规划

从党的十九大提出实施乡村振兴战略，乡村振兴成为时代的焦点。顺义区政府贯彻落实党的十九大精神，2020 年全区农村基本建成"田园美、村庄美、生活美、人文美"的美丽乡村。

规划理念

共同缔造，多方参与村庄建设；区域联动，培育乡村产业发展；风貌提升，塑造特色乡土景观。

创新方法

依托潮白河生态景观资源和 T3 艺术园区的优势，打造生态友好型涂鸦艺术村落。国内外艺术家与村民一同利用村内建筑物、构筑物创作墙体彩绘、涂鸦、景观艺术作品，举办艺术宣传活动，打造国内外艺术家及美院学生参与村庄艺术创作的平台。

以新型农业为支撑，打造"农业 +"的产业发展模式。采用"超市 + 农业合作社 + 农户"的农超对接模式，实现农业订单式生产。整合现有农业企业资源，延伸蔬果采摘产业链条，拓展旅游产品体系，发挥潮白河生态优势，建设滨水步道和越野项目，构建"农业 + 旅游"的发展模式。

以村民为主体，多方携手共同缔造美丽乡村。构建沮沟村集体为主导，村民为主体，政府引导、支持村庄发展，社会参与的共同缔造组织体模式，多方协同，凝聚乡村振兴强大合力。

基于乡愁理念视角，保护和传承乡村聚落景观。延续村民在宅前屋后空闲地种植蔬菜和农作物的"传统"，营造出以农作物为主的景观环境。引

总平面图

大美乡村规划建设
Beautiful Rural Areas of China: Planning and Construction

村民与艺术家、规划师合影

国内外艺术家参与村庄建设

导庭院绿化种植方式，种植蔬菜、瓜果等经济作物，美化院内环境。

社会经济效益

加强资源整合。整合产业资源、文化资源、生态资源等个体资源，吸引资本、技术、人才向村庄流入，发挥利益主体优势，多方携手，低成本、高质量建设美丽乡村。

推进农旅融合。推动农村第一、三产业融合发展，完善旅游服务配套设施，培育农村旅游产业发展，提高农民收入水平。

壮大集体经济。村集体经济组织与文化旅游企业联合成立旅游开发股份公司，发展特色乡村旅游，增加村集体收入。

构建多方参与。激发村集体和村民的积极性和创造性，通过规划引领，动员社会力量参与，积极发展乡村产业，实现乡村发展的"造血机制"。

设计单位：中国城市发展规划设计咨询有限公司

设计人员：高宜程、赵园生、董浩、王凡等

完成时间：2018 年

项目规模：160.38 公顷

北京市延庆区盆窑村村庄规划

　　盆窑村位于北京市延庆区旧县镇。明代已有村，历史上以"烧制黑陶"为地方特色产业，近年来没落，村内现存少量黑陶古窑遗址，现状衰败。村东"独山"早在明、清时期就被列为妫川八景之一"独山夜月"。村庄生态环境良好，交通便捷，距离镇政府2公里，延庆城区8公里。该镇以"文化"为特色，入选"2019年世界园艺博览园"的

图
例

① 村委会　　　⑤ 黑陶产业旅游体验园　⑨ 长廊　　　⑬ 旅游服务中心
② 戏台　　　　⑥ 生态停车　　　　　　⑩ 乐陶园
③ 土地庙　　　⑦ 陶艺园　　　　　　　⑪ 大师工坊　　—·— 村庄规划范围
④ 精品民宿酒店　⑧ 阳光浴室　　　　　⑫ 陶艺发展论坛

总平面图

村口效果图

南街街区效果图

园艺主题村，旅游业发展条件突出。

规划构思

村庄整治和规划目标为将该村打造为"以黑陶文化为根基，集世园会园艺产业、奥运体育健身、生态养生为一体"的特色陶艺名村。未来村庄应利用自身便捷的区位条件，挖掘保护和利用好自身深厚的历史底蕴，提升村庄旅游知名度，打造成为延庆美丽乡村的杰出代表和北京近郊旅游的特色目的地。

规划特色

规划根据"延庆区村庄分类"要求，盆窑村为提升改造类村庄，应在保护的基础上，对村庄整体风貌和生活环境进行提升。因此，本次村庄设计延续了北京传统民居的风貌特征和街巷肌理，对重要公共空间节点进行详细设计，加强改造设计引导；对黑陶陶

广场效果图

北街街区效果图

艺、"古窑遗址""独山夜月"等文化遗产进行修复、保护、利用，壮大黑陶产业，同时，使其融入旅游产业发展，带动村民致富。

村庄在人居环境整治过程中，特别重视村庄黑陶产业发展和空间设计引导，助力村庄的产业振兴。村庄建设用地规模10.48公顷，沿幸福路两侧形成南、北两个功能单元，为产业发展提供空间，落实村庄总体定位。其中，村庄北部片区规划为陶艺文化旅游区。陶艺文化旅游区的功能主要为承接体验、旅游、文化、教育等，以综合服务业、旅游服务产业为核心产业。其核心项目有陶艺特色民宿、陶艺影棚、陶艺体验工坊、古窑文化博览区等。南部为陶艺复合产业园区，整合利用闲置宅基地为黑陶生产加工。该区主要承接陶艺生产、研发、培训、住宿、会议论坛、商务宴请、艺术展示等功能，以黑陶生产为核心产业。其核心项目有陶艺大师工坊、陶艺课堂、陶艺研讨论坛等。

设计单位：中国建筑标准设计研究院有限公司
设计人员：赵格、武志、梁双、王红娟、张淼、张红
完成时间：2018年
项目规模：村域122公顷，村庄居民点建设用地15公顷

北京市延庆区井庄镇三司村美丽乡村建设规划

三司村位于北京市延庆区井庄镇的山前地带，始建于明朝永乐年间。村庄是长城军屯村，至今村庄仍然可见土长城及城堡遗迹。村庄依山势、水脉而建，村庄多以石材为主要建筑材料，石墙、石路、石房子随处可见。而今村庄历史文化与自然风貌特色逐渐消失，村民生活条件较差，基础设施不完善。规划借助北京市政府"美丽乡村行动"，保护三司村传统风貌，传承村庄文化，激发村庄活力，打造一个宜居且持续散发活力的古村庄。

规划思路

规划聚焦历史文化传承与古村修复，挖掘文旅潜力，通过环境提升提供支撑，依托完善的公共服务和基础设施提供保障，最终形成"一心、两轴、三区、多点"的村庄景

村庄规划效果图

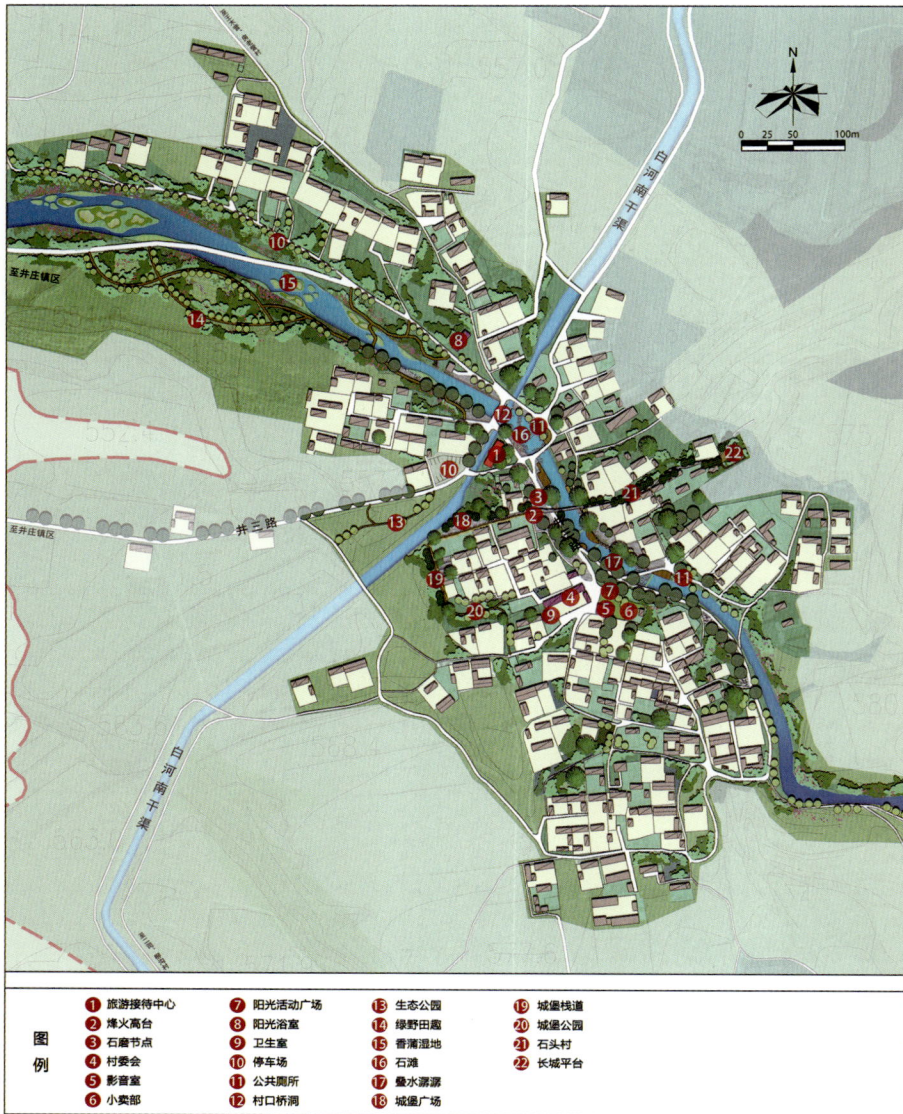

图
例

① 旅游接待中心	⑦ 阳光活动广场	⑬ 生态公园	⑲ 城堡栈道
② 烽火高台	⑧ 阳光浴室	⑭ 绿野田畴	⑳ 城堡公园
③ 石磨节点	⑨ 卫生室	⑮ 香蒲湿地	㉑ 石头村
④ 村委会	⑩ 停车场	⑯ 石滩	㉒ 长城平台
⑤ 影音室	⑪ 公共厕所	⑰ 叠水潺潺	
⑥ 小卖部	⑫ 村口桥洞	⑱ 城堡广场	

村庄总平面图

观格局。

规划创新

探索村庄规划与落地实施相融合。北京市美丽乡村建设规划要与实施方案一起进行。项目对村庄产业、用地、基础设施、市政设施进行规划指引，同时针对每一项改造进行估算价格以及给出建设时序，要求村庄规划落地。村庄规划与实施方案的结合解决了村民提出的"只空想，没见到改变"的问题，明确给出了建设时序，配合下一步村庄建设的有序推进。

多规合一在村庄规划层面的实践。村庄层面进行多规合一，让村庄土地使用更加精准。规划通过现场调研、卫片研究对土规给出的村庄建设用地、现状建设用地、上一版村庄规划用地、第八批文保等各个领域不同的规划进行核实，指出冲突图斑，提出冲突

大美乡村规划建设
Beautiful Rural Areas of China: Planning and Construction

村庄景观建设

村庄景观改造

图斑调整方案，让村庄土地使用更精确，同时配合完成北京市用地减量要求。

　　镇域总规、分区规划的规划传导。村庄规划为镇域总规、未来的镇域国土空间规划、分区规划做支持。村庄规划成果反馈在镇域规划和分区规划中。同时，村庄规划体现了分区规划、镇总体规划的要求，建立从延庆区到村庄完善的上下传导机制，让全区规划数据更加精准，为下一步管控提供支持。

设计单位：中国建筑设计研究院有限公司

设计人员：李霞、周丹、高明、王迎、刘尼宇、范晓杰、郭星、王迪、王永祥、贾宁、李燕、管力、赵爽

完成时间：2019 年

项目规模：19.16 公顷

内蒙古自治区兴安盟扎赉特旗"美丽乡村"村庄规划

　　扎赉（lài）特旗是蒙古名将木华黎的故乡，是游牧文化与农耕文化的交融地带，是蒙东地区最大的绿色农畜产品输出重地。但其乡村经济水平落后，各类设施亟待完善。此次进行了15个村庄的村庄规划，重点从产业规划、规划布局、建筑风貌、设施完善四大方面入手，建设"美丽乡村"。

规划特色

　　（1）产业规划。规划强调村庄的产业发展，从每个村庄所在经济分区、交通条件、现状产业基础、人口构成的具体情况出发，对美丽乡村的产业进行规划引导，发展适合村庄的多样化产业，如现代农业、乡村旅游业、养羊业、养牛业、养鸡业、牲畜交易业、蔬菜大棚种植业，完成村庄从"输血"向"造血"的路径转变。

效果图

总平面图

　　（2）整体布局。村庄布局规划力求避免"只见新房，不见新村；只见新村，不见新貌"，避免富有特色的乡土景观的消失，此次整治规划充分尊重村庄现状布局，维护原生村落的空间形式，延续富有情趣的空间效果，保证整治后的村落仍然不失文化底蕴，建造真正宜居的村庄。

　　（3）村庄风貌。建筑设计风格与产业、民族构成、民族建筑多因素结合，从全旗域角度出发，抽取原生建筑的空间形式，在现有建筑主体结构不变的情况下，将民宅改造成为富有本土特色且经济美观的建筑。

　　提供了现代风格、民族风格、中式风格三种建筑风格，并设计了与之相匹配的院墙。考虑扎赉特旗自然村数量众多，对每种风格进行细化，共设计12种改造方式，使相邻村庄风貌各异而相互和谐，为兴安盟地区的广大乡村的改造提供了参考范本。

　　（4）设施完善。设施层面完善公共服务设施，提升市政基础设施，保障村庄生态安全，丰富村庄绿化景观，确保乡村至少达到"十个全覆盖"的农牧区整治标准。村庄布

C2尺寸标示图

C2材质标示图

C1立面图

C3立面图

C4立面图

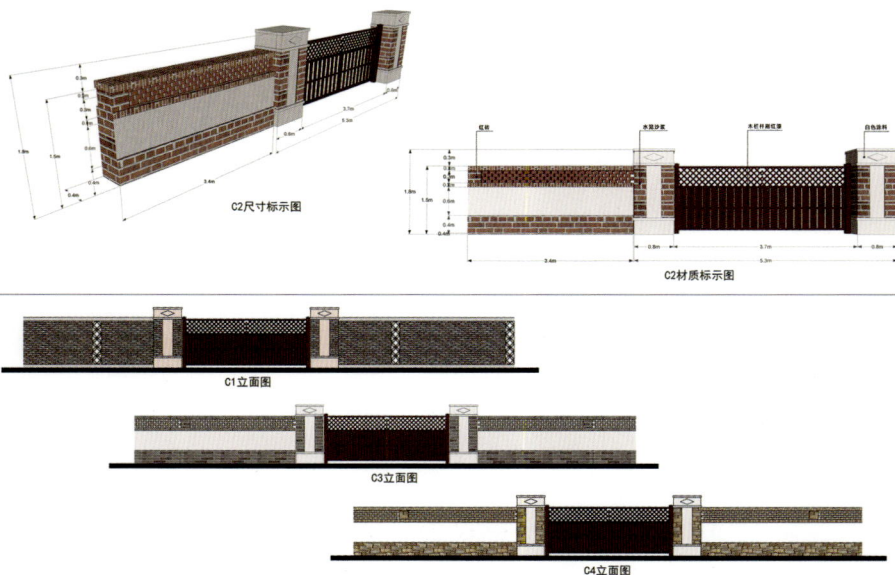

院落围墙改造图——中式风格

金属瓦或沥青瓦

塑钢窗

面砖

涂料

面砖

塑钢门

建筑材质标示图

立面图

建筑结构——"一左一右"

透视图

建筑结构——"一前一后"

透视图

正立面图

侧立面图

侧立面图

民居改造图——民族风格

局得以优化，公共服务更完善，基础设施得以提升，有效推进了扎旗的美丽乡村建设事业。

示范意义

《扎赉特旗乡村改造建设设计集成》手册根据该区村庄建设改造过程中出现的具体问题，针对性地提供了具体问题的解决方案、建设方式、建设产品目录等，成为地方村庄建设的实用性手册，弥补了地方技术力量严重薄弱的不足，指导该区后续512个自然村的建设，获得了地方高度评价。

设计单位：中国建筑标准设计研究院有限公司

设计人员：赵格、梁双、李超楠、边志伟等

完成时间：2014年

项目规模：15个自然村

获得奖项：2015年度中国建设科技集团优秀工程奖一等奖

江苏省宿迁市泗阳县特色田园乡村规划设计

项目包括泗阳县第一批特色田园乡村 5 个申报试点村。规划以"轻介入、微改善"的本土设计理念，重塑"山水田林人居"和谐共生关系，保护乡村传统空间肌理和传统建筑，传承乡土文化传统，保存乡村景观格局，促进承载乡愁记忆。通过当代田园乡村的营建和物质空间的持续改善，带动乡村经济发展，吸引人口、社会资源向乡村回流，助推乡村复兴。

（1）以"三农"问题为导向，探索乡村振兴实施新模式

规划以江苏省特色田园乡村创建为契机，聚焦泗阳县农村、农业、农民三方面的突出短板，通过产业、生态、文化、空间、治理等多维度的提升谋划，加快推进农业农村

灯笼湖鸟瞰图

八堡村时代景墙建成效果图一

八堡村时代景墙建成效果图二

现代化、乡村治理体系和治理能力现代化，探索新时代乡村振兴的实施模式。

（2）以推动全局性改革为目标，由点及面强化实施性与示范性

规划摆脱单纯的试点建设规划模式，从县域层面统筹考虑，由点及面，加强县域的整体引导及试点方案的深化落实，意图充分发挥试点对泗阳县全局性改革的示范、突破和带动作用，为全县乃至苏北地区乡村农业创新发展和特色田园乡村建设，贡献"泗阳智慧"。

（3）以共同缔造为实施方向，搭建长效运维的治理体系

规划通过试点建设，建立泗阳县特色田园乡村建设组织领导体制、村民议事会体制、农村产权交易体制、农村设施服务和社会管理供给体制、创新农业金融服务体制、新型农民队伍培育体制进行乡村综合配套改革，建立乡村社会治理的新秩序。强化顶层设计，综合统筹，实现还权赋能，释放活力，构建"三农"综改，长效运营。

大美乡村规划建设
Beautiful Rural Areas of China: Planning and Construction

八堡村时代景墙正面

改造后的民居

设计单位：中国建筑设计研究院有限公司

设计人员：崔愷、田家兴、单彦名、郝静、郭海鞍、田靓、李嘉漪、
赵亮、袁静琪、宋文杰

完成时间：2018 年

项目规模：131.67 公顷

获得奖项：2019 年度北京市优秀城乡规划二等奖

安徽省凤阳县小岗村村庄规划设计

安徽省凤阳县小岗村位于安徽省凤阳县东部的小溪河镇，距县城 28 公里，区位交通条件较优越。村域面积约 15 平方公里，村庄共 946 户，3903 人。作为"中国改革第一村"的小岗村在中国改革开放历程中有着极其重大的意义。

规划特色

规划着眼于村庄自身，探索适合全新的发展道路，扭转"外部输血"的现状并形成"内部造血"机制，提出以下 5 个方面的规划内容：

规划理念全域化。在全域 15 平方公里范围内，对小岗村的农业发展、村庄布点、基础设施、公共服务等进行合理规划和功能布局，体现了规划的整体性和前瞻性。

农业发展现代化。提出规模化、高效化、产业化、多元化的农业发展策略，并利用农业发展带动农业旅游，区域内布局现代农业种植区、配套服务区、休闲农业体验区等。

村落布局乡村化。在充分保障农民自愿的基础上，适度整合集中农村居民点，逐步实施村庄向社区集中。设计符合本地特点的村民住宅，并对现有村民住宅进行适当改造，实现房屋内部现代化与外部特色化的和谐统一。

服务体系现代化。集中建设村民一站式办事大厅，提供便民服务，集行政管理、金融服务、社区服务及文化中心等功能于一体。

环境保护生态化。对规划范围内水

总平面图

鸟瞰图

体进行利用与整治，大力推动清洁能源使用，推广绿色建筑理念。

　　充分利用小岗村先天的自然资源优势，将生态可持续理念贯穿在发展当中。处理好产业发展与资源利用、生态环保之间的关系，合理确定村庄布局，大力发展循环产业，促进土地资源和水资源的高效合理利用，努力实现低碳、低污染排放。同时，保持农村地区乡土特色，打造生态宜居的居住环境和多样性的自然景观。

村庄入口

大包干纪念馆

设计单位：中国建筑设计研究院有限公司

设计人员：冯新刚、李霞、薛王峰、王粟、徐冰、汤小周、高山、曾永生、杨欣、王楠

完成时间：2012 年

项目规模：15 平方公里

获得奖项：2013 年度全国优秀城乡规划设计奖（村镇规划类）二等奖

安徽省铜陵市周潭镇枫林村美丽乡村建设规划

按照"生产发展、生活宽裕、乡风文明、村容整洁、管理民主"的要求，以调查为基础，以问题为导向，以农民持续增收为核心，以富民特色产业规模化发展为支撑，以生产生活环境改善、特色风貌塑造为重点，依托现有山水林田资源基础，打造"农民富裕、环境优美、文化浓厚、配套完善"的美丽乡村。

规划目标

通过第一、三产业联动发展实现村民持续快速增收，加快农房环境整治、基础配套设施建设以及景观风貌、传统文化等软环境建设，极大改善村民生产生活环境和精神生活面貌，最终将枫林村松元中心村打造成为安徽省美丽乡村建设之典范。

规划原则

（1）发展生产、促进增收原则。结合农业产业结构的调整，延伸其产业链，形成第

道路交通规划图

鸟瞰图

一、三产业联动，增加收入渠道、促进农民增收；对产业、新村聚集点、各类配套设施等一体化布局，实现优势产业的规模化发展，为村民生产生活条件的改善创造了条件，同时可避免配套设施的重复配置和空心村的出现。

（2）保护环境、节约资源原则。保护自然资源，特别是农村产业调整时，应注重对现状森林植被、耕地、山体形态的保护，道路等基础设施和新村建设时应依山就势，结合地形，尽可能减少对地形地貌的改造，充分利用本土植被和材料，变废为宝，节约资源。

（3）以人为本、提升质量原则。从农村实际出发，合理安排住宅、道路、供水、排水、供电、垃圾收集、畜禽养殖场所等农村生产、生活服务设施，提升农村整体环境质量，彻底改变目前夹道建设、零乱建设、生活环境质量不高的不利局面。

（4）统一规划、分期实施原则。着眼于长远发展目标统一规划，按轻重缓急，先易后难的原则，分步实施，落实具体项目和资金投入。

（5）简洁明了、便于操作原则。规划成果应具有针对性，尽可能避免采用过多的专业术语及长篇大论，重在梳理、分析和解决问题，以便于基层相关人员的理解和操作使用。

规划重点

（1）深入调查全村产业发展状况、基础设施和公共设施建设状况、人口分布状况等，以问卷调查、村民座谈等方式，对家庭人口构成、收入来源、住房情况、整治与拆建意愿等进行调查，找出村民生产生活、村庄建设管理中存在的主要问题以及村民关注的问题与诉求。

（2）优化调整村域产业结构，明确村域产业发展方向和空间布局，制定特色农业产业、旅游产业发展规划；保护耕地、基本农田以及山、水、林等生态景观资源，合理布局新村聚居点，确定村域道路、市政基础设施布局和公共服务设施配置。

（3）以松元中心村聚居点为重点，明确保留整饰与拆旧重建的农宅，依山就势、结合山水环境，合理布置村民住宅、院落空间、公共活动空间，体现错落有致、山水村相融的田园村落格局；围绕村民诉求和村庄建设目标，安排生活配套设施、农家乐和旅游服务设施、景观小品设施。

（4）松元中心村内的拆旧重建建筑制定建筑设计方案，对保留建筑提出外观整饰方案；制定供水、排水、能源等设施建设方案；提出村组路、入户路、重要公共空间节点、闲置荒地的整治与建设要求；制定农业废弃物、农具杂物、生活垃圾收集与整治要求；提出消防、避震防灾措施。

（5）明确主要整治与建设项目，包括项目名称、建设规模、经费概算、资金来源等。

设计单位：中国市政工程华北设计研究总院有限公司

设计人员：杨安平、赵云铎、张恒语、张国卫、韩小龙

完成时间：2019 年

项目规模：8.66 平方公里

福建省福州市寿山乡九峰村村庄规划设计

　　九峰村是福建省乡村振兴试点示范村、福建省农村人居环境整治试点村，属于《国家乡村振兴战略规划》中特色保护类村庄。规划围绕九峰村"九山半水半分田"、禁建区面积占村域60%以上、千年古刹九峰禅寺等特色，提出将全村作为一个大景区整体打造的思路，结合"山野、禅修、颐养、匠心"主题形成休闲康养、悠然栖居、静谧禅修、户外野趣等片区，划定村民集中安置点，探索通过资源变资产、菜园变景园，发展旅游促进乡村振兴。

　　在项目编制过程中，规划师累计驻村108天开展"陪伴式服务"，与当地各级政府、村民、投资主体、施工单位、其他技术单位等沟通协作，共同探讨确定试点范围、重点项目、重要景观节点等，从技术上保障了试点工作的顺利推进。"陪伴式服务"探索在农村地区开展参与式规划的工作重点及方法，为培育现代乡村治理体系提供规划实施路径。

鸟瞰图

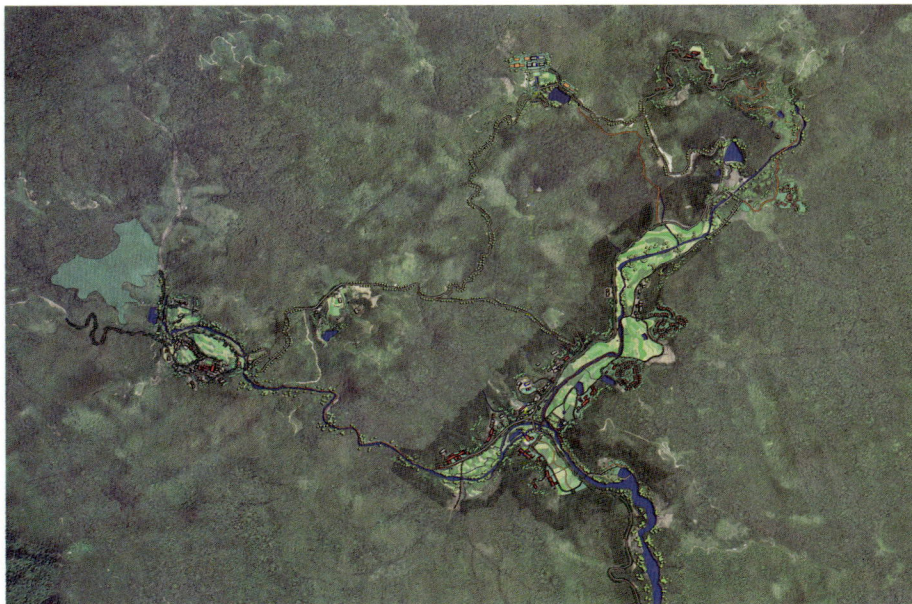
总平面图

村民自发开设的农家乐

公共环境提升

规划师现场指导施工

规划师与村支书老人会长探讨规划方案

设计单位：中国建筑设计研究院有限公司

设计人员：冯新刚、李霞、赵科科、王永祥、郭海鞍、杨猛

完成时间：2019 年

项目规模：29 公顷

福建省福州市寿山乡前洋村村庄规划设计

前洋村是福建省乡村振兴试点示范村、福建省农村人居环境整治试点村，属于《国家乡村振兴战略规划》中城郊融合类村庄。规划围绕前洋村"七山一水二分田"、区位条件优、农业基础好、村庄经济强等特色，提出"以都市型现代农业为主导，以休闲度假和研学旅行等旅游业态为驱动，农业与旅游深度融合"的总体发展策略。结合以"田园、市集、研学、农趣"为主题，发展集研学教育、农事体验、休闲度假于一体的福州市近郊特色田园乡村，打造福州市郊目驾车旅游目的地、福州休闲农业旅游基地。

在项目编制过程中，规划师驻村开展"陪伴式服务"，探索在农村地区开展参与式规划的工作重点及方法，为培育现代乡村治理体系提供规划实施路径。

规划编制与建筑设计紧密结合，共同策划一系列产业和民生项目，其中农夫集市作为启动项目之一，将村内一处百年老宅加以修缮，利用现有建筑，通过连廊将分散在东西两个宅院中的建筑连接，形成完整建筑群落。并且就地取材，尽量采用木材、钢材等轻质材料，减少对环境破坏。

规划效果图

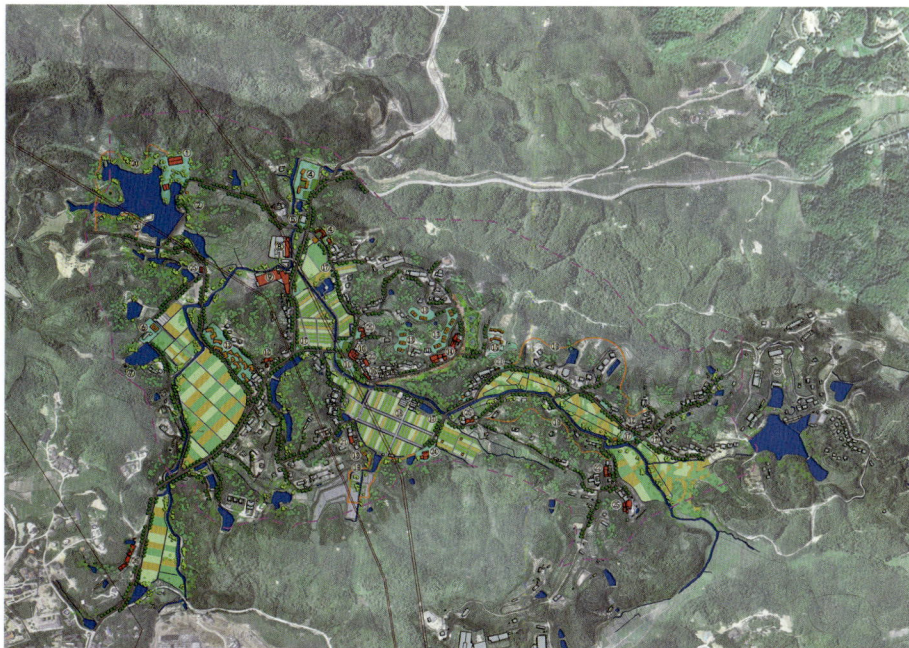
规划总平面图

规划师现场指导施工

规划师与村委探讨方案

农夫集市

污水处理站

设计单位：中国建筑设计研究院有限公司

设计人员：冯新刚、李霞、赵科科、王永祥、郭海鞍、杨猛

完成时间：2019 年

项目规模：37 公顷

江西省樟树市阁山镇高兴村秀美乡村规划

　　樟树市阁山镇高兴村位于阁山镇镇区西侧，西北接孙家村，南连店下镇，东靠阁山镇区。村内氏族尚存族谱记载高兴村"阁皂之右，潇水之东，诗歌乐土，钟灵毓秀"，历史上受宗族文化、传统风水影响，以祠堂为中心，逐渐扩展，形成面山背水、景色优美、小桥流水人家的特色村落格局，现状整体格局保存较为完整。然而在城镇化发展的背景下，逐渐面临建筑衰败、基础设施落后、风貌杂乱、活力不足、卫生条件堪忧等问题。在江西省全面推进和谐秀美乡村建设的背景下，成功入选樟树市"秀美乡村"建设示范点，高兴村这一具有典型赣中风貌的传统村落，迎来了新的发展机遇。

规划理念

　　规划提出"百年传承、秀美村落"核心理念，注重发掘丰富文化内涵，旨在把高兴村建设成为依托农林业、生态与文化资源，以周边镇区居民为目标市场，以古村落文化为特色，以乡村文化、休闲、度假旅游和生态农业为主要功能，生活舒适，环境优美，极具山水风情和文化内涵的江西省传统乡村示范村。

总体规划图

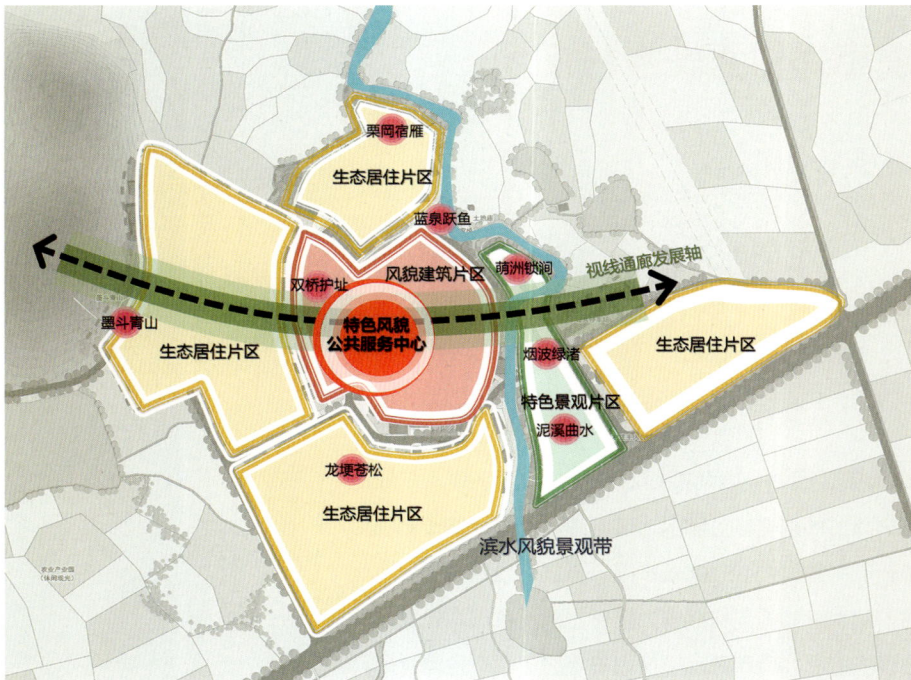

功能分布规划图

创新方法

规划采用"重塑历史格局、传承历史文脉、构架景观视廊、激活村庄活力"的设计理念，突出还原族谱记载的古村落历史格局，打造八个景观节点，体现高兴村"面山背水"的历史格局。

在文脉传承上，在设计中充分尊重高兴村特色文化，并将酒文化、古村落文化、宗祠文化等发扬光大。因此，规划中既注重对传统建筑和传统街巷空间肌理的保持和延续，也要对部分空间进行升级改造与强化，凸显本村文化特质。

强调展现族谱格局视角，打造视觉通廊，通过景观绿地、开敞空间和步行道，构成生态、开放、优美的景观视廊。

重点对村落中的古建筑改造促新，结合酒文化、祠堂文化赋予新功能，如改造成公共服务设施、文化展览设施、民宿、文旅项目等。在激发古村活力的同时，完善服务配套。

社会经济效益

规划聚焦政府投资、社会资本、村民自筹三个方面筹措改造建设资金，通过政府主导、部门协调、村民参与等方式激发村民自主改造的积极性和创造性，加强了项目可操作性，并创新性地在村庄风貌提升改造项目中采用设计—采购—施工一体化的 EPC 模式，保证了项目快速推进。建成后村庄面貌焕然一新，打响了乡村旅游知名度，带来了人流，社会资本投资的民宿、文旅等项目迅速实现了资金投入的回报，村民生活水平得到提升，生产生活方式也进一步改变，促进村庄的全面振兴。

设计单位：上海中森建筑与工程设计顾问有限公司

设计人员：陈鑫春、薛娇、史慧劼、徐之琪

完成时间：2018 年

项目规模：7.85 公顷

山东省济南市商河县贾庄镇孟东村美丽村居设计

2018 年，山东省开展"四一三"行动，提出培育美丽村居建设省级试点的任务。济南商河县贾庄镇孟东村被评为省级试点村之一，为满足"一村一品、一台一韵""鲁派民居"新范式等规划要求，孟东村积极开展美丽村居建设实践。

规划理念

产业结构优化，带动乡村旅游发展。规划凭借文化资源优势及城郊型村落的区位条件，策划孟氏文化、生态旅游、休闲体验相结合的精品旅游线路，综合打造四大产业板块、九大产业项目、八大体验活动，形成资源互补、联动发展的产业发展体系。

孟子书院建筑方案设计效果图

孟东村规划设计平面图

1 村委会
2 词赋广场
3 竹简广场
4 滨水长廊
5 湿塘
6 祈愿广场
7 小游园
8 停车场
9 孟子书院
10 农田步道
11 健身广场
12 沿河绿带

乡土风貌重塑，营造生态文化空间。规划将孟东村特有的文化符号、地域景观要素融入村庄设计，打造彰显村庄历史文化的特色景观节点，塑造富有鲁西北地域特色的村庄风貌。注重村庄滨河及池塘生态空间营造，打造村域观赏型农地生态空间。

建筑设计提升，塑造地域村居特色。孟东村规划重点打造"鲁派民居"，将公共建筑设计融入孟子文化和鲁西北地域特色，打造具有鲜明文化特质的村庄标志性建筑。

创新方法

构建孟东村现状综合评价指标体系。村庄发展现状综合评价的目的是综合审视村庄发展水平和建设情况，评价结果是制定村庄发展定位、编制美丽村居规划的重要依据。基于政策要求和孟东村发展需求，依据村庄环境整治、公共设施配套、村居建筑、产业发展与农民增收、农村治理与乡村文明五个方面，归纳总结出 30 条评价指标，并将评

沿街村居建筑改造引导效果图

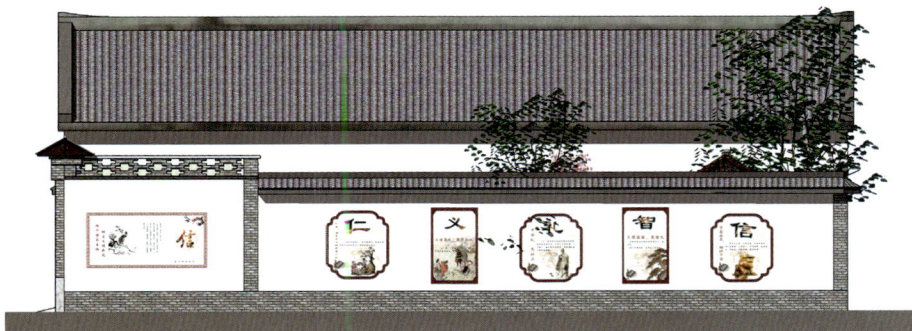

沿街村居建筑改造引导效果图

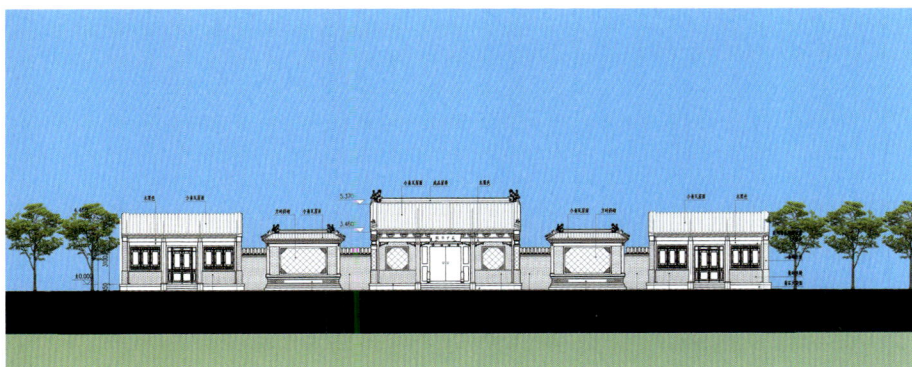

孟子书院建筑方案设计南立面图

价结果分为达标项、提升项和新增项三个等级。最终，根据综合评价结果因地制宜制定美丽村居规划。

社会经济效益

　　规划及设计符合孟东村实际，设计方案详细具体，易于建设实施，得到了村镇各级部门的肯定。规划实施以来，产业策划通过农文旅融合，大力发展孟东村农业旅游、文化旅游产业，村集体收入水平得到显著提升。

设计单位：中国城市发展规划设计咨询有限公司
设计人员：高宜程、裴欣、王凡、董浩、宋晓璐等
完成时间：2020 年
项目规模：156.79 公顷

山东省烟台市市域乡村风貌规划

以实施乡村振兴战略为契机，发掘和彰显乡村风貌特色，打造胶东特色乡村风貌。烟台市乡村风貌普遍存在的问题有：整体风貌特色不突出，乡村地区特色文化、景观要素尚待发掘，部分村庄存在风貌城市化、同质化，村容村貌不够整洁、绿化相对匮乏等。同时，在管理上，传统的风貌管控方式在管控对象和管控要素上的局限，造成了风貌管控在区域层面缺乏整体协调，在个体层面缺乏个性彰显，千村一面。

规划思路

统筹提炼地域特色，合理划分风貌分区，提出指导管控要求，彰显胶东民居新范式。指导下辖县（市、区）编制乡村类规划的风貌相关内容，与下层次规划相衔接。

规划策略

规划提出"双轨制"的风貌管控模式，一是在烟台市层面，针对不同的风貌区、重要界面和重要节点，提出"点、线、面"管控策略。二是在县（市、区）层面，对具体村庄分类，提出分类管控策略。

规划特色

（1）规划呼应总体城市设计提出的"仙境海岸、鲜美烟台"城市总体定位，提出了"仙鲜·山海，淳醇·田园"的乡村风貌总体定位。

（2）规划明确了烟台市市域乡村风貌五大特色分区：北部仙境滨海风貌区、南部滨海风情风貌区、自然山林风貌区、醇美酒香风貌区、田园农耕风貌区，以及交通线、景观线、旅游线三类需要重点控制的线性界面和12个重要的特色风貌控制节点。

（3）规划建立了三级风貌控制指标体系，包括3个一级要素，11个二级要素和45个三级要素。通过对乡村聚落生活系统三级要素的具体控制达到风貌管控的目的。

（4）规划构建了"市—县—镇"乡村风貌分级管控体系，分集聚提升类、特色保护类、示范引领类、搬迁撤并类四类进行管控引导。

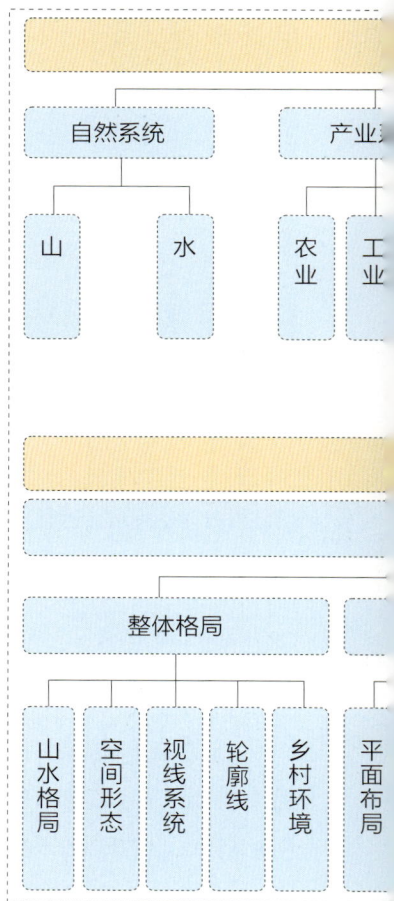

乡村风貌管控指标体系构建图

大美乡村规划建设
Beautiful Rural Areas of China: Planning and Construction

乡村风貌总体与分区定位图

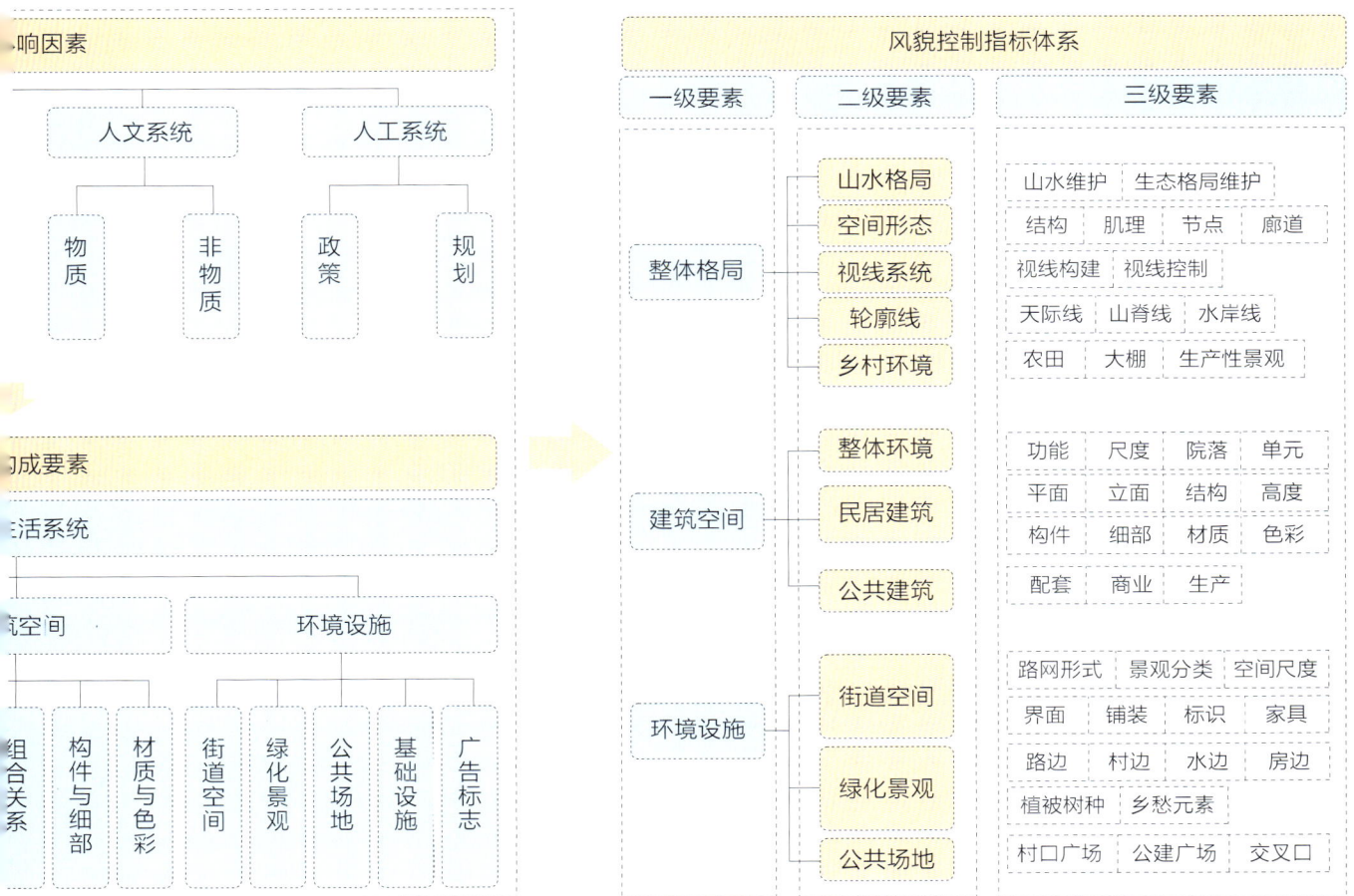

```
          仙鲜·山海
          淳醇·田园
    ┌────────┬────────┬────────┬────────┐
  海仙      海鲜      淳朴      醇厚
  山仙      果鲜      民心      风味
    │        │        │        │
 美景"仙"  空气"鲜"  酒香"醇"  民心"善"
 文化"仙"  蔬果"鲜"  人豪"爽"  田园"美"
    │        │        │        │
"三百里山林百果丰茂" "两千载东海蓬莱仙归" "浅饮移花所遇即为家" "方田织锦急邀客先尝"
 苍翠盛景   仙境奇景   殷实光景   质朴美景
    │        │        │        │
仙境滨海风貌区 自然山林风貌区 醇美酒香风貌区 田园农耕风貌区
```

响因素

```
    ┌──────────┬──────────┐
  人文系统     人工系统
    │           │
 ┌──┴──┐     ┌──┴──┐
物质  非物质   政策   规划
```

构成要素

活系统

```
    ┌──────────────┬──────────────┐
  筑空间          环境设施
    │               │
┌──┬──┬──┐   ┌───┬───┬───┬───┬───┐
组 构 材          街  绿  公  基  广
合 件 质          道  化  共  础  告
关 与 与          空  景  场  设  标
系 细 色          间  观  地  施  志
   部 彩
```

风貌控制指标体系

一级要素	二级要素	三级要素
整体格局	山水格局	山水维护　生态格局维护
	空间形态	结构　肌理　节点　廊道
	视线系统	视线构建　视线控制
	轮廓线	天际线　山脊线　水岸线
	乡村环境	农田　大棚　生产性景观
建筑空间	整体环境	功能　尺度　院落　单元
	民居建筑	平面　立面　结构　高度
		构件　细部　材质　色彩
	公共建筑	配套　商业　生产
环境设施	街道空间	路网形式　景观分类　空间尺度
		界面　铺装　标识　家具
	绿化景观	路边　村边　水边　房边
		植被树种　乡愁元素
	公共场地	村口广场　公建广场　交叉口

（5）秉承经济性、易操作、安全实用和乡土地域性的农房设计原则，综合每家每户两分半田的宅基地标准，规划设计了一套烟台乡村农房样板示例图集。

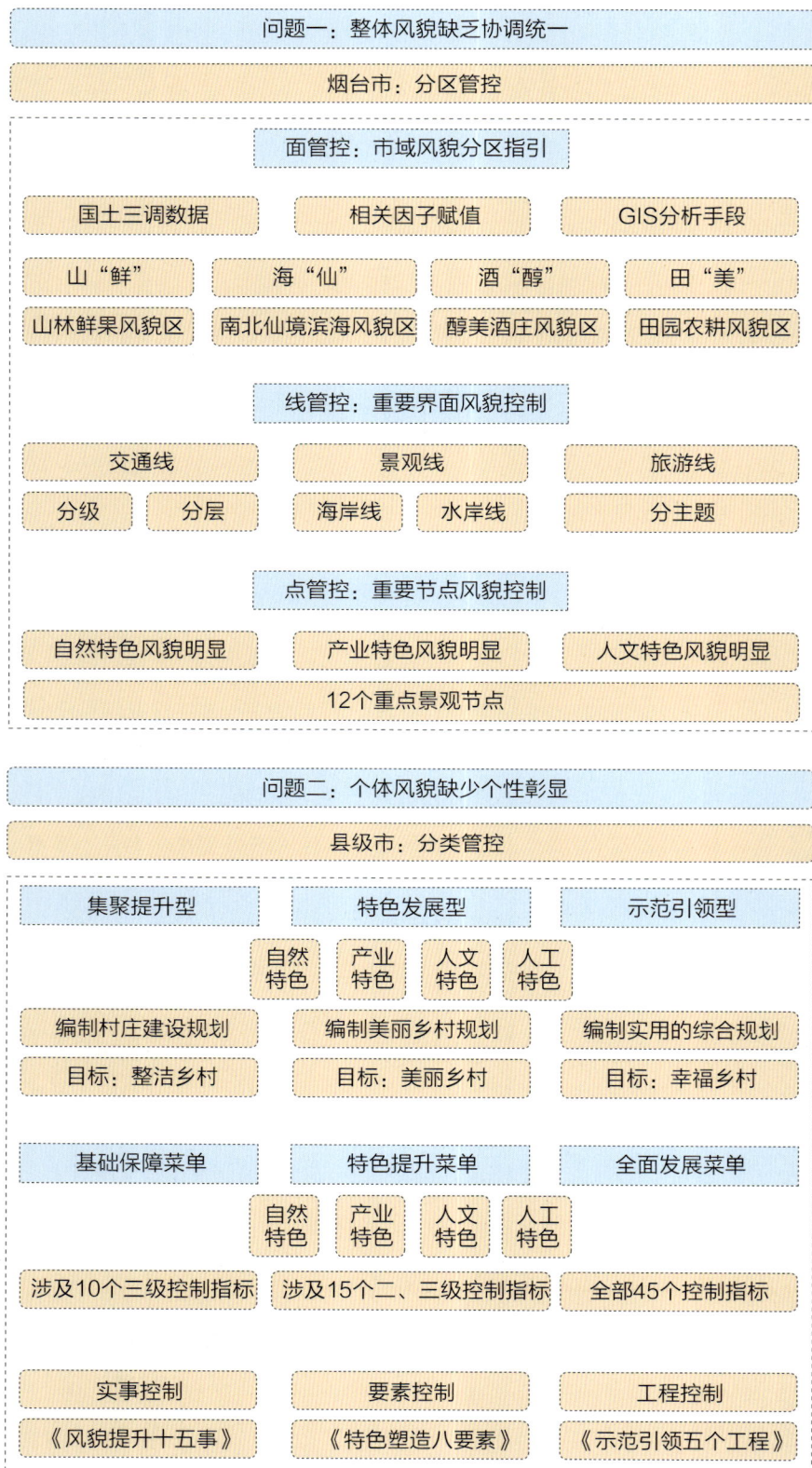

问题一：整体风貌缺乏协调统一

烟台市：分区管控

面管控：市域风貌分区指引

| 国土三调数据 | 相关因子赋值 | GIS分析手段 |

| 山"鲜" | 海"仙" | 酒"醇" | 田"美" |

| 山林鲜果风貌区 | 南北仙境滨海风貌区 | 醇美酒庄风貌区 | 田园农耕风貌区 |

线管控：重要界面风貌控制

| 交通线 | 景观线 | 旅游线 |

| 分级 | 分层 | 海岸线 | 水岸线 | 分主题 |

点管控：重要节点风貌控制

| 自然特色风貌明显 | 产业特色风貌明显 | 人文特色风貌明显 |

12个重点景观节点

问题二：个体风貌缺少个性彰显

县级市：分类管控

| 集聚提升型 | 特色发展型 | 示范引领型 |

| | 自然特色 | 产业特色 | 人文特色 | 人工特色 | |

| 编制村庄建设规划 | 编制美丽乡村规划 | 编制实用的综合规划 |

| 目标：整洁乡村 | 目标：美丽乡村 | 目标：幸福乡村 |

| 基础保障菜单 | 特色提升菜单 | 全面发展菜单 |

| | 自然特色 | 产业特色 | 人文特色 | 人工特色 | |

| 涉及10个三级控制指标 | 涉及15个二、三级控制指标 | 全部45个控制指标 |

| 实事控制 | 要素控制 | 工程控制 |

| 《风貌提升十五事》 | 《特色塑造八要素》 | 《示范引领五个工程》 |

"双轨制"乡村风貌管控模式框架图

三类重要线性界面风貌管控示意图

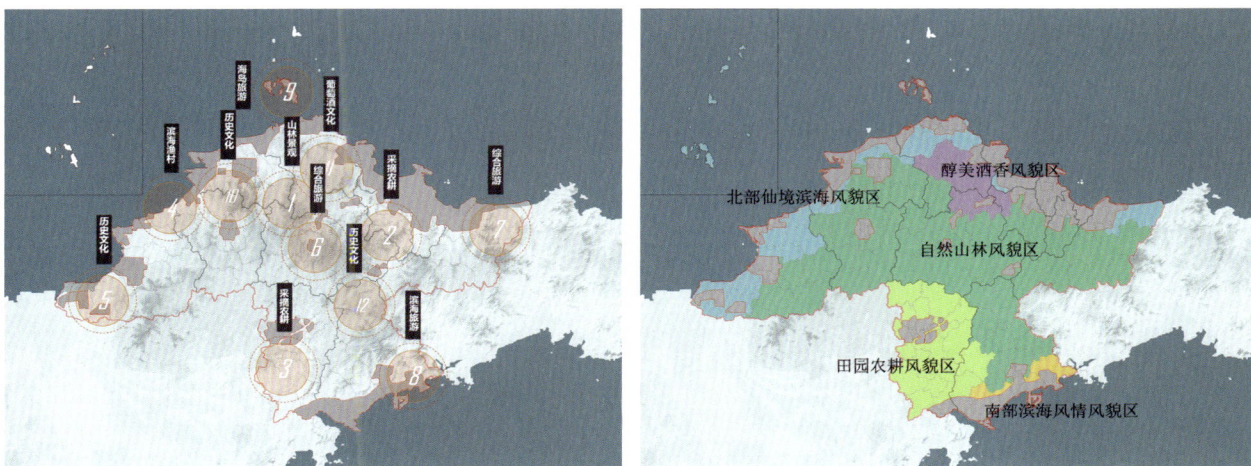

重要乡村风貌管控节点示意图

烟台市市域乡村风貌五大分区图

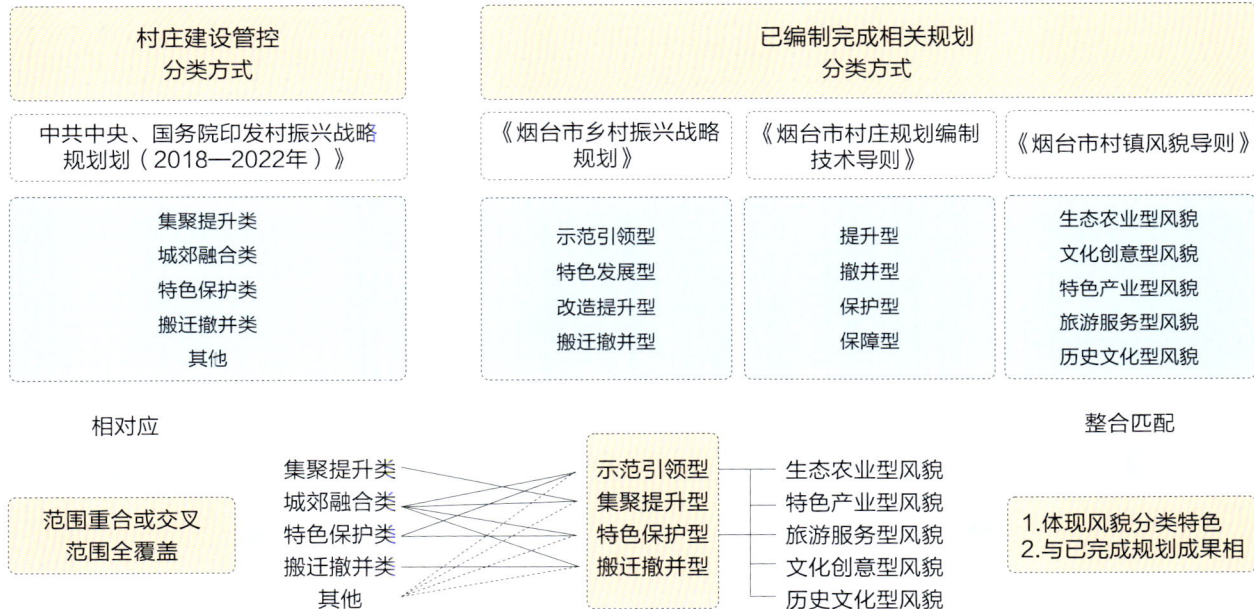

乡村风貌分类管控演绎图

设计单位：中国建筑设计研究院有限公司

设计人员：令晓峰、刘星、程珊、王皓宇、胡玉洁

完成时间：2020 年

项目规模：烟台市域全域

海南省三亚市天涯区桶井村美丽乡村规划

项目是三亚市积极落实美丽乡村建设，开展有定向财政扶持、对乡村进行精准改善的实施类规划。三亚市桶井村紧邻三亚凤凰国际机场和天涯海角风景名胜区，区位优势明显，自然资源丰富。但存在着村庄规模大、用地构成复杂、人居环境欠佳、建筑风貌杂乱、扶持资金紧俏等问题。

规划思路

首先，从村域层面出发，统筹资源，谋划总体发展目标和骨架。其次，从村庄层面分类，制定了实用性村庄规划。在技术上，规划了全面的、理想化的蓝图；在管理上，分步骤进行，弹性管控建议；在实施上，针对7000万元财政投入做了精准的安排，对于财政无法覆盖的部分，规划给出远期设计方案。

大兵村远期规划平面图

规划前现状照片

规划后效果图对比

规划目标

规划统筹考虑了桶井村的综合条件和发展契机，从三个层面提出了桶井村的未来发展方向：从依托三亚凤凰机场的角度，打造为热带国际休闲旅游目的地的空港服务村；从承接天涯海角风景名胜区的角度，打造为区域旅游风景名胜区的配套服务村；从补充城区功能的角度，打造为三亚湾西部地区的风情民宿村。

红白土村总平面图

规划特色

规划针对桶井村急需解决的实际问题，提出了在村域层面进行整治的八大策略，分别为：禽畜粪污治理策略、农业生产废弃物治理策略、垃圾治理策略、公共厕所建设、围墙改造、古树保护、环卫整治与庭院美化策略。编制实用性的村庄规划，依据下辖七个自然村的现状基础情况分类而治，内容分三类各有侧重：对于基础型美丽乡村，规划优先改善道路交通和整治人居环境；对于提升型美丽乡村，建议完善公共设施并修缮美化建筑；对于引领型美丽乡村，量身定制引导其产业发展。

设计单位：中国建筑设计研究院有限公司

设计人员：令晓峰、刘星、张永红、王皓宇、胡玉洁、李冰、李悦思、路萌

完成时间：2020 年

项目规模：16.94 平方公里

海南省乐东县艾德山道规划设计

项目位于三亚市西北 80 公里的乐东县尖峰岭国家森林公园旁，是集大型旅游养生地产、热带高效观光农业园区和山海旅游配套区为一体的综合开发项目，规划用地总面积达 2000 余亩。规划针对海南黎族风情文化园、特色休闲美食街、五星级湖滨度假酒店、高尚养生住宅区 4 块地进行编制。

规划特色

以卓越的自然环境为依托，以本地黎族文化融入为创新点，依托周边尖峰岭国家公园的资源，以前瞻性的产品设计、高品质的产品质量、完善的社区生活旅居配套和特色

鸟瞰图

效果图

用心的后期增值服务，打造海南特色的旅游标杆型项目。

　　项目中的黎族风情园地块，在空间设计上，以景观中轴为主线，将传统建筑中院落空间和街巷布局的处理手法整合到现代建筑设计。传统院落和街巷是城市生活的一部分，以整体风貌体现文化价值，展示历史典型风貌特质，反映城市历史发展脉络。方案中保留黎族文化符号，和现代手法结合，试图激活古老的黎族文化，让人们游走在古街古镇的意向中，重新体会归园田居的惬意生活。在经营模式上，充分考虑与周边村民的互动，在风情园设计中保留原有文化，发展多种经营模式，如集中的休闲度假酒店、民宿、特色花园酒吧、咖啡馆、茶餐厅等。在经营运作上，鼓励本地村民参与，实现经济效益和社会效益的共赢。

设计单位：深圳华森建筑与工程设计顾问有限公司

设计人员：岳子清、赵婷、何树福、陈政经

完成时间：2017 年

项目规模：总用地面积 192 公顷

大美乡村规划建设

Beautiful Rural Areas of China: Planning and Construction

甘肃省陇西县巩昌镇河那坡村村庄规划

河那坡村位于陇西县城西北 3 公里处，属于城郊融合型村庄，辖 7 个村民小组 2662 人，产业以设施蔬菜为主，素有"陇西菜篮子"的美誉，有发展城郊休闲游潜力。项目是甘肃省首批"多规合一"村庄规划试点，是陇西县乡村振兴样板村的建设蓝图，是中国建科帮扶陇西县的重要项目。

规划理念

规划以乡村振兴等国家战略、多规合一等试点要求、共同缔造理念方法为总遵循，编制城乡融合发展规划、村域开发保护规划和村庄建设整治规划，指导村庄发展、用途

① 农产品展示销售与旅游服务中心　② 洛浦荷盖生态景观　③ 特色民宿　④ 胡麻籽油磨坊　⑤ 特色蔬果采摘园　⑥ 农耕文化体验园　⑦ 农业科技园　⑧ 绿色蔬果生产基地

规划效果图

图例

① 村委会	⑥ 龙王庙	⑪ 洛浦荷盖	⑯ 旅游服务中心
② 养老服务站	⑦ 便民超市	⑫ 湖山在望	--- 村庄建设用地范围
③ 小公园	⑧ 秧歌坛	⑬ 见月台	▓ 现状农房
④ 广场	⑨ 商业服务	⑭ 真趣亭	▓ 新建农房
⑤ 学校、幼儿园	⑩ 水磨广场	⑮ 叠翠阁	▓ 公共服务设施

规划总平面图

整治后的村庄面貌

管制和环境整治，利用地块图则、建设计划和村民手册保障规划落实，构建"一心、两带、三区、六组团"的村域空间格局，将河那坡村打造为"城乡融合发展示范村，以发展绿色体验农业和文化休闲旅游为主的生态宜居美丽乡村"。

规划特色

（1）扎实工作基础，提高方案可实施性。调研前整合各类调查数据，识别矛盾点、问题点，调研中累计校核 150 余处图斑，全面查清闲置用地多、开发潜力大的国土利用特点。采用"线上＋线下"方式了解村民意愿，采集村民关注重点问题。依托规划编制搭建交流平台，组织政企村民梳理村庄特征问题、统一建设整治意见。

（2）紧抓村庄特点，强化城乡融合研究。统筹城乡人、地、财要素配置，综合确定约束性与引导性兼具的规划指标体系。创新设置城乡融合发展规划章节，从布局协调、产业协同、交通互联、市政互通、生态共治、公服共享六方面谋划城乡融合发展。

（3）坚持问题导向，编制好用实用规划。抓住产业振兴的"牛鼻子"，采用村民看得懂的方式，先共谋项目布局和用地规模再确定国土空间用途结构调整方案。推广实用型村庄整治技术，针对性解决在地灌溉、雨季排水、尾菜处理、对外出行和文体活动等难题。

（4）保留规划弹性，探索情景规划模式。基于外部环境和资金预算的不确定性，编制情景模拟方案，针对兰汉高铁、蓄水池建设可能的征地方案，提出分情景居民点布局调整方案。针对资金保障的不确定性，提出新建桥梁和拓宽旧桥两种对外交通组织方案。

（5）加强多规合一，成果面向多方需求。形成面向自然资源部门管理需求，村域以指标、控制线和规划分区为主，村庄居民点以地块图则为主的管理成果内容。面向各部门和企业需求，以设施要素布局和近远期项目库为主的建设成果内容。面向村两委和村民需求，以村规民约、管制规则和村庄整治指引为主的村民版成果内容。本规划作为陇西县规划引领乡村振兴的样板，指导了河那坡村田园综合体产业项目建设，村庄清洁行动、厕所革命、生活垃圾整治、"拆危治乱"和风貌改造等人居环境整治工作，以及"三治"融合的乡村治理体系构建，为河那坡村全面实施乡村振兴战略奠定了坚实基础。

设计单位：中国建筑设计研究院有限公司
设计人员：王庆峰、李青丽、王明田、孙秀伟、王元媛、韩燕、廖晓烨、王晓、杨曼华、张雪、李崇雷
完成时间：2021 年
项目规模：998.92 公顷

青海省湟中县黑城村美好环境与幸福生活
共同缔造试点

2018 年，按照住建部统一部署，中国建科对口帮扶青海省湟中县黑城村，开展"美好环境和幸福生活共同缔造"示范工作。

这项工作是住建部重点工程，是住建部在乡村振兴领域做出的重要探索。为此，由集团文兵总裁挂帅，中国院城镇规划设计研究院、建筑四院乡建研究中心为核心，生态院鼎力支持，共同组成涵盖规划、建筑、景观、社会组织、市政工程等多方面人才的工作团队。工作团队通过前方驻场、发动群众、指导村民建设、后方支援、制度设计等保障工作顺利开展，总结出了一套行之有效的共同缔造工作模式。

项目特色

工作组历经发动期的困惑、转变后的欣喜和显效后的幸福三个阶段，遇到过村民的不理

鸟瞰图

帮扶团队成员给孩子们讲解村情村貌及愿景

帮扶团队与村民讨论村庄建设愿景

解，碰到过制度政策的限制，最终通过不断讲解共同缔造精神，与村民同吃住、共甘苦，逐步转变了村民的意识；通过与湟中县共同研究，初步形成了适用于村庄建设的制度框架；通过建机制、同谋划、共建设、同监管、兴产业，实现了建设成本的大幅下降，运营维护的合理保障，初步形成一套可复制可推广的经验。

为了激活村庄发展内生动力和自我造血机制，激发村民积极性、主动性、创造性，中国院黑城村共同缔造工作组安排规划师、建筑师开始驻村工作，和村民交流、交心、交朋友的"社会工作"组织方式逐步取代了传统的规划设计工程建设方式，成为工作组的工作重心，"共同缔造"村民发动和社会治理组织工作的新局面全面呈现。黑城村共谋共建的热情进一步被点燃，村民们在村两委和"振兴理事会"的带领下更加主动地投工投劳、全面展开各项建设工作，村民自主修路、建设村史馆、改善房前屋后居住环境。村庄环境整治工作大踏步地进入了快车道。

帮扶团队成员和村里小朋
友们

帮扶团队成员和村民共同欢庆村史馆完工

社会效益

  中国院黑城村"共同缔造"项目组不怕吃苦、担当尽责、忘我工作，帮助黑城村在乡村建设工作中实现了"共建共治共享"的社会治理模式。中国院始终秉持着央企的社会责任感，在脱贫攻坚中不仅战斗在一线，还以设计力量、组织能力助力住建部探索脱贫攻坚的新路径，为黑城村打赢脱贫攻坚战作出了重要贡献。

设计单位：中国建筑设计研究院有限公司

设计人员：赵辉、赵健、苏童、谢四维、王宇、钟晨、赵浩然、赖一飞、李甜、徐也、李睿、阿拉太

完成时间：2020 年

新疆维吾尔自治区喀什地区疏勒县塔孜洪乡乡村振兴规划

　　塔孜洪乡位于新疆喀什地区疏勒县，下辖 22 个行政村和 1 个农场。耕地面积达 5.2 万亩，主要以种植业、林果业和畜牧业为主，是近邻城郊的农业大乡。重点发展现代设施农业和物流产业，着力打造南疆"菜篮子"。按照喀什地委、省援疆指挥部相关要求，将塔孜洪乡列为乡村振兴示范乡镇，助力推动实施"十四五"乡村振兴战略。

规划理念

　　规划坚持以乡带村、乡村融合、联动发展，突出乡政府驻地和示范乡村引领作

鸟瞰图

用，依托 315 国道（原）和 310 省道等重要交通干线，发挥纽带联结作用，推动形成"一核引领、多点示范，主轴联动、整乡推进"具有塔孜洪乡特色的乡村振兴发展格局。

规划特色

（1）产业振兴。大力发展蔬菜设施农业，加快优质蔬菜基地建设，突出蔬菜产业科技兴农，重点发展辣椒产业效益提升，延伸蔬菜产业发展链；传统农业产业提质增效；巩固提升特色林果产业；推进畜牧业绿色发展；小微加工产业园；加快发展农村电子商务；积极发展蔬菜三产融合发展。

（2）生态振兴。坚持"示范引领、重点打造、分步实施、全面推进"的整体工作思路，根据 23 个村基础条件，按照"三个类别、三个标准、三个阶段"的工作要求，着力实施绿化、美化、亮化、硬化及健康直饮水工程，打造美丽乡村。

（3）人才振兴。聚焦五类人才，强化智力支撑。

（4）文化振兴。弘扬主旋律培育新风尚，按照"文化润疆，齐鲁先行"的工作要求，以社会主义核心价值观为引领，着力实施"文化阵地打造、文化队伍建设、文化产业壮大、文化事业发展"四项工程，推动落实进农村、进学校等"五进"活动，焕发乡风文明新气象。

（5）组织振兴。坚持党建引领，强化宣传引导、动员社会参与、统筹模式创新，加强农民专业合作社健康发展。

社会效益

转生产方式：布局农业硅谷，创新农业服务聚集。

调产品流通：新疆喀什新农港，导入村庄新动能。

促三产融合：插上金融和互联网的翅膀，创建城乡互动载体。

新乡村生活：文化再造，生态赋能，改变村庄面貌，复兴乡村新生活方式。

聚新农人才：党建引领，形成乡村振兴合力，培养新农人队伍。

行政服务街区效果图

设计单位：中国市政工程华北设计研究总院有限公司

设计人员：李德巍、王雪、李英华、苗蕾、杜翠亭、王莹

完成时间：2021 年

项目规模：156 平方公里

04 乡建创新

中国建科秉承"本土设计""轻介入"理念，从自然景观、地域文化、传统建筑等乡土人居环境要素出发，溯本求源，探索乡村设计与建设的核心价值观——"乡土再造"，在中国的广大乡村进行大量设计、策划、更新项目实践。

北京市延庆区永宁古城缙山隐巷设计

内蒙古自治区鄂尔多斯市折家梁村公共建筑设计

江苏省泗阳县特色田园乡村试点村庄公共建筑设计

福建省福州市寿山乡九峰村乡村客厅设计

福建省福州市寿山乡前洋村农夫集市设计

福建省漳州市华安县大地村"二宜楼"裸眼 3D 灯光秀设计

贵州省兴义市楼纳国际建筑公社露营服务中心设计

云南省大理古城左邻石舍民宿设计

甘肃省天水市街亭古村 167 号院设计

青海省湟中县黑城村村史馆设计

新疆维吾尔自治区喀什地区疏勒县塔孜洪乡产业设施规划

北京市延庆区永宁古城缙山隐巷设计

　　永宁古城，位于京西北延庆永宁镇。始建于贞观十八年，又名寒江城，兴盛于永乐十二年，系燕京戍卫重镇，素有"先有永宁城，后有十三陵"之说。

　　古镇正中有一阁，名"玉皇阁"，阁之东北有一院，主人名顺，曰"顺苑"。苑荒十余年，是年主归，欲筑"飞天、卧龙、鸣凤"三舍，作客房，再造黄金台以彰故燕文化，遂邀吾前往，请造园。

　　置身苑中，为玉皇阁之凌势所撼，颇有觉悟；漫步老街，见乡风淳朴，甚为感动。农夫妇孺，嬉戏往来，烧饼豆腐，香飘深巷，何以闹市中作雅居，喧嚣中设雅园，实为一题。

　　于是将院中分，南北为动静两区，筑高墙为隔，划分三间小院，各置一轩，轩者，有窗之小屋，故顶开斜天窗，侧开大窗，以望阁，阁旺则院兴，故所有景面阁而向。

　　小院虽深，幸面南，光直入，为木台，可憩可卧，实则慵懒之处。院中有修竹青石，以慰老苏"不可居无竹"之求。东院内有一树，亭亭如盖，未敢伤之一叶。

永宁古城鸟瞰

门楼

望阁

池与台

黄金台

餐厅与阁

老屋仅一层，举架奇高，于木梁后置草席，以御寒，然则依旧高，故分两层，屡置楼梯而觉不爽，遂做博古架，从中而行，虽累却有趣。上层做榻，下层做床，外为高厅，内为寝帐。三舍皆非奢华而重乡情，置身期间，愈深愈静，眠足可安。

高墙之外、筑一榭，可观水，榭墙多镂空，似玄关珠帘，为宴会娱乐之所，兼有早餐。榭旁筑黄金台，层层叠叠以登邻家屋顶，乃上城楼，阁之景象豁然开朗。

台下修一池，池中有鱼，喻"黄金台下，年年有余"，池后有一壁，可为幕，漫夜来时，可于黄金台上露天观影，想来阁上玉皇，亦可与民共悦焉。

西院之西，有一哑院，覆之以沙土，供孩童猫犬游戏，四面高墙，不忧遗失，故夫妇长者，可于院中独思冥想，尽其未解之事。信步出苑，则为隐巷，无分左右，皆可步入老街，吆喝叫卖，热闹非凡，以一步迈入人间繁华，与苑中清幽，恍如隔世。

时历一年，小院已成，相比之前，造一墙三轩，一台一榭，园虽小却可借玉皇阁于景中，信步闲庭，清风淡雅。喧嚣之外，可闻草木之香。此去向南，与京城百里之遥，温度低许，几无霾尘；北望百里 山水，悠然自得；西行百里可达土木堡、鸡鸣驿，明之古城，可尽游。

古韵轶事，未知往矣。今人造物，承先人之技而非复做，做今世之作而有所承，所谓继往开来，因地制宜。古地延夫，秦为上谷，汉为居庸，唐为妫川，后为缙山，龙庆州、隆庆州、延庆州，历经沧桑 文脉广博，今城之一隅，称为"缙山隐巷"。

设计单位：中国建筑设计研究院有限公司

主创建筑师：郭海鞍

设计人员：向刚、孟杰、曲恺辰

完成时间：2020 年

项目规模：500 平方米

内蒙古自治区鄂尔多斯市折家梁村公共建筑设计

在内蒙古地广人稀的土地上散落着诸多小村子，折家梁三社便是其中一个，小到只有 30 余户，占地 10 公顷，距离东胜市区 40 公里。村内没有古迹文物，没有特色传统风貌建筑，又由于位于毛乌素沙地的延伸地带，自然气候条件相对恶劣，风蚀沙化严重，景观资源匮乏。这样一个先天资源匮乏的村庄如何挖掘特点，整体打造提升是这个项目的挑战所在。

系统性乡村建设策略

在乡村建设实践中发现，面对衰败的村落，如果只做一个农宅的建设，杯水车薪，很难解决大多数人的民生问题，传统风貌也仍然在消失。于是对于折家梁村采取的策略是从产业策划—规划—建筑—景观设计一系列的"系统性乡建"策略。

（1）提出"羊家乐"发展策划

调研中发现小村子里几乎家家养羊，养羊已经成为他们生活中重要的组成部分及爱好，于是将项目定位为精品"羊家乐"休闲体验品牌，主要吸引都市家庭、学校团体、公司白领等城市人群，开展一系列与羊有关的核心项目："交羊友""吃羊食""听羊曲""看羊戏""比羊赛""干羊活""住羊圈"。在这里，人们不是来吃羊，而是来与羊交朋友，甚至还能够通过网上预约，让游客到现场参与感兴趣的活动。结合"羊家乐"的策划项目和当地最易取得的沙土材料还设计了独具特色的住宿体验——沙包土屋。

（2）依托现有产业资源提供诸多配套项目

如"大棚采摘""认领种植""休闲垂钓""体验厨房""美食工坊""大棚住宿"等。以生态的理念种植有机蔬菜，生产健康肉类，配合流动集市、互动节庆、线上线下进行销售。

生产场所生态修复

折家梁处沙地地带，自然生态的保育是村落的基本需求。乡村的自然环境除目力所及之处的视觉体验，还可以出现在乡村的生产场所，相

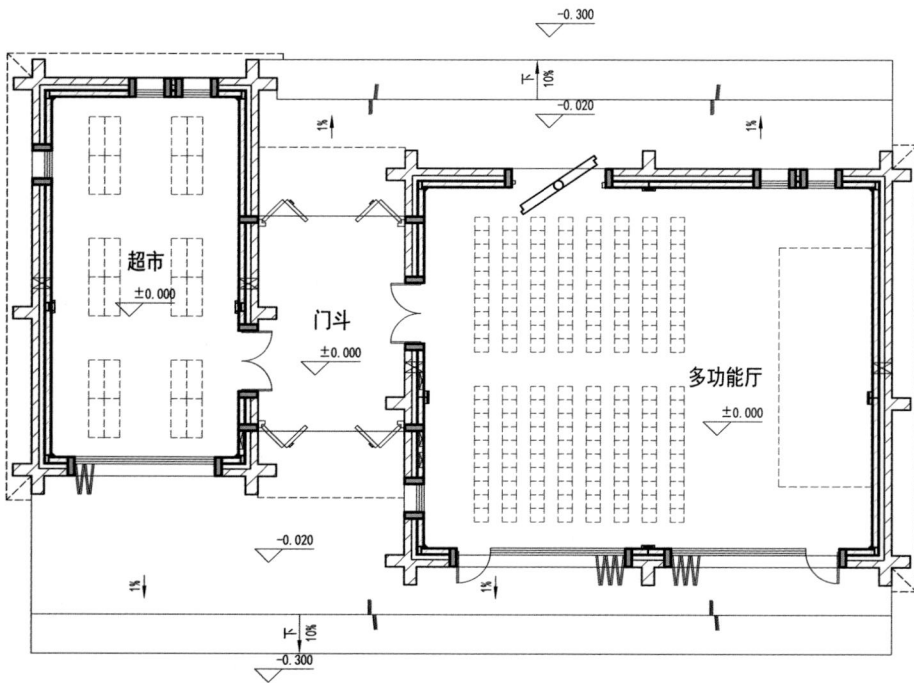

折家梁村建筑平面图

互关联，密不可分。从村集体的产业入手，以打造智慧生态的农业产业区为目标。首先，推进养殖业的发展，发展以养殖为主的基础产业。其次，发展万谷丰产业园，重点发展已成初步规模的种植园区和黑猪养殖区。最后，重点扶持先进农业技术应用，如大棚种植、无土栽培等。这些产业将成为村与自然环境之间的过渡区，是体验人文和自然结合的重要方面。

设计单位：中国建筑设计研究院有限公司

设计人员：苏童、杜戎文、王宇

完成时间：2016 年

项目规模：规划面积 10 公顷，重点村委会建筑面积 734 平方米

获得奖项：2016 年住建部第二批优秀田园建筑三等奖

江苏省泗阳县特色田园乡村试点村庄公共建筑设计

　　江苏省在推进特色田园乡村建设，促进乡村复兴方面做了许多实践与努力。项目对苏北地区的六个乡村——宿迁市李口镇八堡村、新袁镇三岔村、新袁镇堆上村、卢集镇郝桥村、卢集镇薛嘴村、三庄乡程道口村展开调研及建筑设计工作，承接了八堡村文化活动中心、灯笼湖旅游服务中心、三岔村文化展廊、郝桥村礼堂暨老年人及残疾人之家、程道口学习礼堂、薛嘴村幼儿园和养老院共六个村庄公共文化建筑，总建筑面积约6200平方米。

设计理念

　　小型公建项目在设计中，我们力求在其形式、尺度、格局更加贴近周边农舍并符合村级规划的基础上有所创新，并引入"开院"概念，使建筑成为人与自然互动的媒介，

八堡村文化活动中心

八堡村文化活动中心开放的入口

程道口村学习礼堂

创造一个与自然交融的建筑空间设计特点：

（1）屋面采用双坡屋顶形式，灰色金属瓦，自然排水。屋脊采用清水脊或片瓦脊，颜色为深黛色，中墩弱化或不用，正吻采用最简单的样式，如方形。

（2）墙面采用硬山形式，勒脚采用青砖、灰色、白色涂料粉刷，对于红砖及黄砖建筑，不做勒脚设计。

（3）建筑群整体体型紧凑，在同等高度建筑中体型系数较低。

（4）院墙压顶形式设计采用槽钢压顶，在槽钢里设置灯带，院墙或围墙可采用花砖形式，或开设门洞或漏窗，并通过庭院或院墙外植物搭配，起到遮挡效果。

（5）结合建筑风格，窗框周边墙面采用红砖、黄砖或灰砖材质，窗框采用褐色或深灰色，窗檐采用竖向砌砖的方法，窗框顶部设置混凝土过梁，过梁外侧设置深色槽钢眉毛。

（6）在现状的基础上硬化地面，铺装采用青瓦、枕木等乡土材料。种植应季蔬菜，点缀石榴、海棠等寓意丰富且观赏性较强的小乔木，丰富庭院景观。

（7）廊道的屋顶采用轻质阳光板的设计，引入自然光，与传统的砖材质形成对比，营造一种轻盈、自然的感觉，虚实对比更为明显。

（8）竖向长窗保证了阅览室、礼堂等室内的采光需求。

（9）墙体和屋顶采用保温材板柱冷桥的保温措施，达到国家现行节能标准。

示范意义

该村庄设计项目借鉴崔愷院士提出的"微介入""点刺激"等"乡村针灸"疗法，使之保留了原有的生活模式，又增加了纪念性、趣味性和文化性，为村民建设公共空间，成为村民们精神的乐园、情感的归宿，这一做法值得各地村庄公共建筑设计借鉴推广。

设计单位：中国建筑设计研究院有限公司

设计人员：李靖、张笛、单木子泓

完成时间：2019 年

项目规模：6000 平方米

获得奖项：2018 年江苏省城乡建设系统优秀勘察设计一等奖、2018 年宿迁市优秀城市规划设计一等奖

福建省福州市寿山乡九峰村乡村客厅设计

　　九峰村位于福州的"后花园"北峰之上，四面环山，中有溪流，环境优美，风景如画。很多福州人在周末来此嬉戏驻留，观山望水，置身于大自然的怀抱。然而小小的九峰村并没有很好的接待能力，山多地少，空间局促，如何用有限的现有空间提升乡村的接待能力，同时，亦可在游客不多的闲日里为村民提供一个有效的公共空间，是本次乡村设计首要解决的问题。

　　村中有很多老房子，但是这些房子大多不受村民的喜爱，经过与村民的协商，他们愿意把一间已经多处变形的老宅子为九峰村建设一座乡村客厅。为了让更多的村民认识到老宅的价值和魅力，对原有老宅采取了保留和加固的态度，只是在宅子后面接续了现代舒适的卫生间。除了老宅的主本部门，其他院墙和门楼、库房，都已经年久失修，破烂不堪，基本上无法保留。在策略上，采取保持原机理修复的方法，基本上按照原来房

九峰日出

茶座区

观景台

坐山

竹棚

屋的位置和体量进行重新修建，只是没必要进行"仿古"的设计，既然是新的，就用新的语言表达。新的门楼、门房采取简洁的片墙语言，在墙与墙之间用内凹的单坡顶、透明的双坡顶来表达对原有屋顶空间更新的提示和理解，保持主体建筑在入口方向的原有姿态。

整个改造项目的核心在于创造一个大体量的"会客厅"，能够接待来客、开会、培训或者喝茶小聚。然而原本的老宅没有这样的空间。为了不遮挡老宅，选择了离入口最远的两间前面设计了一个大空间。为了不影响老宅，最高点不能高于老宅檐口，最低点要和门房差不多，以不破坏原有的空间格局。

整个老宅位于山坡之上，面对溪流和远山，园林设计采取了"借景"的方法，将原本封闭的院墙打开，换之以芦苇山草，竹客厅对面巧妙地对准远处溪流边的古亭，成为客厅向外看的画面一隅，配之绿对远山，相得益彰。老宅背后由于紧邻山体，排洪是个不小的问题，于是利用山脚岩石，做了几处蓄水池，多雨时可以截流地表水，平时可以养鱼养荷。为防止福州山区的暴雨天气，还增加了一道排水暗沟。

乡村客厅建好之后，已经成了福州北峰旅游的必去景点之一，每天吸引大量的游客到"客厅"中游玩拍照，完全敞开的设计不拒绝任何来客，大家自由地坐卧停留玩耍。保留的老宅与乡土的建筑和旁边的三栋小洋房形成了强烈的对比，希望通过游客对这座小房子的注目与喜爱，慢慢改变村民的看法，少建小洋楼，多一份对本土传统建筑的尊重与喜爱。

设计单位：中国建筑设计研究院有限公司
主创建筑师：崔愷、郭海鞍
设计人员：向刚、刘海静、范思哲、何蓉、刘慧君
完成时间：2019 年
项目规模：910 平方米

保留的圆门

福建省福州市寿山乡前洋村农夫集市设计

　　前洋村农夫集市位于福建省福州市晋安区前洋村，紧邻国道，是前洋与外界沟通的门户，也是村里人走出乡村的第一站。前洋村全村总面积 6.2 平方公里，经合社成员 750 人。村落距离福州市区仅 9 公里，是北峰片区融入城区"半小时经济圈"的重要节点。

　　规划中的农夫集市是一座集宣传展示、电商平台、农业教育、土特产线上线下交易、乡村物产田园体验于一体的现代化乡村公共服务建筑。整个设计从建筑到景观都对原有场地进行最轻的干预。对比建设前后，场地周边的山林、竹林、行道树等绿化都没有发生任何改变。设计师希望通过尊重福建当地建筑文脉的轻设计，从而在乡村建设过程中对周边生态环境进行精心呵护。这也是"乡村微介入"理念的一次在地尝试。

　　主建筑群利用山边两座废旧的老宅改造而成。两栋老房子年代不详，但形似福州近郊"柴埕厝"的形制。设计师选择修旧如旧的策略，保留了建筑的木梁青瓦，以及原有

村口小路

进村

曲廊

风貌。同时，设计师拆除了部分搭建的空间，让老房子的原有细节得到充分展示；通过新设计的折面屋顶，将各个散落的体块串联在道路两边，营造出山地建筑群特有的错落感。

　　设计师结合现有场地，让村落的创新中心获得了更多的可用空间。新建的一层连廊如同溪流一样随坡就势、蜿蜒回转，将两栋民房串接起来，形成了新旧交替、步移景异的室内外空间。从入口的乡村学堂、媒体教室到立面的精品展厅、体验空间、茶亭小筑，参观流线长达 300 多米，既能供当地居民学习种植和养殖等农业知识，也能让外地游客充分体验乡土建筑特色和现代田园生活。

　　福州柴埕厝材料主要为杉木，旧时柴埕厝的柱、梁是由整棵杉木架构，椽板上铺着

楼梯

院落

瓦片遮雨，房子四周用薄杉木板围合。新的屋面依然采用当地传统的青瓦铺设，深瓦白脊，特色鲜明。立面由钢结构与木结构相结合，既传统又现代。在材料的使用上，体现福州山区传统建造与现代技术的有机结合，也是福建新乡土建筑的一次探索。

晋安区的农夫市集是"北峰农夫"们常年组织的市集活动场所，使分散在各个村落的北峰农夫们组团进入社区赶集。在 9 月的农民丰收节，村民为集市带来了自家丰收的农产品。农夫集市的改造不仅为北峰地区构建了一个共荣的市场空间和第三产业渠道，也为回家的年轻人打开了创业的可能性。

设计单位：中国建筑设计研究院有限公司

主创建筑师：郭海鞍

设计人员：向刚、刘海静、范思哲、刘慧君

完成时间：2019 年

项目规模：1255 平方米

福建省漳州市华安县大地村"二宜楼"裸眼 3D 灯光秀设计

　　华安县，位于福建省南部，漳州市北端，距厦门 150 公里，二宜楼位于华安县仙都镇大地村，它是我国圆土楼古民居的杰出代表，素有"土楼之王""国之瑰宝"之美誉，它以规模宏大、设计科学、布局合理、保存完好闻名遐迩，为全国重点文物保护单位。二宜楼是单元式与通廊式有机结合的典范，建筑平面与空间布局井然有序，防卫系统构思严谨，建筑装饰精巧华丽，文化内涵丰富，融历史学、地理学、建筑学、军事学、哲学、美学和民众学为一体，整个建筑追求天地人的和谐统一。二宜楼"白天看景，晚上走人"是景区休闲旅游的短板，不能带动产业的发展。随着旅游产业的升级，旅游市场对旅游目的地建设提出了更高的要求。传统式的旅游模式已不能满足游客的需求，二宜楼需要更丰富的旅游产品和旅游吸引物来留住游客。本次二宜楼裸眼 3D 互动影像大型跨平台实景演绎艺术项目以旅游体验、遗产文化活化为理念，让游客从视觉、听觉、触觉、嗅觉的角度对二宜楼世界遗产进行夜间旅游产品的开发，进一步完善二宜楼景区服务配套设施，提升景区品牌与品位，促进旅游经济效益的发展，从而拉动华安铁观音茶

二宜楼

裸眼 3D 灯光秀

叶的发展。实行二宜楼艺术项目的"活化",让二宜楼文化遗产融入当代人的生活,使人们能够在与历史文化的对话中增长知识、增添智慧、丰富心灵。保持历史的活态,城市文化就有无尽的生命力,而"活化"的渠道拓展得越宽阔,文化遗产保护就越有效,人们的情感寄托、认同归属和心灵感受度也就越强。

项目特色

(1)艺术性:二宜楼裸眼 3D 互动影像大型跨平台实景演绎艺术项目从艺术性整体美的角度出发,突出二宜楼建筑空间结构、木雕、楹联、壁画等特色,运用投影视觉艺术手法,通过色彩、线条、构图、空间、质感、层次、方向等设计要素,创造主题鲜明、整体和谐、风格新颖、节奏明快的优美夜环境和耐人寻味的故事情节,展示视觉概念的丰富多样性。

(2)创新性:创新是二宜楼裸眼 3D 互动影像大型跨平台实景演绎艺术项目的灵魂,设计中海战场景火炮打向观众,海水爆炸,打湿游客的衣裳;土楼的营造、九龙江传说等一些以假乱真的效果让游客有现场真实的体验感。人们所熟悉的二宜楼,在超炫的3D 光影映射下,有了一种超现实的视觉效果。这样的一件光影衣裳,为的是让历史建筑活起来,给大家带来一种不一样的视觉体验,让大家体验活的土楼。它既包括创作观念的创新,也包括技术手段的创新。积极运用新工艺、新材料,特别是应用高新技术,提高灯光秀的科技性与互动性。开场秀增加互动环节,游客微信扫二维码,把自己喜欢的照片实时分享到土楼上，土楼墙体就出现游客的照片，游戏互动分享游客喜悦的时刻；创意性的"活化"，旨在通过创意元素的融入，让历史文化融入当下市民生活，让人们从中感悟二宜楼的文化，保护二宜楼的历史。

（3）独一无二性：这样的一场灯光秀，因为有特定的历史建筑作为载体，有其特殊的历史性和文化性，完全根据土楼的建筑外形来创作，是独一无二的，整体的故事情节，表现意向将完全体现二宜楼的历史特色。

（4）保护性：充分考虑二宜楼世界文化遗产保护的状况，二宜楼的"活化"一定是不破坏建筑外立面、还原原住民生活现状。灯光秀表现一定是创意性的，灯光秀采用投影形式，设备安装于二宜楼周围的公共空间，不安装在二宜楼建筑上，保护建筑历史现状。降低工程建设成本与运营，分时段开放，科学地选用技术设备，方便维护，整体实用性强。

福建华安二宜楼裸眼 3D 灯光秀艺术项目担负起体现华安城市个性、优化夜间形象的重任，以便满足人们对更深层次美的追求与渴望，从而得到美的享受，为华安注入新鲜血液，增添活力。二宜楼建筑文化内涵，是二宜楼裸眼 3D 灯光秀创作上的重要物质要素和精神源泉，创造出多姿多彩的艺术形象和艺术风格，对促进华安县旅游的发展，提高华安县建设档次和知名度。同时，实现可持续发展理念，促进华安国民经济和社会事业的全面发展，造福于民。

设计单位：中国市政工程华北设计研究总院有限公司

设计人员：孙慧玉、高锴、李全胜、李全春、陆宇航、陈城标

完成时间：2017 年

项目规模：200000 平方米

获得奖项：中照奖一等奖

贵州省兴义市楼纳国际建筑公社露营服务中心设计

贵州省兴义市的东部山区是布依族人和苗族人世代生活的地方。2016 年，CBC 中国建筑中心与当地政府合作，在这里成立楼纳国际建筑师公社，聚集了建筑师、艺术家、文化学者，共同探索未来中国乡村文化的发展方向。项目团队受邀加入到了公社的营造之中，为其设计一处露营服务中心，探索在地设计与在地营造的丰富可能性。

项目的发展围绕着三个主要意图：第一，延续场地原有的空间记忆，赋予其新意。第二，通过对建筑与景观的操作与包裹着场所的独特地貌、地质环境呼应。第三，通过运用并改良当地施工工艺，创造一种"熟悉的陌生感"。

场地的前身是坐落在山脚下的两个相邻的院子，它们以最自然的方式"镶嵌"在一段缓坡上，是上百年间原住民与自然共生智慧的体现。然而随着这些院子被迁出拆除，人们对场地历史的空间记忆也被同时抹去。设计把新建筑视为老宅的延续——保留了老宅的平面布局，并留存了两段老屋的石墙在景观中，让过去的空间记忆与尺度记忆随之延续在场地。会议室、办公室、咖啡接待区、厨房、卫生间和餐厅根据原有老宅平面中的位置关系布置，以院落的方式围合。两个宅基地之间的空地设置为第三个内院，一侧向自然山林敞开。

建筑通过设置石阶将火塘、广场、庭院、水池等地面的多样活动引向屋面，建筑是地景的一部分，一层层的石阶时而隆起、时而下陷的起伏形态是对楼纳大尺度喀斯特地貌、地质环境的象征性重现。当人们从开阔地逐步步入中部安静的院落及屋后绿荫下的廊道，一种在公共环境下的私密感被逐渐诱发。

在材料工艺与构造做法的考虑上，设计团队充分挖掘当地成熟的材料工艺，同时保留着一种当代的视角，而非将视线局限在所谓的"传统"。在乡村中，混凝土早已不再是外来工艺。当地人在不断的自发实践中，将混凝土与多种在地材料（尤其是石材）结合，在长期的自组织实践中赋予其在地性，形成墙角、门头、挑檐、挑台、楼梯，服务于在地生活的空间创造，极大地丰富了民居的空间类

实景图

大美乡村规划建设
Beautiful Rural Areas of China: Planning and Construction

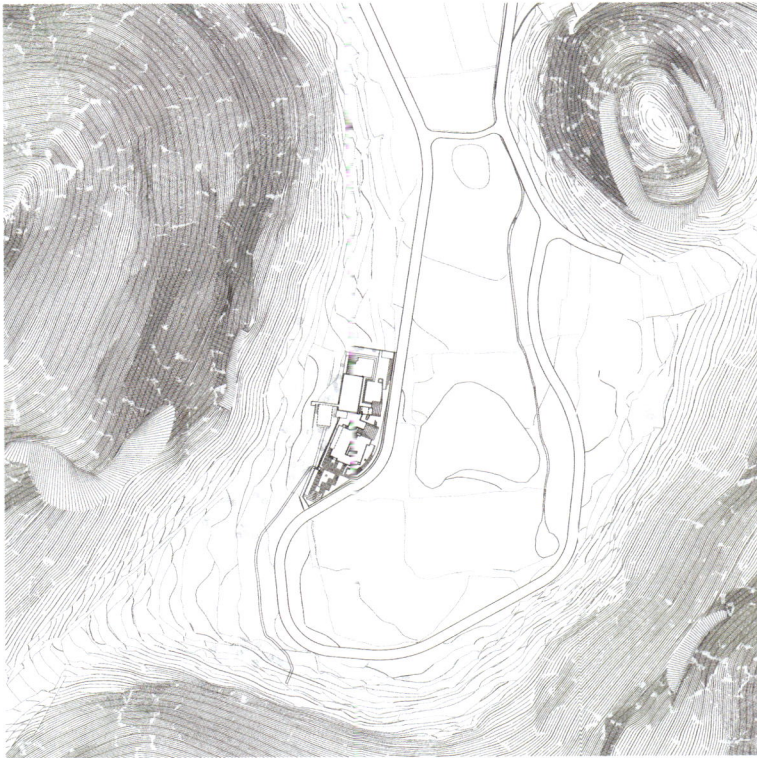

项目总平面图

型。项目在构造上沿用这些地方的做法，并改良其工艺，使之为现代空间服务。餐厅使用的混凝土十字柱是当地石砌十字柱的改良，为室内的使用创造了灵活性，使餐厅可以同时承担接待、讲座、展览等活动。

楼纳国际建筑师公社露营服务中心自建成以来已使用近四年。其间，公社方在建筑的内部及屋顶举办了多样的活动，其中，包含中国与挪威的大学建筑学院共同开展的营造课程、楼纳乡村建设的建筑师会议、各地政府人士的接待活动等，并在平日里接待了大量旅游访客。

室外连廊

设计单位：中国建筑设计研究院有限公司

设计人员：李兴钢、谭泽阳、陆少波、侯新觉等

完成时间：2017 年

项目规模：364 平方米

云南省大理古城左邻右舍民宿设计

苍山脚下，洱海之畔的大理古城内，有两个小院，隐匿于市井味儿十足的平等路街坊间。大理是一个聚集浪漫情怀的地方，来自四面八方的朋友在这里相遇，或短暂停留或常驻，苍山洱海的风花雪月增添了这般气息。两个小院设计的出发点是做一个家庭式、朋友聚会型的民宿，让来到这里的人有一种家的感觉。挨在一起的两个院子成了彼此的邻居，靠南的院子为左邻院，靠北的院子为右舍院，两院相邻。

"投资—运营"全过程模式

（1）主题策划

古城里有较多白族民居，多为二层楼房、三开间，用石材砌墙、筒板瓦盖顶，粉墙画壁，装饰典雅。设计团队改造的两处院落也是传统样式的当地民居，两个院子一大一小，挖掘院子本身特点打造特色小院是第一步。左邻有一面完整的院墙，瓦面盖顶，白色墙面仿佛是一张待人书画的宣纸，局部剥落的墙面露出了其内在的石材原料，于是在原有墙面的基础上剥开部分面层，处理后露出的石材便是一个蜿蜒山脉，犹如苍山十八峰的剪影。在山的前边做了一片水景，用枯木装点，如此山水相映成趣。右舍的院子更加小巧，院子的入口更为幽深，在这里二次利用旧墙上拆下来的石头，堆砌出层次，同枯树一起

古舍星空房

左邻鸟瞰

构成了另一种景致，搭配墙角探出的玫红色三角梅更凸显了其安静与雅致的特质。

（2）改造策略

这两处院子与普通的乡村改造院落不同，因为坐落在大理古城内，周围环境不是自然环境而是城市环境，并且是历史文化名城。设计团队充分尊重原有院落的格局、原有建筑风貌，修旧如旧。改造策略主要分为两方面，一是经久的形式更新升级；二是新图式的同化。经久的形式更新升级，注重来源于感官世界的响应，体验者来到这个民宿中，从视觉、听觉到嗅觉，以及身体性，都在感受着形式带来的不同内涵。设计团队把大理古城本身看作一个重要的"事件"，在这个大的"事件"中，每个角色（城市中的建成物）都标记着不同的历史记忆，左邻右舍两处院子也带有着这种记忆。在大理古城这样一个传统历史文化名城的环境中，采取在地性和传统性并重的态度处理庭院设计的整体风格。在设计左邻右舍的时候，为了不拘泥于传统图示，设计团队试图加入一些新的元素，或者改变一些元素的属性，形成新的认知结构，完成图示同化的过程，将设计与人的互动，最终传递给体验者的心理感受。

（3）小尺度空间文化性重构

在大理古城这样一个重要的历史文化环境中改造院子，限制很多，同时也创造了新的改造机会。构建文化场所在大理的两个院子的方案设计中，是设计团队努力的方向。在有限的小尺度空间内寻求设计的出发点与设计依据，对院子里从场地到建筑，从每个细节入手，希望能够通过细节的设计，表达一种文化的内涵。尊重文脉，尽可能地利用当地的材料与表现形式，让改造的建筑融入原有的环境，恰当的使用新材料，保留旧建筑的质感肌理，使他们和谐相处。理性和感性从未矛盾，朴素的语言一样能讲出动人的故事。

设计单位：中国建筑设计研究院有限公司

设计人员：林旸、苏童、杜戎文

完成时间：2016 年

项目规模：200 平方米

甘肃省天水市街亭古村 167 号院设计

　　甘肃天水街亭村，是麦积山下东柯河河谷中的一处历史文化名村，三国马谡、唐代杜甫都在此留下足迹。然而这承载了厚重历史记忆的古村在城镇化进程中被裹挟前行，破败的院落与参差的欧式民宅数量迅速增加，古村不断遭受着破坏。

　　167 号院位于老村十字古街沿街，样式保存较好的老院落之中。该院由三户村民共用，包括一栋沿街木构两层商铺和一处院落后侧的临时用房。商铺为天水当地的典型样式，底商上住，木构瓦顶，土坯墙围护。

　　设计团队发现房屋存在着的基础局部下陷，围护墙体严重开裂，木构架变形倾斜，支撑柱虫蚀严重等问题，认为这栋老房子仍能坚持已经是奇迹。团队期望通过对街子古村的聚落场所与人文景观深入的理解与尊重，使项目成为古村中村民生活、商业的聚焦，和历史场景逐步复生的起点。

沿街商铺

天水街亭古村 167 号院

轮廓起伏

在项目中，最为关键的操作是沿街商铺的重构设计策略。相比规范 50 年使用要求的现代建筑，已历经数十载、存在诸多问题的老商铺给使用它的三户村民带来了极大隐患，而最为保护历史原貌的建筑整体修复耗费过多且适用范围太窄，并不具备推广价值。因此，与当地工匠对原有建筑进行整体评估后，决定采取落架大修的策略，并通过大修过程中的设计提升措施来达到建造体系的重构。此次重构的核心在于设计与工匠技艺的结合，以专统材料和工艺实现建筑更新、复生历史环境。设计在原有的木结构基础上，通过亢震分析与结构计算，提出了对传统基础的改造形式，保障了木构房屋的稳定性。保留落架过程中的完整构件，并对其进行修整，使其作为门窗台阶等非承重小构件的材料，在大修过程中重新利用。院落后侧，为改善村民的居住环境，在拆除原有用房后，设计以古村典型院落为空间原型增加了一

组新建体量，以院落空间为主体对新建体量进行错动，完善后院的场所秩序。新建
体量采取形态简化的方式去处理，弱化传统形式，为重构划定空间与时间的边界。

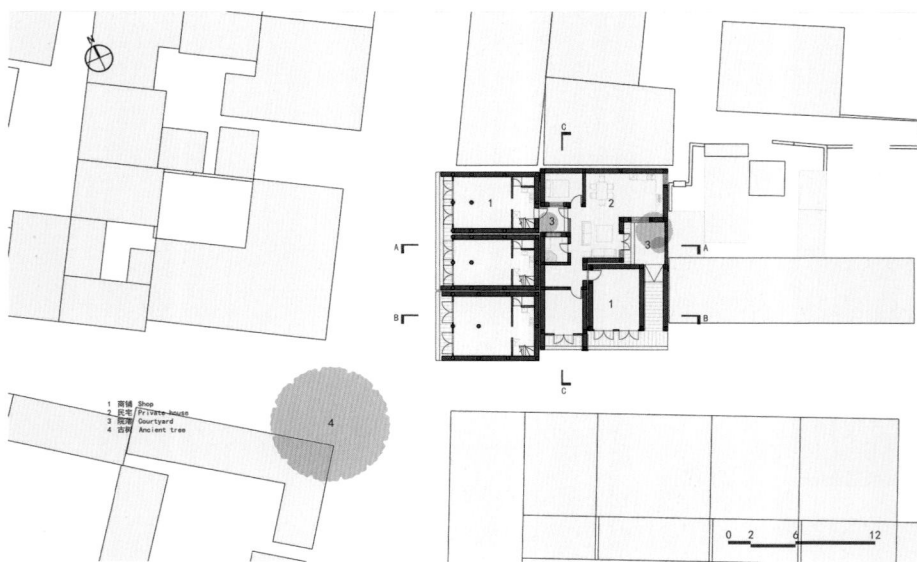

一层平面图

设计单位：中国建筑设计研究院有限公司

设计人员：苏童、窦通、宋梓仪、李哲、王源、王宇、杜戎文、饶祖林、
刘文珽、刘福、高东茂、熊小俊、庞晓霞、刘娜、杨冠杰

完成时间：2017 年

项目规模：用地 0.32 公顷，建筑面积 456 平方米

获得奖项：中国建筑学会乡村建筑奖、北京市优秀工程勘察设计历史建筑
保护二等奖

青海省湟中县黑城村村史馆设计

黑城村坐落在青海省西宁市湟中县上新庄镇境内。地处湟中县中南部，拉脊山北麓，距青海省省会西宁市 25 公里，东与土门关乡连接，北接鲁沙尔镇，西与大源乡相邻，南与群加乡、贵德县毗邻。

项目是 2018 年住建部全国共同缔造示范村青海省黑城村的一个文化节点，项目的过程体现了共同缔造的乡村治理、乡村融合设计和文化回归的探索。项目的选址经过多次讨论由当地书记决定将其个人老宅贡献出来，并且由全国劳模、乡村能人都占才作为建设带头人，召集自己的工匠组无偿地参与到村史馆的建设之中。黑城村由党员带头成

村史馆外景图

村史馆内景、外墙和屋顶

立了无偿投工投劳的"黑城村共同缔造共建小组"，请施工企业培训村民，参与场地清理、石料捡拾、道路施工等。通过村民的投工投劳，初步计算黑城村美丽宜居改造项目整体人工成本可节约 160 余万元，占整体建设费用的 37.5%。

在项目的设计中，SLAM 技术帮助设计师还原了建筑所处的真实三维环境，为整个设计讨论和协作节约了时间和成本。同时，设计师将绿色节能技术运用其中，以低成本、可调节的被动技术为主，综合考虑体型朝向、日照采光、遮阳通风、保温蓄热等舒适度调节需求。如地面根据条件使用卵石等地方材料堆砌形成蓄热层，减小温差，增加舒适度；外墙和屋顶采用 PVC 半透明材料，冬季大量吸收太阳辐射热量；利用展廊和西侧围墙形成双层墙导风技术，利用热压通风原理实现拔风空腔；展廊两侧各设立两个高百叶窗作为空气间简易流通装置调节室内温度。

黑城村历史悠久，自古以来多民族在此繁衍生息，形成了独特的河湟文化，结合乡土再造的核心价值观，对院落布局、功能形式、宅院入口、建筑材料、色彩和简化装饰等方面进行了设计创新。结合本次村史馆的改造设计，首先，对村庄的废旧材料进行分类整理和再利用。其次，对功能布局进行重新编排，增加展览、休憩、售卖和培训等空间。同时，考虑了室外观演功能，保留了现状毛竹等绿化。最后，经过村民集体决议重建了松木大房，传统与现代在这里相映成趣。

设计单位：中国建筑设计研究院有限公司

设计人员：苏童、王宇、赵浩然、杜戎文、窦通、王源、李哲

完成时间：2018 年

项目规模：446 平方米

新疆维吾尔自治区喀什地区疏勒县塔孜洪乡产业设施规划

塔孜洪乡塔什其艾日克村位于塔孜洪乡东南方，距离塔孜洪乡人民政府 6 公里，距离疏勒县城 26 公里。毗邻 310 省道，178 乡道穿村而过。

通过规划产业、完善配套设施、营造村庄特色、提高风貌水平，最终实现村域经济发展、环境提升，带动周边村庄共同发展。

依托党支部领办创建蔬菜种植合作社发展模式，引进山东农科院蔬菜技术研究院，推广种植技术，发展冬暖型日光温室，加快优质蔬菜生产示范园区建设，完善从制种、育苗、高标准种植、保鲜冷链、销售全产业链体系，加强现代农业技术推广，打造现代农业科技示范区。

依托"组织建设、人才引进、产业挖掘、环境打造"为本底，以"党建之家·科技

平面图

农庄"为乡村振兴发展主线，延伸和拓展蔬菜产业，打造旅游产业节点，串联特色乡村旅游路线。打造一个集科技农业、旅游休闲等功能于一体的塔孜洪乡乡村振兴新节点。

结合"1+1+N"工作模式，以"党建+"为主题，以"鲜乐蔬"为产业品牌，以"新农港"为发展条件，打造成为疏勒县第一个组织建设示范村、第一个特色乡村品牌示范村、乡村振兴整村推进工程示范村。

设计单位：中国市政工程华北设计研究总院有限公司

设计人员：李德巍、王雪、李英华、周汉青、杜翠亭、郑琳

完成时间：2021 年

项目规模：420 公顷

大美乡村规划建设
Beautiful Rural Areas of China: Planning and Construction

05 生态修复与环境整治

　　中国建科充分利用覆盖城乡建设领域全部专业门类的技术力量，重点围绕农村人居环境整治重点任务，在生态修复、住宅建设、生活垃圾管理、厕所粪污处理、生活污水治理等方面创新研发关键技术；综合多专业先进技术优势，在乡村建设中引入绿色建筑、装配式建筑等先进技术，在农村污水、垃圾、节能、绿色建筑、装配式农房等方面进行了大量工程实践。

北京市海淀区西北旺镇永丰屯村等三村整治提升实施方案

河北省承德市宽城县化皮镇花溪城周边村庄整治规划

河北省张家口市下花园区武家庄村庄整治规划及改造提升设计

浙江省建德市美丽城乡精品示范道路打造工程

浙江省杭州市余杭区瓶窑小城镇环境综合整治工程

安徽省凤阳县小溪河镇美丽镇村环境整治与设施提升规划

福建省漳州市长泰县科山村富美乡村规划

福建省福州市寿山乡九峰村和前洋村村庄整体生态景观环境提升工程

江西省樟树市阁山镇官桥中心村景观提升设计

江西省九江市永修县吴城镇综合整治提升规划

江西省樟树市阁山镇孙家村村庄改造建设项目

江西省赣州市赣县区五云镇圩镇风貌整治

广东省江门人才岛全岛开发建设项目芝山村风貌提升改造工程

云南省临沧市沧源县班老乡下班老村整治提升规划设计

新疆维吾尔自治区喀什地区"疏勒之恋"景观空间提升及文化营造

北京市海淀区西北旺镇永丰屯村等三村整治提升实施方案

项目包含永丰屯村、韩家川村、冷泉村三村，三村相邻，位于海淀区西北旺镇最南端，地处五六环之间，距离北京市中心约 19 公里，三村村域面积约 20 平方公里。在上位规划中，三村均位于海淀区向北空间拓展的核心腹地，均为"非保留村"。

整治重点

随着北京市疏解整治促提升整体政策的执行，三村疏解了大量外来人口后，腾退出部分空闲场地、闲置违建住房等，村民迫切希望能充分利用疏解后闲置空间，优化生活环境，提升居住品质。鉴于此，海淀区区政府提出以改善村庄人居环境、提升村民在近期三年到五年的生活幸福感，编制三村的整治提升实施方案。根据《海淀区 2020 年农村人居环境整治和美丽乡村建设工作方案》要求，本次三村整治工作着重解决公共服务

冷泉村整治提升节点效果图

大美乡村规划建设
Beautiful Rural Areas of China: Planning and Construction

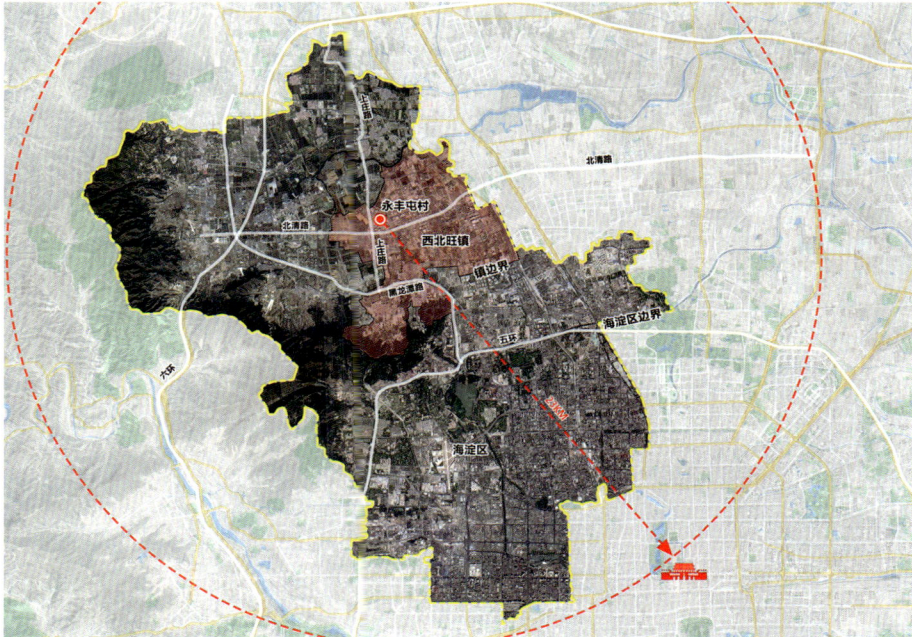

永丰屯村区位分析图

和基础设施改善、环境整治、公共空间再利用等问题。

设计理念

三个村庄的公共空间节点设计，从村庄各自的历史民俗文化特点角度出发，提供各具特色的设计方案。如永丰屯村，重点强调了其"原属于京西水稻的重要粮食生产基地"的永续丰收的历史要素，设计提取规则的多边形，寓意颗颗饱满，粒粒清香的稻香设计语言；冷泉村强调了其原为西北旺地区的泉水之源和古代河流之源，设计语言引入了"流动""水花"等流畅的山水线性元素；韩家川村老人儿童缺乏活动场所的问题尤为突出，更注重适老化和适幼化的设计理念。总体而论，村庄整治充分考虑村庄文化特征、村民实际需求，建设形成现代与传统完美融合，"传统含新意、现代酝传承"的新村庄。

实施成效

通过本次村庄整治提升，三村共新增了 6 个广场、4 块绿地、3 个健身场、1 个集中停车场及若干路边停车位，改善了 4 条主街面貌，增加了村民日常交流、活动休闲空间，缓解了村庄停车难等现实问题，提升了村民的生活幸福感，为北京市其他"非保留村"的环境整治提升提供了一定的可借鉴经验。

设计单位：中国建筑标准设计研究院有限公司
设计人员：武志、赵格、关欣、黄阿园、王越、赵兴都、梁博文
完成时间：2020 年
项目规模：三个自然村庄居民点，实际整治总用地约 20 公顷

河北省承德市宽城县化皮镇花溪城周边村庄整治规划

2018 年 2 月《中共中央办公厅农村人居环境整治三年行动方案》提出到 2020 年实现农村人居环境明显改善。作为住建部公布第二批 276 个国家级特色小镇之一的化皮镇，在产业类型上是旅游业发展特色小镇，村庄特色、人居环境等方面与旅游业发展尚存在一定的差距。

规划理念

（1）建筑改造彰显满族特点。

（2）景观塑造体现乡土味道。

（3）建设实施注重因地制宜。

创新方法

（1）传承满族文化。从传统满族建筑及日常起居用品中提取满族文化元素，并在建筑设计及景观设计中加以体现。建筑改造方案中选用真石漆粉刷建筑外墙，石砖包墙

村内游园改造实施效果

村庄主入口改造节点图

民居改造实施效果

村庄主入口改造实施效果

裙，红砖包墙角，修缮"跨海烟囱"等体现满族建筑的特点。公园广场等公共活动空间改造中选用索伦杆、大酱缸、满族文化墙等能代表满族文化的景观小品。

（2）塑造乡土特色。注重保留石磨、石碾、农具、大酱缸等能代表乡土元素的物件，并在景观打造上加以利用。注重与村外的田园景观进行互动，实现乡土景观与人文景观的相互协调。

（3）因地制宜建设。建设材料多为当地石材、木材，如花池材料选用当地卵石砌筑、选择当地树种保证成活率等，实现村庄整治建设低投入、低消耗、高效率的精细化建设。

社会经济效益

（1）花溪城周边村庄位于化皮镇的门户区域，紧邻县重点旅游项目——花溪城水上乐园，日均接待游客达1万人左右。村庄人居环境整治工作有效地改善了花溪城周边村庄整体风貌，提升了游客游玩体验，促进了乡镇旅游产业发展。

（2）因地制宜，就地取材，优先选用当地石材、木材、砖瓦等材料，既降低了改造成本，改善了村庄居住环境，也体现了当地的特色，避免千村一面。

设计单位：中国城市发展规划设计咨询有限公司

设计人员：高宜程、裴欣、董浩、王凡等

完成时间：2019 年

项目规模：120.8 公顷

河北省张家口市下花园区武家庄村庄整治规划及改造提升设计

　　武家庄村位于河北省张家口市下花园区，是河北省 2016 年度"美丽乡村"重点建设村庄之一。该村共 373 户，户籍人口 930 人，村庄空心化现象严重，以种植"张杂谷"小米为主。村庄整体群山环抱，黄土覆面，农耕文化底蕴深厚，地方"制砖"技术由来已久。

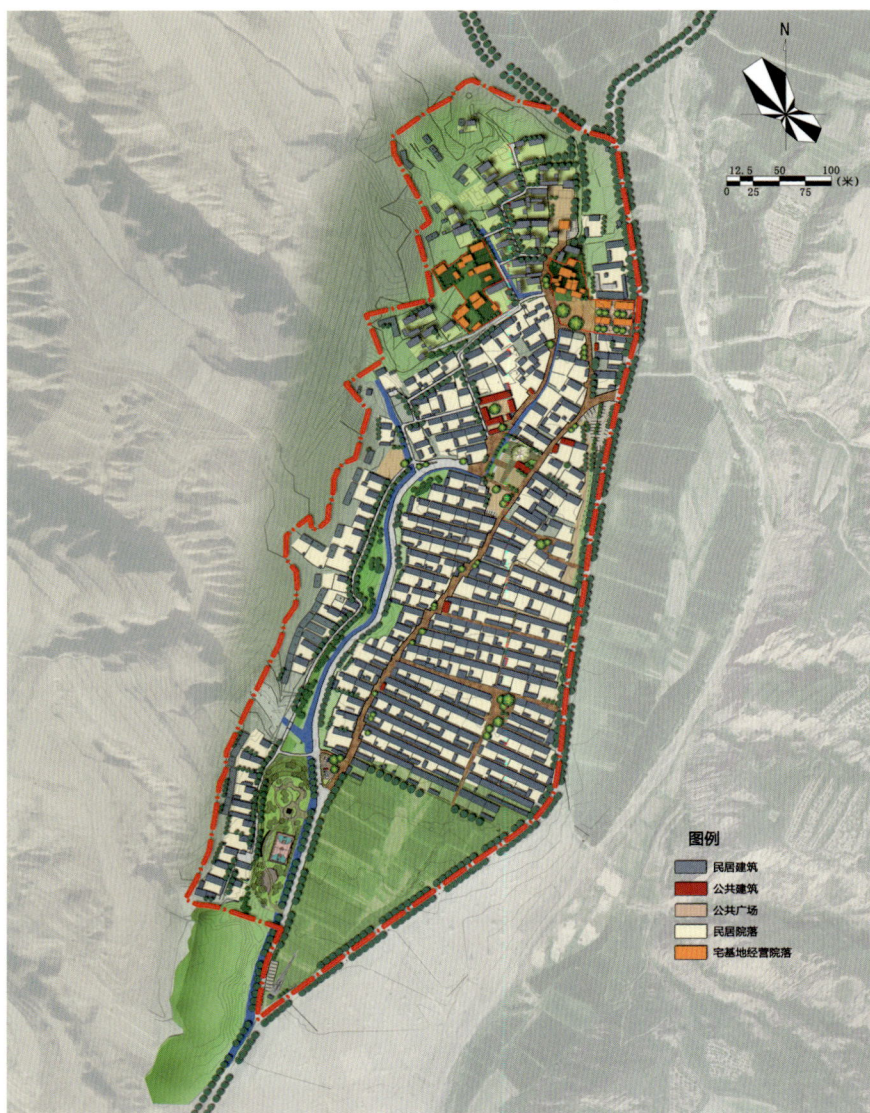

武家庄村规划总平面图

冬奥砖艺小镇

规划构思

规划注重村庄本土文化，如黄土文化、农耕文化、传统合院民居文化、红砖建材等地域文化特色传承，以"健康农仓红砖小镇"为村庄设计理念，布局延续原有村庄肌理、中式合院形制，建筑以地方"红砖"为主要建材，通过艺术化改造，将村庄打造成为时尚现代的"砖艺小镇"。

整治内容

本次整治规划的工作内容为"一路一带一沟两区"的提升改造，以及"基础配套设施"的全面更新。一路是村庄主路，一带是村庄东侧的对外形象带，一沟是对村庄西侧原垃圾沟的整治，两区是村庄中部的"中心广场区"及利用闲置宅基地打造的"民宿休闲区"。基础设施的全面更新，包括建设垃圾收集点和回收站，改善公共环境；完善道路系统，铺设上下水管道；为每家每户安装清洁能源设施——太阳能光伏发电和太阳能与燃气热泵互补式供能装置，经济节约地满足村民做饭、取暖、淋浴等多种生活需求。

创新内容

（1）"631"村庄发展模式。规划积极响应"万企进万村"的号召，整合社会资源，引入了外部企业和运营单位，成立村庄发展合作社，尝试探索"合作社（60%）与村民（30%）、村委会（10%）三方签约""631"统筹发展新模式，通过与村集体协作，动员、协调村民参与民宿艺术改造，流转闲置农宅，由村民自愿报名，对村里闲置资产进行统

儿童参与墙绘活动

一改造、开发和经营管理，把村民纳入乡村再造过程，增加农民收入。

（2）助力产业振兴。通过"631"村庄发展模式，村庄集体经济得以壮大。目前，村庄已引入花驴宴农家院、咖舍、京驻创客、种业公司、园林苗圃企业等多家企业，流转村民土地建起了农业观光园，成立了杂交谷子合作社，确定了"健康农仓"的农业发展定位；建成了 450 亩的张杂谷制种基地，年终可实现户均增收 2150 元；建成约 5 户互助农宅民宿，提供特色餐饮、住宿、农产品售卖等服务，吸引了北京和张家口的旅游人口，是下花园区对接北京的新名片。

设计单位：中国建筑标准设计研究院有限公司

设计人员：武志、赵格、梁双、佟乐、李桐、徐立波、杨骋飞

完成时间：2016 年

项目规模：村域 1185 公顷，村庄居民点建设用地 27 公顷

获得奖项：2017 年度北京市优秀城乡规划设计二等奖；2017 年度全国优秀城

乡规划设计奖（村镇规划）二等奖

浙江省建德市美丽城乡精品示范道路打造工程

杭州市委、市政府提出要围绕"山秀、水清、城美、景致"的目标，在"三江两岸"区域范围内，开展以保护水源水质、促进产业转型、完善基础设施、开发人文旅游、整治两岸环境、修复岸线生态为主要内容的综合性生态景观保护与建设。其总体定位为打造一条山水秀美、生态宜居、城景交融、和谐发展、世界一流的风景廊道。其中，建德段为序列之首，地位重要。建德市虽处于杭州、千岛湖、黄山这一国际性山水风景旅游线的重要位置，但随着交通条件的改善，尤其是千岛湖旅游品牌的强势推进，相对的建德旅游有被过渡化、边缘化和挤压的倾向，如何发挥区位优势、借势周边著名风景区从而变过客为留客，确需进一步整合市域风景旅游资源和打响独特的品牌形象项目贯穿整个建德市区，衔接梅城镇、杨村桥镇、下涯镇、洋溪街道、新安江街道、更楼街道、寿昌镇和航头镇 8 个镇街的窗口节点，对城市品牌形象的整体提升有着非常重要的意义。

项目内容

建德市美丽城乡精品示范道路打造工程是建德市提升城市形象，改善城市生态环境

工程效果图

总平面图

的重点工程。接到项目后，中国市政工程华北设计研究总院投入了大量的人力和物力，始终坚持争创优秀设计，牢固树立"百年大计，质量第一"的质量意识，为工程提供优质服务的宗旨。

在设计中严格按照已批准的设计文件以及有关现行的专业技术规程规范进行施工图详细设计，设计内容和计算成果满足国家规范要求，能从本工程实际出发，不断优化设计，从而达到减少不必要的工程量，取得了良好的经济效益。工程施工期间派出设计代表及各专业设计人员长驻施工现场，现场解决处理了一系列工程难题，积极参与多次施工协调会议，从工程实践中获得第一手资料，为今后类似工程的设计积累了宝贵的经验。

美丽城乡精品示范道路打造工程设计要点：绿化景观设计结合交通型主干道车流快、车流量大的特点，突出景观、生态效益，达到引导视线、美化环境、组织交通的目的。运用几何构图形式，形成简洁、明快、具有当地特色的道路景观，将道路绿地与城市绿地建设成为自然融入的有机整体，真正地形成"路在绿中、车在绿中、人在绿

七里扬帆景区

大美乡村规划建设
Beautiful Rural Areas of China: Planning and Construction

中"的生态效果。道路两侧结合自然式植物配置手法，中分带主要是榉树、紫薇等树种。灌木搭配时注意树形、色彩的配合及季相的变化，不仅增加了绿量，而且丰富了植物景观的层次。工程中将乔木、灌木和地被有机结合，形成层次分明、错落有致的整体布局，艺术空间布局合理。铺装及园路根据人的行为心理、游览观光路线、人流集散空间组织、景观意向表征等因素，设计相应的景观节点及慢行步道，采用不同面层、颜色的石材及透水混凝土丰富步行空间及休闲节点。绿化树种选择——选择适合当地的品种进行设计；适人适需——选择符合场地使用人群的需求；因地制宜——注重植物与环境之间的关系，在适合的场地种植适合的品种，如岸边、林下、湿地等不同的环境；适地适树——注意沿河水边种植，亲水界面严格选择植物品种，如耐湿、野趣、好养护的植物，以适应环境变化。

社会效益

建德市美丽城乡精品示范道路打造工程建设完成以来，工程效益已逐渐显现，为当地经济社会的可持续发展作出了积极贡献，提升了建德市区的城市形象及土地价值，有利于周边地块的开发建设及招商引资，利用杭州下属县市的行政优势，参与市区产业重构升级，吸纳杭州适宜产业转移，培育适宜新兴产业和高新技术产业，培育杭州郊区型的专业市场、商贸物流、特定产业等城市功能，大力发展生态人居和度假人居产业，逐渐使建德320国道沿线的产业带全面融入到杭州的县市和城区产业链和功能链之中。

设计单位：中国市政工程华北设计研究总院有限公司

设计人员：李晓雪、胡亮、金晶、张云、郑昆源、汪建祥、解加亮等

完成时间：2017 年

项目规模：本工程设计范围分为三段：

（1）G320 国道建德段，东起杨村桥收费站 西至航头加油站，全长约 42.7 公里；（2）杨梅快速路，西起杨村桥收费站，东至梅城镇，全长约 7652 米；（3）梅梓线梅城段，南起梅城镇中石化加油站，北至三都大桥，全长约 5.5 公里，以及七里扬帆游客服务中心配套项目设计。总用地面积约 130 万平方米

获得奖项：2018 年度浙江省优秀园林工程奖金奖

浙江省杭州市余杭区瓶窑小城镇环境综合整治工程

　　项目是对瓶窑老街区人居环境的整治及规划，包括周边生态环境进行修复、附属公园景观进行改造升级、现在建筑立面的改造及对功能的重新布局。项目的建设是落实浙江省和杭州市"十三五"规划，建设美丽浙江、美丽杭州，创造美好生活的需要，落实浙江省和杭州市小城镇环境整治行动的需要。以小城市标准建设中心镇，深化中心镇改革发展和小城市培育试点，创新和完善中心镇管理体制，赋予与事权相匹配的经济社会管理权限。按照"一镇一方案"的原则建设特色镇，吸引周边农民进城务工经商，带动周边农村地区发展。积极争取国家新型城镇化综合试点，探索新型设市模式，培育建设镇级城市。以打造休闲旅游、文创艺术、生态宜居、创意工坊、智慧办公于一体的山水古镇为目标进行设计思考，利用和深入挖掘瓶窑镇丰厚的历史文化资源，将文化融入细节，通过对主要道路、古城特色文化旅游街区、景观风光带等重要节点，向外界展现瓶窑镇的现代化面貌。项目中道路整治提升有利于提高区域交通通

效果图

大美乡村规划建设
Beautiful Rural Areas of China: Planning and Construction

总平面图

勤效率，缓解集镇交通拥堵压力；截污纳管的治理解决了生活污水随意排放，工业废水排入河道的现状，对于五水共治，提高水质有着根源上的意义；对老镇的建筑整治，解决了危房留下的安全隐患；对街巷空间的梳理，创造出新的活动空间，让居民有了更好的生活环境。项目建成后当地人民生活的总体质量有了明显提高，居住环境大大改善，提高了城市文化的品位，是余杭小城镇加快发展的主要标志。

设计单位：中国市政工程华北设计研究总院有限公司

设计人员：李晓雪、胡亮、冯彬、刘冬、闫俊、杨平平、王露丹等

完成时间：2018 年

项目规模：总整治区占地大约 3.11 平方公里，分成旧城区与古城区。以苕溪为界，苕溪以西为古城区，占地面积为 0.94 平方公里，其中特色旅游文化街区占地 0.5 平方公里；苕溪以东为旧城区，占地面积约为 2.17 平方公里

安徽省凤阳县小溪河镇美丽镇村环境整治与设施提升规划

2016年1月，安徽省省委、省政府提出关于美丽乡村建设的决策部署，为抓好乡镇政府驻地建成区"两治理、一加强"即治脏、治乱，加强基础设施建设和公共服务配套，安徽省住房和城乡建设厅组织编制了《乡镇政府驻地建成区整治建设导则》，指导各地开展乡镇政府驻地建成区整治规划编制和整治建设工作。小溪河镇通过培育重点镇、特色小镇带动农村的振兴，重点工作之一是通过镇区环境的打造提升镇区功能，因此，实践意义重大。

规划构思

落实"两治理、一加强"的工作要求，提升镇区环境及功能；探索一般小镇整治规划的技术方法及实践经验；以问题为导向，立足整治、提升品质、突出特色。

节点效果图

总平面图

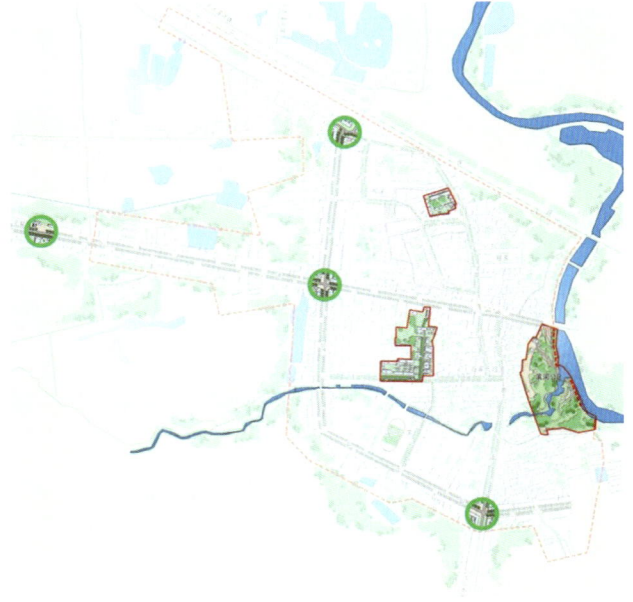

重点整治项目分布图

改造后的滨河公园健身场所

改造后的道路

小岗路改造效果图

规划特色

（1）治理环境卫生、塑造门户形象。以小溪河镇交通体系、环境卫生、基础设施等方面的问题（亦是国内一般小城镇的共通问题）为导向提出对应的整治策略，并针对主要道路、门户节点作了专项的规划设计研究，塑造镇区的特色景观。

（2）保护山水田园、修复生态环境。系统梳理镇区及周边的山水格局及生态环境，通过连通水脉、疏浚河道、驳岸改造、丰富乡土植被等方式，修复小镇生态系统，改善镇区大环境。

（3）补充商业功能、激发小镇活力。合理置换用地，优化镇区布局。重塑商业核心，强化服务功能，将镇区最大的公共活动空间结合商业街的改造塑造为镇区的商业中心，激发镇区活力。

设计单位：中国建筑设计研究院有限公司

设计人员：郭星、李霞、令晓峰、杨猛、于代宗、王松、范晓杰、范凯阳、刘晓峰、左宗德、赵有效、穆远

完成时间：2016 年

项目规模：0.86 平方公里

获得奖项：安徽省优秀城乡规划设计奖（村镇规划类）一等奖

福建省漳州市长泰县科山村富美乡村规划

科山村是以生态农业为龙头，民俗旅游为主导，建设可持续发展的闽南风情民俗旅游村。

未来科山村的功能定位为生态农业、观光农业、休闲农业发展示范村、闽南风情民俗旅游村、融入长泰县、枋洋镇共同发展特色优势旅游的组团。

规划特色

（1）休闲度假住宿。依托民居规划小型游客服务中心、发展闽南特色民宿、乡村旅馆等多种住宿形式，实现多元化综合发展。为游客营造闽南特色食宿和活动的场所，主要功能是休闲、娱乐、住宿的综合性旅游住宿单元；乡村旅馆主要以企业与村民联合经营，以当地农民家庭为接待单位，利用当地村民的房舍，对其家庭服务设施进行适当的

鸟瞰图

长泰县枋洋镇科山村富美乡村规划总平面图

古树改造效果示意图

改造，主要活动是住农家屋、吃农家饭、干农家活、享农家乐。

（2）农业观光体验。建立家庭联合经营的现代农业、优质禽业养殖等农业的集中生产和经营，集中生产和经营农业产业，保证农民收入可持续增长。同时，以生态农业为基础，不断拓展农业产业新功能。建立农业观光园、博览园，发展体验性农业，发挥其科技示范、农业观光、种植、采摘、野外品尝等功能。科山村也盛产芦柑、提子、火龙果等水果。花卉业拥有千亩的盛林园现代花卉基地。

（3）自然风光体验。依托现有的旅游资源，在枋洋镇的统筹下强强联合，带领游客参观自然风光。通过生态环境体验，增加保护生态教育功能，在休闲娱乐的同时，获得丰富的自然生态知识、历史文化知识，更树立了环保意识，自觉地保护乡村旅游的资源和环境。

设计单位：中国市政工程华北设计研究总院有限公司

设计人员：穆伟、张研、陈媛

完成时间：2017 年

项目规模：村域总面积约 12.08 平方公里，村庄主要居民点的规划面积约 46.4 公顷

大美乡村规划建设
Beautiful Rural Areas of China: Planning and Construction

福建省福州市寿山乡九峰村和前洋村村庄整体生态景观环境提升工程

项目背景

政策背景：乡村振兴与生命共同体建设鼓励提升村庄生态环境。

生态背景：北峰片区具有良好的生态基底，森林覆盖率高，形成了林带、林片、林网结合的多层次森林体系。北峰片区作为福州市北部绿色屏障具有重要生态意义。

山水背景：立足传统山水格局，北峰片区位于福州中轴线北延线区域，南部面朝平原视野开阔，北部背靠主山形成屏障。北峰片区山水格局优越，是理想的城市后花园。

设计理念

"山""水""林""田"是前洋村和九峰村现状生态持续、演替共赢的景观核心引擎，是人与生态共生的关键生态因素。项目以山水构生态基底，以林田营自然风貌，以路场塑地域景观，以特色聚乡村焦点，以层次丰景观风貌，旨在构建生态总格局，打造生命共同体。

九峰村鸟瞰图

提升改造后的村庄

设计思路

通过对项目背景的解读和现状的分析，得出项目生态环境建设的解决策略。在总策略框架的指引下，将"山水林田路场"落位到场地内，提出技术性实施改造方案，并对乡村重要景观节点进行设计，提出技术细则和设计专篇，指导现场施工。

创新方法

在项目管理机制与技术方面，组建有专业人员参与的管理小组和请有丰富建设经验的专业人员指挥，明确项目实施管理流程，以及项目建设内容、范围及时间节点、工程量、造价等。

在驻村工作方面，现场走访，与业主村民交流；每天以驻村工作日志形式记录工作进程；协助业主建立健全设计施工管理机制；梳理现场整改任务清单，绘制图纸，与业主达成一致后，进行现场对接。

社会经济效益

2019 年 10 月 22 日，福建省实施乡村振兴战略——农村人居环境整治推进会在福州召开。

九峰村、前洋村的规划、生态环境建设工作得到省领导高度评价，各省市领导前来参观交流。两村已初见成效，获得福建省"人居环境整治工程—村庄环境整治"试点村优秀项目的称号，形成村庄"可复制可推广"的建设模式。景观建设工程通过在溪流两侧修建了生态护岸、栈道、乡间路、绿化补种、整治等工作，保留住乡土风貌，使得九峰村、前洋村深受百姓喜爱，成为热门"网红村"。九峰村人居生态环境得到了改善，乡村旅游业日渐兴旺，产业优势逐年升级，通过开展特色水果种植，发展休闲采摘，鼓励村民经营农家乐等旅游配套项目，拉动该区的经济发展。

设计单位：中国建筑设计研究院有限公司

设计人员：路璐、王淼、邸青

完成时间：2019 年

项目规模：198 公顷

大美乡村规划建设
Beautiful Rural Areas of China: Planning and Construction

江西省樟树市阁山镇官桥中心村景观提升设计

官桥村是江西省阁山镇下辖的一个中心村。地处樟树市东南 15 公里的丘陵山区，全镇土地总面积 86.5 平方公里，总人口约 1 万人，均为汉族江右民系，自然资源丰富，盛产木材、毛竹。2014 年，官桥村提出"建工农业风景区，兴旅游支柱产业"的目标，以高科技工业、新农村建设、田野风光为主体，因地制宜，突出特色，打造田野特色旅游品牌，逐步形成集工业旅游、农业观光休闲、生态旅游于一体的综合旅游体系。

设计理念

在水墨山庄中"品田园生活，悟江西文化"。

设计策略

农耕田园体验环：廿载耕耘一脉长，江西诗派正弘扬。田园古道铺新路，谷雨遗风

村庄入口景观效果图

宅间小路

沐晓光。歌唱英雄红土地，怡情山水绿家乡。悠悠岁月前程广，乐见鲜花绽满冈。沿道路临街面打造阶梯式不同季节的田园风光，通过不同的草花灌木片植来营造。

山水古镇文化环："江西书院甲天下"，樟树自古有"酒乡"之誉，因"清、香、醇、补"四大特色而得名的"四特酒"就是樟树特产之一，四特酒制作技艺被评为省级非物质文化遗产。在设计中通过景观小品，景观构筑物等融入文化的元素来打造一个水墨色调的庄园氛围。

品乡村民俗慢生活："结庐在人境，而无车马喧"。一座座白墙黑瓦的小楼，一个不大不小的花园。墙边一溜翡翠般的绿竹，无论在清晨还是午后，这里所有的花钵、叶子、石磨盘、木桌和茶器皆会散发着水墨莲花般清雅静谧的香气。四周粉墙黛瓦，青绿掩映，烟雨朦胧中宛如一幅中国水墨画，通过精品民宿的打造，结合中医疗养，养生餐饮等服务，偷得浮生半日闲，看看百年老宅淘换来的一木一石，被你我惜藏流转于水墨江南的生活，悟道静修。

宅前夜景

改造节点图

社会经济效益

从人文上来说，在新一轮美丽乡村建设中，社会资本和文艺青年，随着民宿在乡村的发展，也逐渐参与了进来。乡村民宿、乡村体验，有了更直接与当地文化的接触，而变得更真切、朴实、接地气，能够突出"特色文化和生产生活方式"的民宿。从经济上来说，因为民宿体的进驻，集体二地租赁得到了租金，同时，民宿作为服务行业高税收带来了经济效益，加大了当地的财政收入。

设计单位：上海中森建筑与工程设计顾问有限公司

设计人员：魏亚亚、汤妮、张慧杰、杨秋班

完成时间：2017 年

项目规模：51843 平方米

江西省九江市永修县吴城镇综合整治提升规划

为落实国家生态文明建设战略，响应江西省提出的"打造鄱阳湖山水林田湖草综合治理样板，打造生态扶贫共享发展示范区"的号召，实现永修县"推进秀美乡村建设、保护生态顺民意"的现实需求，顺利推进吴城镇鄱阳湖国际观鸟周的活动，本次规划承接上位策划的定位和策略，承接总规的红线控制、布局调整和近期项目落位，推进整治规划的工作。

规划构思

第一，项目从研判大区域生态格局、全球候鸟迁徙规律以及吴城历史文化底蕴等方面入手研究，明确项目所在区域的重要价值以及反思规划设计的历史使命与责任；第二，以问题为导向，深入剖析候鸟生存所面临的现实问题以及吴城镇在人居环境、产业发展以及历史保护方面存在的诸多发展瓶颈；第三，以目标为导向，确立了"鸟"与"人"

改造效果示意图

大美乡村规划建设
Beautiful Rural Areas of China: Planning and Construction

总平面图

的美好发展愿景，树立了"人鸟共生"的终极规划目标；第四，以"鸟"与"人"的"双重路径"为方向，同步开展制定具有不同针对性的规划策略和方法路径，并充分发挥规划、建筑、景观、产业、文化保护等多专业作用，全面重塑吴城的发展思路，转变其旧有的发展模式，对镇区的公共服务设施、道路交通系统、景观系统、重点项目落位和分区风貌提出因地制宜的管控要求；第五，循序渐进地推动生态与民生的不断改善，并不盲目追求一蹴而就，"针灸式"地对生态、城镇空间进行改变，以寻求更为长远的综合效益和远景目标的实现。

规划特色

项目以"人鸟共生"的规划理念和设计初衷贯穿规划全过程，其创新性主要体现在两个方面。第一、明确"严守隐形底线，保护候鸟生境"的设计原则。由于候鸟对人为侵扰的适应程度较低，因此在规划初期就明确规划设计原则，最大限度减小城镇建设和人类活动对候鸟栖息环境和生存的影响。首先，在区域尺度层面，着重加强对于生态本底的研究，如针对鄱阳湖、赣江、修河等流域湖泊进行生态环境评价、明确鄱阳湖国家自然保护区的动植物资源分布与管控要求等。其次，规划重点研究如候鸟栖息地植被及食物分布区域、候鸟栖息觅食最佳水位线、风电场噪声和电磁波、鸟类惊飞距离、城镇夜间色彩亮化等一系列对于候鸟生境有影响的因素，作为所有规划的设计原则和底线要求。第二，希望"借力候鸟经济，改善城镇民生"。在规划设计之初，先进行大力宣传及普及"人鸟共生"理念，提升民众意识，进而通过候鸟保护行动来切实改善本地居住环境和拉动居民就业，提高民众幸福感。

设计单位：中国建筑设计研究院有限公司

设计人员：徐北静、冯新刚、李霞、王永祎、范晓杰、李燕、贾宁

完成时间：2019 年

项目规模：2 平方公里

江西省樟树市阁山镇孙家村村庄改造建设项目

　　阁山镇孙家村位于"中国药都"——樟树市，在阁山镇"农业两区"核心区，周边旅游资源丰富，在城镇化的大潮下，青壮年进城打工，乡村人口逐渐减少。2017年，孙家村"秀美乡村"建设正式启动，设计团队从规划设计、建筑设计、景观设计以及施工管理、后期验收，提供了一条龙的EPC服务。

设计理念

　　项目在保护村落风貌，提升文化内涵，激活乡村生活的原则下，以"秀美孙家·返璞归真"为核心理念，在现状"水、田、村、林"的格局下，融入"德孝、尊师、红色"文化，建设秀美乡村，描绘出"采菊东篱下，悠然见南山"的惬意生活画卷。

设计特色

　　在项目规划建设过程中，希望能提取本地特色及优势，营建孙家村本土化和特色化的乡村建设风貌。为此我们主要从地域性、乡土化、低成本三方面着手来实现。

古建筑保护实景图

大美乡村规划建设
Beautiful Rural Areas of China: Planning and Construction

鸟瞰图

（1）地域性。建筑最能体现当地风貌特色，孙家村的建筑改造以"灰瓦白墙"为主，重点规范屋顶、墙面、门窗的材质与色彩，采用低反光度，以砖、木、石为原料，体现地域性。

保护修缮类建筑：年代久或建筑形式有历史价值，主要为村内三座晚清建筑，修复马头墙、墙体、屋顶，建筑内部加固结构，修旧如旧。

保留改造类建筑：以风格各异的现代民居为主，改造难度最大。立面材质以粉刷白墙、浅灰色涂料、灰色面砖为主；山墙部分以硬山墙代替原来的坡屋面出挑，保护屋面，局部加马头墙，增加地域特色；屋面整修，尽可能统一屋面瓦与檐口处理方式，重新组织排水；建筑构件，增设窗套、阳台护栏、花格窗等，使其风格统一。

新建类建筑：符合"白墙灰瓦"的徽派民居建设要求。

（2）乡土化。采用简单实用的景观元素，通过街景改造、小品设施配置、乡土果蔬菜园景观搭配等措施，并采用本地石材、青砖、青石板作为道路铺装，营造具有江西特色的村庄风貌。

（3）低成本。采用就地取材的方法，对村内收藏的老物件、拆除建筑的砖块、瓦片等老材料进行收集，用于新建建筑或景观，既节约成本，又保留了村庄原生的个性特征，并引入海绵设施，鼓励增加地面渗水面积，鼓励收集雨水，用来冲厕、灌溉植物等。

池塘鸟瞰效果图（夜景）

社会经济效益

通过孙家村风貌提升改造，推进当地农业产业升级，助力乡村振兴。依托孙家村紧邻"农业两区"的优势资源，发展药材种植、果蔬观光、体验采摘新型现代农业，积极推进农家乐旅游、民宿等产业，引领农民流转、务工和发展产业致富。这里既有古人陶渊明笔下的那种超然恬静，又有当代生活所享有的设施和服务，村民生活和谐富足。

总平面图

设计单位：上海中森建筑与工程设计顾问有限公司

设计人员：陆地、陈鑫春、薛宵、魏亚亚、薛娇、史慧劼、任瑞珊

完成时间：2017 年

项目规模：10.35 公顷

大美乡村规划建设
Beautiful Rural Areas of China: Planning and Construction

江西省赣州市赣县区五云镇圩镇风貌整治

2016 年《国务院关于深入推进新型城镇化建设的若干意见》提出要加快特色镇发展。江西省赣州市响应国家号召，2019 年印发《赣州市第一批新型城镇化示范乡镇建设实施方案》，五云镇被评为赣州市第三批新型城镇化示范乡镇。

设计理念

（1）有机更新，完善镇区服务设施

完善五云镇圩镇空间结构，梳理交通及人行空间组织。完善镇区居住服务配套，打造包括游客服务中心、文体活动广场、公共休闲空间等多个景观节点，提升居民生活品质。

（2）文化重塑，营造地域特色风貌

针对建筑立面材质、色彩等提出引导方案，立面设施融入五云镇"云"的概念，设计云纹样式的门窗防护栏、空调外机、店铺牌匾等，营造五云镇独特的建筑风貌。重点街道改造提升，合理布局人行、停车及绿化空间，营造舒适安全的镇区街道。景观节点塑造依据五云镇五大文化特色，打造"云彩、云栖、云居、云味、云港"五个景观节点，充分展示全域特色。

（3）以人为本，设计以满足居民需求为原则

整体风貌改造和节点景观设计均遵循以人为本的原则，基于居民使用需求设计各类外墙设施以及公共空间设施小品。为解决街道摆摊对卫生和交通的影响，同时满足居民对于集市的需求，规划设计一处尺度宜人、可达性强的临时市场。

创新方法

多学科协作，多视角研究。项目团队以规划设计团队为引领，融入建筑设计、景观设计、平面设计专业技术支

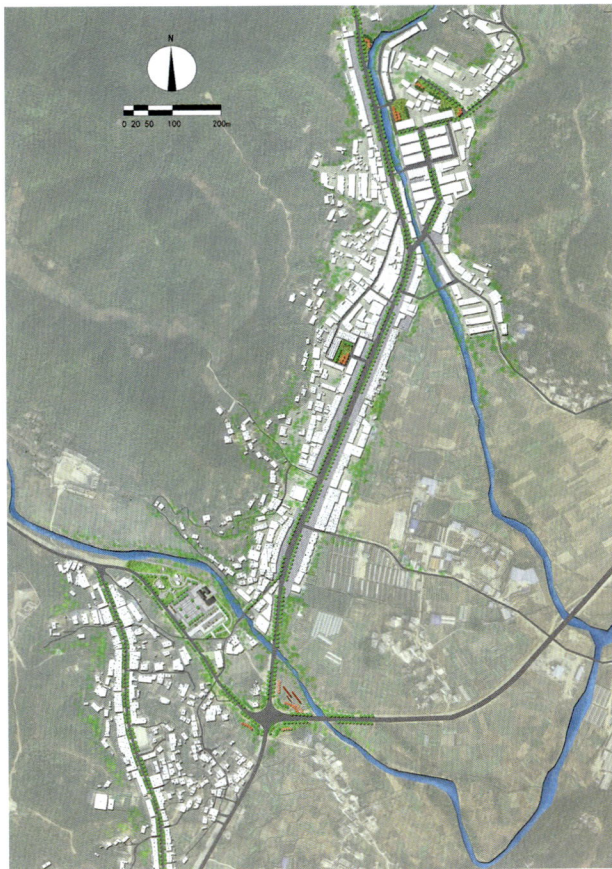

总平面图

游客中心平面图

五云镇文体广场设计效果图

持，确保空间结构符合逻辑的同时，建筑风貌及建筑设计够严谨，景观风貌设计够新颖，街道小品设计够美观。

科学提出投资估算，确保项目落地实施。以建设资金合理节约为原则，对整体风貌治理和景观提升两方面提出投资估算表，细化到外墙粉刷、更换店招、街道公共设施等众多方面，确保项目落地实施。

社会经济效益

项目已开始建设实施，五云镇镇区人居环境逐渐改善，居民活动更加丰富多元，圩镇生活水平得到改善。旅游服务中心的建设将提升五云镇旅游服务水平，为五云镇全域旅游发展提供高品质的服务支持。

设计单位：中国城市发展规划设计咨询有限公司

设计人员：高宜程、裴欣、董浩、王凡、李松竹、周俊含等

完成时间：2021 年

项目规模：42.9 公顷

广东省江门人才岛全岛开发建设项目芝山村风貌提升改造工程

项目背景

（1）政策背景：江门人才岛建设发展定位主要以教育科研、休闲、旅游、度假为主，提升具有代表祠堂文化的村落景观具有重要意义。

（2）生态背景：芝山社区位于潮连岛中部，西起嘉禾路，东至青年路，北临 Y107 大道。北侧紧邻山体生态走廊，南侧与内环水系慢行步道相连，周边的景观资源较丰富。

（3）文化背景：社区内共有 3 处保存较好的宗祠以及纱笼文化，具有历史文化价值和旅游价值。

总平面图

设计理念

通过丰富街道功能、满足百姓需求、传承传统文化，打造充满活力的街巷空间、功能共享的社区客厅。

设计思路

（1）经过实地调研，社区内存在以下问题。

现状功能：社区内公共空间使用率极低，且缺少功能性活动场地及相关服务配套设施社区。

现状交通：社区车流、人流量大，交汇点多、人车混杂。

现状停车：没有规划出合理的停车场，易造成交通拥堵；大量机动车停放靠近学校，易造成安全隐患。

现状绿地：绿地系统破碎，无体系，没有形成较好的街道植物景观效果。

现状环境：景观设施缺乏、市政设施混乱、道路铺装单一。

现状文化：整体街道缺乏关于祠堂文化、岭南文化等本土文化的展现。

（2）基于以上现状，景观设计将贯彻四大策略。

策略一：空间连续——以人为本，开放空间。梳理街道尺度，创造连续的、宜人的、安全的街道空间；整合现状点、线、面空间，塑造核心空间；生态自然的种植空间效果，突出和谐活跃之感。

策略二：功能提升——复合功能，激发活力。重塑街道秩序，满足周边不同年龄层次居民的生活习惯和使用需求；以功能化空间服务社区村民，带动区域人气；植入休闲、健身、康体、养生、观览等多种功能。

策略三：自然生态——见缝插绿，和谐生态。见缝插绿，重塑街道生态基底；利用海绵措施，收集净化雨水。

策略四：文化表述——植入文化，文脉传承。保留老街区空间构成的形态关系；尊重场地内重要而有意义的建筑及历史元素；用现代的设计语言与材料打造环境协调统一的街道空间。

社会经济效益

项目在政府、居民、租户的联动合力下，达到了城市更新、文化提升、功能完善等目标，实现了改善绿色生态、打造宜居环境的生态效益，打响城市文教名片、促进区域经济发展的经济效益，弘扬城市传统文化、促进基础设施建设的社会效益。

鸟瞰图

设计单位：中国建筑设计研究院有限公司

设计人员：路璐、侯月阳、刘玢颖、李得瑞

完成时间：2020 年

项目规模：14200 平方米

云南省临沧市沧源县班老乡下班老村整治提升规划设计

　　2021年8月19日，习近平总书记给云南省沧源县边境村老支书回信中写道："希望你们继续发挥模范带头作用，引领乡亲们永远听党话、跟党走，建设好美丽家园，维护好民族团结，守护好神圣国土，唱响新时代阿佤人民的幸福之歌。"习近平总书记的回信充分体现了中央高度重视陆地边境地区建设发展，各级政府高度重视沧源县边境村庄建设，给下班老村带来了历史性发展机遇。

回归纪念园设计平面图

大美乡村规划建设
Beautiful Rural Areas of China: Planning and Construction

回归纪念园鸟瞰效果图

村庄南部开放空间效果图

规划理念

（1）尊重生态环境，村庄建设杜绝大拆大建。保护自然生态和物种多样性，严防乱砍乱伐，适度发展种养殖业，村庄建设杜绝大拆大建，保护自然环境。改善村庄内部生态环境，增加公共绿化，民居建筑进行环保改造。

（2）传承历史文化，打造爱国主义佤族新村。建设爱国主义教育基地，打造集文化展示、主题游览、爱国主题教育、旅游服务于一体的回归纪念园，打造边疆各族"永远听党话、跟党走"红色教育品牌。民居建筑和小品采用佤族文化元素，打造阿佤人民新生活典范。

（3）提升村庄功能，促进产业发展提升人居环境。设计建设回归纪念园、游客服务中心等场所，增设停车场和少量民宿餐饮，促进下班老村爱国主义教育产业发展、旅游服务功能提升。改造提升村庄公共活动空间、小学，增设幼儿园，提升村庄生活功能。

（4）塑造特色风貌，重塑佤族特色，强化文化内核。因地制宜，就地取材，塑造与自然环境相融合的村庄肌理，民居建筑、公共空间、街道空间增加乡土文化元素的装饰和小品，体现乡土特色民族风貌。

创新方法

在考虑佤族人民的生活习惯的基础上，引入现代化的生活方式，对民居建筑进行提升和改造，建设"小而精、小而美、小而红、小而完善"的佤族新民居，打造阿佤人民新生活的典范，并形成可推广、可复制的民居设计和建造模式，在沧源县范围内进行推广。

回归纪念园设计以生态文明思想为指导，尊重生态本底，使建筑与自然环境和谐共生。设计尊重现状地形，采取自由式建筑排布，通过覆土建筑的形式弱化建筑形体，突出自然环境，地上地下结合，形成了一条丰富的游览参观学习游线。

社会经济效益

项目正处于规划设计阶段，初次汇报得到了相关领导和各级部门的高度认可。未来整治提升完成后，村庄生活环境将得到显著提升，文化活动将更加丰富。佤族新村的建设模式将在沧源县继续推广，建成具有新时代新风貌的佤族新村，大大提升人民生活的幸福感和满意度。

回归纪念园的建设也将提升下班老村红色爱国主义教育品牌知名度，增加集体收入，促进村民增收。

设计单位：中国城市发展规划设计咨询有限公司

设计人员：高宜程、裴欣、张海涛、刘志辉、董浩、李鹏飞、王凡、韩映雪、谭香良、蒋纯龙等

完成时间：编制中

项目规模：12.91 平方公里

新疆维吾尔自治区喀什地区"疏勒之恋"景观空间提升及文化营造

　　"疏勒之恋"小镇位于亚曼牙乡克孜勒塔木村，总面积约 3.6 平方公里。依托"疏勒之恋"自治区级非遗文化资源和克孜勒塔木水库自然生态资源，结合村内百年核桃树，扩大种植产业规模，塑造"百年好核"产业品牌，产旅融合建设"疏勒之恋"特色小镇，进一步加快乡村振兴战略，巩固脱贫攻坚成果，扎实推动第一、三产业融合和美丽乡村建设。

　　"疏勒之恋"小镇整体建设以弘扬中华文化为主题，以展示"疏勒之恋"文化为特色，通过产业振兴、文化振兴、生态振兴、组织振兴、人才振兴等为实施策略，建设一个"五位一体"的特色小镇项目。一期工程建设"主题稻田片区"，力求做到展示地域文化特色、带动民族团结、推动周末近郊游、对周边乡镇起到引领示范作用，为乡村振兴起到有利的推动效应。

小镇入口效果图

鸟瞰图

设计单位：中国市政工程华北设计研究总院有限公司

设计人员：李德巍、李英华、周汉青、杜翠亭、王莹

完成时间：2021 年

项目规模：总占地面积 3.6 平方公里

06 历史文化村镇及传统村落

　　中国建科为住房和城乡建设部、国家文物局等多个中央部委提供技术咨询服务工作。从传统村落工作起步阶段开始，全过程参与传统村落保护与发展工作，完成多项历史文化村镇和传统村落重大课题研究，有力地支撑了政府重点工作任务，也为相关学科领域研究工作的深化细化奠定了坚实的基础，切实起到了政府技术参谋和技术支撑作用。

北京市怀柔区琉璃庙镇杨树下村传统村落保护发展规划

北京市门头沟区斋堂镇马栏村传统村落保护发展规划

北京市门头沟区三家店村传统村落保护发展规划

北京市延庆区榆林堡村传统村落保护发展规划

北京市门头沟区斋堂镇黄岭西村传统村落保护发展规划

浙江省义乌市赤岸镇东朱村传统村落保护发展规划

安徽省淮南市寿县隐贤镇保护规划

福建省龙海市东园镇埭尾（埭美）村保护规划

福建省晋江市金井镇塘东村传统村落保护发展规划

福建省德化县美湖镇传统村落集聚区保护发展规划

福建省永春县五里街镇西安村传统村落保护发展规划

湖北省钟祥市石牌古镇保护、整治与建设规划

重庆市龙兴镇历史文化名镇保护规划

四川省自贡市三多寨镇历史文化名镇保护规划

贵州省黔东南州大利村保护与发展规划

西藏自治区工布江达县错高村传统村落保护发展规划

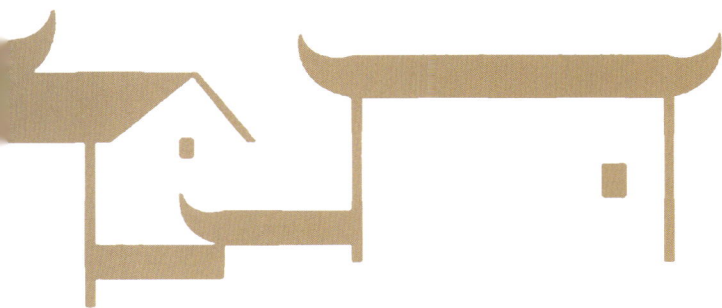

北京市怀柔区琉璃庙镇杨树下村传统村落保护发展规划

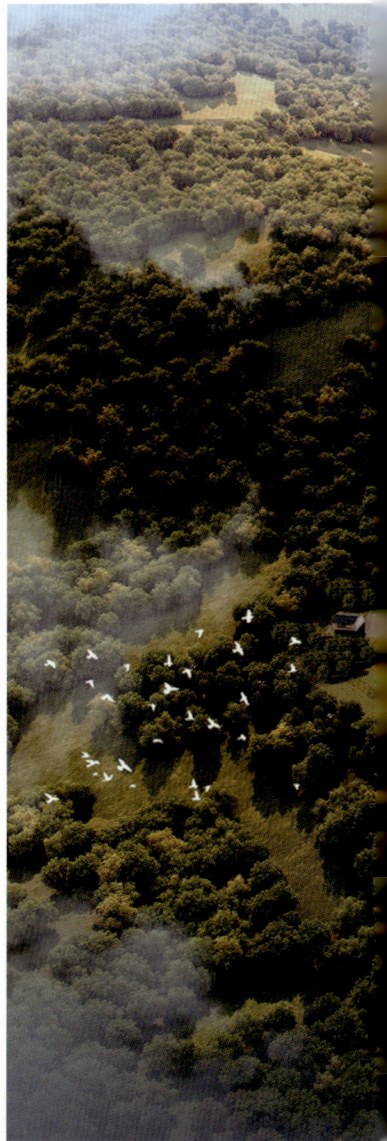

2021 年 8 月，中共中央办公厅、国务院办公厅印发《关于进一步加强非物质文化遗产保护工作的意见》，提出"保护好、传承好、利用好非物质文化遗产，对于延续历史文脉、坚定文化自信、推动文明交流互鉴、建设社会主义文化强国具有重要意义"。党和政府高度重视非物质文化遗产保护工作。

杨树下村位于北京市怀柔区琉璃庙镇辖区内，地处怀柔深山区域，四面青山环绕，村中"敛巧饭"传统民俗文化流传至今 200 余年，于 2008 年列入国家级非物质文化遗产。2018 年 3 月，杨树下村入选北京市首批市级传统村落名录，也是怀柔区唯一一处传统村落。

杨树下村区别于以历史建筑为基础的传统村落，聚焦"敛巧"文化重点，依托"敛巧饭"传统习俗，引入"巧行—巧景—巧饭"的规划思路，着力打造村中举办传统民俗活动的文化广场（非遗文化传承的重要载体），在公共空间营造的同时，推动非物质文化遗产馆、传承体验中心、特色传统民宿等传承体验设施体系的形成。在遵循保护非物质文化遗产、恢复文化遗产原真性等原则的基础上，把杨树下村传统村落打造成保护

杨树下村总平面图

大美乡村规划建设
Beautiful Rural Areas of China: Planning and Construction

杨树下村鸟瞰效果图

"敛巧记忆"、传承"敛巧记忆"、宣传"敛巧记忆"、展示"敛巧记忆"的非遗文化体验游览地，不仅是完整保护、展示当地历史与文化遗产的需求，也是促进乡村振兴的内在要求。

设计单位：中国建筑设计研究院有限公司

设计人员：李霞、王迎、刘静雅、王柳丹、李志新、刘欣宇、徐北静、俞涛

完成时间：编制中

项目规模：约 11.38 公顷

北京市门头沟区斋堂镇马栏村传统村落保护发展规划

　　北京市门头沟区斋堂镇马栏村文化底蕴深厚，被称为"京西第一红村"，建村历史可追溯至明代，是历史上门头沟区成村较早的军户村落。村落红色文化遗产丰富，现存各级文物保护单位6处，挂牌历史建筑、遗迹13处，整体风貌保存较为完整。抗日战争时期，马栏村是八路军冀热察挺进军司令部所在地，是平北、冀东抗日中心，更是北京西部敌后抗日根据地的堡垒，为敌后根据地的发展和战争的胜利作出了巨大的贡献，是北京市红色革命精神传承的重要物质载体和精神摇篮。2013年马栏村入选第二批中国传统村落名录。2019年7月入选第一批全国乡村旅游重点村名单。

　　规划坚持"保护优先"的总体原则，通过翔实的实地调研与价值评估，明确保护对象，并结合现实情况，合理划定保护范围，严控保护"底线"，以延续村落整

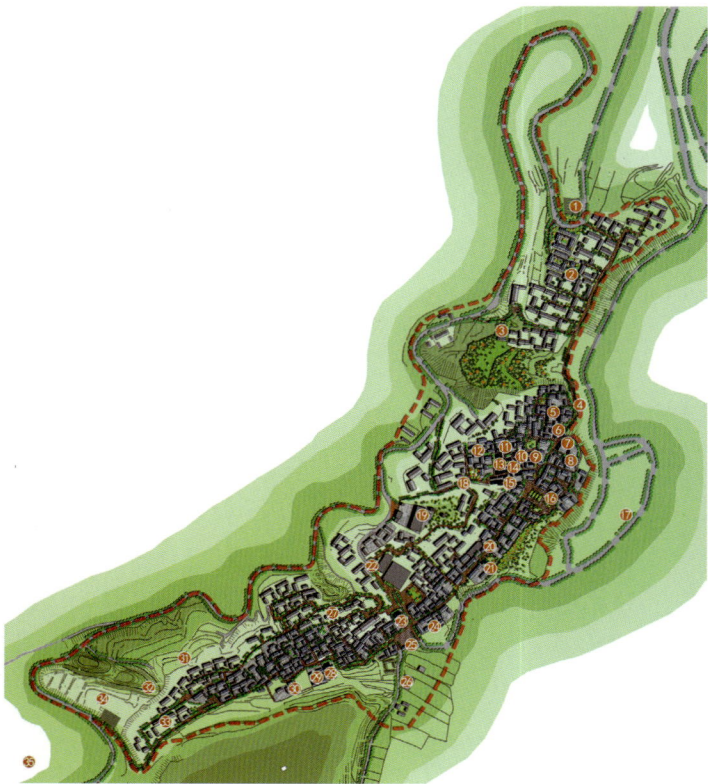

马栏村总平面图

马栏村全景

体自然山水格局与历史风貌。同时，规划改变以往在村落保护中"重物质、轻精神"的规划思路，通过深入挖掘马栏村红色文化，动态传承村落红色革命精神脉络。

规划以村民日益增长的对美好生活的需求为出发点，规划提出民生优先，补齐短板的实施策略。同时，从门头沟区域角度，分析区域发展的优势与瓶颈，立足村落红色文化和生态资源基础，提出以文化突破、生态协同、旅游驱动为战略路径，突破传统以观光、纪念为主的红色旅游开发形式，摒弃植入大量商业植入的乡村旅游开发方式，应以红色文化为主题，将抗战时期的军旅生活与原住民传统生活相结合，打造特色化、生活化的红色体验。同时通过多元的网络媒介，延伸对旅游者行为设计引导，搭建良好的软环境，探索特色红色旅游的新跨径。

规划充分尊重地域文脉，避免过去大拆大建的强介入方式，以"针灸式、微介入"的方式，选取村落两处典型建筑进行测绘，并以 85 号院为例，结合原住民生活与未来旅游的双重需求，进行建筑改造示范设计，有效落实规划中相关的保护控制要求，为村落未来类似改造提供指导与依据，进一步增强规划的指导性，在一定程度上弥补了保护规划以往过于宏观，缺乏细节指导的不足。

设计单位：中国建筑设计研究院有限公司
设计人员：单彦名、田家兴、高朝暄、高雅、宋文杰、李志新、袁静琪、赵亮、郝静、黄旭、李嘉翙、韩沛
完成时间：2018 年
项目规模：20.14 公顷
获得奖项：2021 年度北京市优秀城乡规划二等奖

北京市门头沟区三家店村传统村落保护发展规划

　　三家店村位于门头沟区龙泉镇，地处京西古道的永定河渡口，是连接京城和西山的京西门户，承载着京西古道由盛转衰的历史印记，古道文化底蕴深厚，保留着完整的商业街巷和民居建筑。2001 年被北京市政府公布为北京市第六批文物保护单位。2003 年被列入第二批北京市历史文化街区，2012 年被评住房和城乡建设部评为第一批中国传统村落。

　　规划以保护村落历史文化遗存为基本前提，通过翔实的实地调研与价值评估，明确保护对象，结合村民意愿及村落实际建设需求，划定保护范围，制定切实可行的管控要求，严控保护"底线"，以延续村落整体自然山水格局与历史风貌。同时，规划改变以往在村落工作中"重物质、轻精神"的思路，通过深入挖掘地域文化和建筑特色，适当增设文化场所，完善公共服务设施，延续原住民传统的生活方式，动态传承三家店村历

保护发展规划效果图

大美乡村规划建设
Beautiful Rural Areas of China: Planning and Construction

图 例
1. 入口景观
2. 东街78号院
3. 东街广场
4. 文创商店
5. 白衣观音庵
6. 山西会馆
7. 三家店小学
8. 中街59号院
9. 天利煤厂
10. 传统建筑博物馆
11. 传统民居
12. 农家民宿
13. 美食街
14. 关帝庙
15. 龙王庙
━━━ 重点研究范围

保护发展规划平面图

史文化脉络。

在保护方面，结合三家店村实际情况，细化保护区划的层次和范围。同时，审慎和有针对性地对各级保护区划及各类保护对象制定分级保护策略，并制定分类分级保护整治导则，有效指导下一步保护修复及改造建设工作，充分重视保护与发展之间的平衡互动。在建设方面，规划不仅从规划布局上统筹布置村落空间，根据村民实际需求，从建筑层面提出传统民居加固修缮和改善提升的措施，尝试从最根本层面解决保护与发展的矛盾问题。在发展方面，以"文化突破、三产融合、城乡社区"为产业发展总体战略，通过三家店的传统古道码头文化的挖掘、扩展、营造、创新为突破，全面复兴乡村文化，将村落空间与特色文化有机融合，融研学、餐饮、文创、民俗、技艺传承等文化产业为一体。

三家店村地理位置特殊，处于北京市中心城区，古老的生活环境与周边现代的生活氛围形成了鲜明对比，如何平衡城市发展需要与居民生活诉求成为规划的重点。在项目过程中，成立了责任规划师团队与龙泉镇人民政府签约，与规划管理部门、地产开发方、所在地人民政府及村民代表积极沟通，为乡镇的规划和建设决策提供具有技术性或政策性的解决方案，有效保障乡镇各项规划落地实施。

设计单位：中国建筑设计研究院有限公司
设计人员：李志新、高雅、俞涛、单彦名、高朝暄、刘闯、何子怡、韩沛、田家兴、郝静
完成时间：2020 年
项目规模：5.67 平方公里

北京市延庆区榆林堡村传统村落保护发展规划

保护发展规划鸟瞰图

　　榆林堡村位于北京市延庆区康庄镇。元代建村，因古时榆树成林而得名。元代前曾为重要驿站，从元代至清代，该地一直被设为驿站。明永乐初年移民建榆林屯，为隆庆州后十里之一，所建榆林城堡系土筑而成，现已残破，只残存部分遗迹。榆林堡目前是北京市第二批历史文化街区、北京市级传统村落。

　　规划摒弃原本保护规划对于保护区划大而全的划定方式，实施精准保护原则。在文保单位、历史建筑及历史环境要素的保护中，精准制定保护实施方案，建设控制要求。旨在做到应保尽保，措施有效，真正做到保护与发展的动态协调，探索传统村落保护以及乡村振兴协调发展的新模式。

　　规划从村庄建设实际角度出发，优化用地，调整存量，推进建设高效利用。重视村庄发展，为村庄未来发展预留了充足的空间基础。结合村民生活需求改善村庄生产生活环境，完善基础设施，通过景观节点实施精准保护。在文保单位、历史建筑及历史环境要素的保护中，精准制定保护实施方案，建设控制要求。旨在做到应保尽保，措施有效，真正做到保护与发展的动态协调，探索传统村落保护和乡村振兴协调发展的新模式。

　　村庄公共空间结合。结合保护规划的相关要求，选取历史建筑价值较高，保存较好的院落进行加固修缮以及重新利用，推进传统村落实施建设。同时，为不同尺度不同级别的街巷提供了分类保护修缮措施，对手法、材质进行了具体的设计，切实改善乡村人居环境和居民生活水平。

村中的古建筑

大美乡村规划建设
Beautiful Rural Areas of China: Planning and Construction

　　本次保护规划明确保护重点和保护对象，制定村庄建筑设计导则，使得榆林堡村的其他合理合法的建设活动可以积极开展。一些坍塌建筑已开始按照保护规划中的新建建筑选型进行建设。村内有 4 组建筑在保护规划中被认定为一类建筑的前提下，已开展修缮建设。

设计单位：中国建筑设计研究院有限公司

设计人员：单彦名、赵亮、郝静、袁静琪、田靓、李志新、韩沛、田家兴、宋文杰、李嘉漪、黄旭、何子怡、高雅、高朝暄、邹昕争

完成时间：2018 年

项目规模：55.49 公顷

北京市门头沟区斋堂镇黄岭西村传统村落保护发展规划

黄岭西村在明代万历年后建村，已有 400 余年历史，因村庄位于黄岭之西，有"斋堂黄岭西，古村山后藏"之说。黄岭西村主要姓氏为曹、王二姓，因守斋堂贾家祖坟，逐渐繁衍成村。

20 世纪八九十年代，黄岭西村曾经是斋堂镇的重点产煤村之一，煤炭开采业是村中的主导产业。

2000 年贯彻国务院关闭乡镇小煤矿精神，黄岭西村关闭了村里所有煤矿。近年来，黄岭西作为爨柏线的组成部分，立足实际，挖掘整理文化资源，发展生活体验游，发展涵盖生态旅游、休闲度假、农业主题公园、户外运动、创意产业、红色旅游等于一体的复合型旅游经济。2012 年，黄岭西村被住建部和国家文物局列入第一批中国传统村落名录。

项目为有效、可持续地保护黄岭西村的历史文化遗产，保护并延续古村的传统格局和历史风貌，使黄岭西村的优秀传统文化得以保存和发扬，在保护历史文化资源的前提下，改善古村居民的生活环境，提高其生活质量。结合斋堂镇和爨柏景区的发展要求，寻找合适的发展契机，实现区域联动发展。合理定位，切实解决黄岭西村未来的发展问题，最终实现"在保护中发展，在发展中保护"，活态永续传承的规划目标。

项目通过研究门头沟区域的山、水、历史文化资源、宗教文化资源，分析区域社

鸟瞰效果图

黄岭西村航拍图

大美乡村规划建设
Beautiful Rural Areas of China: Planning and Construction

会、经济、生态和文化发展情况，提出以下规划策略。

（1）文化突破，生态协同。延伸北京中轴线，构建北京文脉长廊，将门头沟打造为北京"文化之门"，同时聚合门头沟优势资源，分区提升资源品质。

（2）旅游驱动。门头沟传统村落数量多、文化底蕴深厚、生态本底优越，是门头沟旅游的"一把亮剑"。将文化与生态高度结合，选取旅游发展基础好、影响力大的古村落（如爨底下、灵水村、黄岭西等）进行重点引导，突出乡村旅游。

（3）区域联动。规划在"爨柏景区规划"的基础上，进一步将斋堂镇的传统村落进行整合，形成一个 U 型旅游带，共同构筑"斋堂古村"的区域旅游品牌。

结合以上创新策略，规划提出将黄岭西村打造为京西特色文化旅游目的地、北京市

黄岭西村传统街巷

乡村旅游示范村，以保护黄岭西村历史风貌的完整性为基本原则，充分利用黄岭西村的资源优势，兼顾黄岭西村未来旅游发展。

设计单位：中国建筑设计研究院有限公司

设计人员：高朝暄、何子怡、俞涛、李志新、田靓、韩沛、高雅、郝静、刘闯

完成时间：2020 年

项目规模：黄岭西保护规划范围为黄岭西村行政范围，黄岭西村村域面积为 917.92 公顷，村庄建设用地面积为 4.34 公顷

重点研究范围：主要包括村庄现状建成区边界及村落北侧凤凰山，总面积约为 5.75 公顷

大美乡村规划建设
Beautiful Rural Areas of China: Planning and Construction

浙江省义乌市赤岸镇东朱村传统村落保护发展规划

　　规划以保护村落历史文化遗字为基本前提，通过翔实的实地调研与价值评估，明确保护对象，结合现实情况，划定保护范围，提出相应控制要求，严控保护"底线"，延续村落整体自然山水格局与历史风貌。同时，规划改变以往在村落保护中"重物质、轻精神"的规划思路，通过深入挖掘地域特色民俗文化，适当增设文化展演场所，延续原住民传统的生活方式，动态传承东朱村历史文化脉络。

　　结合义乌市实际经济发展水平，以村民日益增长的对美好生活的需求为出发点，规划提出民生优先，补齐短板的实施策略。对村内贫困户及危房进行统计到户，本着村民

鸟瞰效果图

规划总平面图

自愿的方式合理安置。

结合实际调研情况以及对村民的入户调查，完善村内村民迫切需求的基础设施，并结合未来旅游发展的可能，对基础设施进行扩容提质。此外，规划选取村落核心保护范围南部的一处核心区域，提出详细的节点提升设计方案，通过对场地分析，完成传统建筑的保护利用，提升历史环境要素的活力，通过生态化的手法进行修复，切实改善人居环境。

规划结合义乌市实际情况，提出"文化突破、三产融合、城乡联动"的总体发展路径。明确以丹溪文化为核心的价值内核，向外拓展文化圈层，构建"文化＋产业"链条，充分结合村落空间，发挥教育科普、文化创意、休闲体验、康体疗养等功能。通过文化与空间的深度融合与创意化利用，实现文化产业化的发展目标，促进丹溪文化及浙派中医文化的全面复兴。

规划从村庄实际建成情况和土地规划等多方面协调，以满足村民日常生活和村庄未来产业发展为原则，与国土部门沟通，以确权的方式将土地指标进行合理转化。为保证文化园建设的有序进行，规划建议逐步将其所属用地由村集体建设土地转为国有建设用地，并一次性对村民进行货币补偿，为后续文化园的提升运营提供保障。

大美乡村规划建设
Beautiful Rural Areas of China: Planning and Construction

传统民居建筑整治提升设计图

建筑地形图

设计单位：中国建筑设计研究院有限公司

设计人员：单彦名、田家兴、郝静、李嘉漪、田靓、韩沛、何子怡、高朝暄、袁静琪、赵亮

完成时间：2018 年

项目规模：33.84 平方公里

安徽省淮南市寿县隐贤镇保护规划

　　安徽省淮南市寿县隐贤镇为淮河流域的千年古镇，三国时曹操准备赤壁之战在此练兵，唐朝时因贤士董昭南隐居于此教化地方，得名"隐贤镇"。古镇紧邻淠河，南接六安、北连淮河，毗邻春秋时期著名水利设施安丰塘，在水运交通兴盛时期一度商贸繁忙。至今还保存有大量的明清时期商铺民居建筑、传统商业街、古船埠等历史文化遗存。隐贤镇集滨河水运商贸文化、名贤大儒文化为一体，是淮河中游地区滨河型历史古镇的典型代表，历史店铺、古街船埠是隐贤镇千年古镇的珍贵遗存。

　　经调研分析，隐贤镇核心价值文化特色体现在河—街一体的空间格局、经典多样的

镇区总平面图

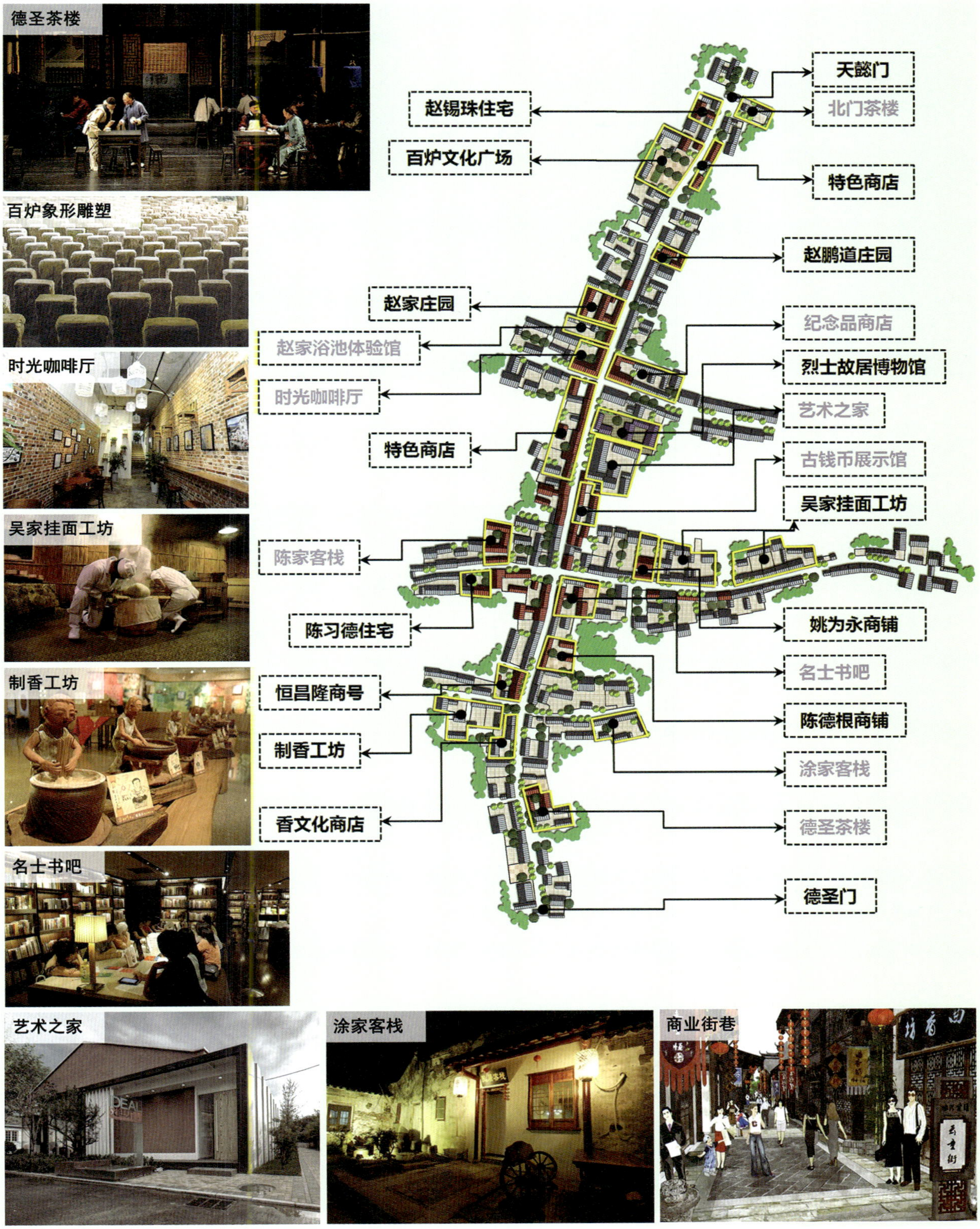

德圣茶楼

百炉象形雕塑

时光咖啡厅

吴家挂面工坊

制香工坊

名士书吧

赵锡珠住宅

百炉文化广场

赵家庄园

赵家浴池体验馆

时光咖啡厅

特色商店

陈家客栈

陈习德住宅

恒昌隆商号

制香工坊

香文化商店

天懿门

北门茶楼

特色商店

赵鹏道庄园

纪念品商店

烈士故居博物馆

艺术之家

古钱币展示馆

吴家挂面工坊

姚为永商铺

名士书吧

陈德根商铺

涂家客栈

德圣茶楼

德圣门

艺术之家

涂家客栈

商业街巷

保护规划节点设计图

古镇街巷

历史商铺和反映邻里和睦、教化一方的亲民生活历史文化典故方面，涵盖了古镇空间构架层次体系、重要历史建筑文物保护点等点线面的空间物质载体与非物质文化，保护规划中与之对应建立三个层级体系：第一，梳理传统船埠、河道与古镇区三街六巷的空间体系，保持古镇与外围自然山水环境格局的空间衔接，实现自然生态与历史人文的一体化保护传承；第二，根据不同历史功能和形态特色研究不同类型传统建筑的特征，标榜其历史文化特色价值，保护古镇多样的建筑类型姿态，植入不同功能适应古镇整体保护与发展需求；第三，以小范围、微更新、生活化尺度设计入手，借助庙会文化活动、传统楹联文化交流、生活空间治理等内容，保留古镇传统生活文化气息，顺应镇区居民传统生活习俗推动镇区保护。

隐贤镇区位偏远，曾是国家重点扶贫地区的贫困镇，调研中既可以感受到古镇区居民的淳朴，也从每户张挂的自编自写的春联中体会到古镇文化的博大精深。隐贤镇是农业大镇，有优良的农产和水产，保持着传统的田园景观，虽然近期经济不发达，但是随着国家乡村振兴工作推进，其生态文化价值必然被发掘，在编制保护规划阶段，重点是协助镇区对古镇文化价值的梳理，以及对多种历史文化资源的推广宣传，以此作为古镇进一步发展建设的基础。

设计单位：中国建筑设计研究院有限公司

设计人员：李志新、王磊、于代宗、袁静琪

完成时间：2016 年

项目规模：镇域范围 77.5 平方公里，镇区重点规划范围 26.21 公顷

福建省龙海市东园镇埭尾（埭美）村保护规划

　　项目位于福建省龙海市东园镇埭尾（埭美）村。该村有着"闽南第一村"的美誉，目前拥有闽南地区最大、保存最完整的古民居建筑群，其中明清时期古民居 49 座，具有极高的保护、研究和利用价值，并有着"一张规划管五百年"的民间美称。2014 年埭美村被评为中国历史文化名村，列为福建省十大历史文化名村之首。该规划自编制伊始即受到福建省领导、相关厅局自上而下的广泛关注和高度重视，并对规划编制寄予厚望。规划组多次深入现场调研，挖掘历史资料，征询村民意见。以历史的真实性为前提，以"修旧如旧、不留痕迹、润物无声"为目标，对历史文化要素进行"修复已有、复原已失"，力争最大程度保护和还原历史真实风貌。经过十余次的反复修改完善，规划成果得到了省厅专家及村民的一致认可。规划组提出了建设"以遗产保护为核心、兼顾旅游发展、历史风貌完整、生态环境优美的闽南水上古村落"的规划目标，突出物质与非物质文化遗产整体保护策略，以实现村域保护的全覆盖。通过对景观节点、旅游线

总体鸟瞰图

路和重点区域三个空间进行保护，梳理建立古村保护整体框架。同时，强调对历史文化的保护、发掘与集中展示，对历史遗存进行合理开发和利用，带动当地旅游业的发展，繁荣社会经济，维护和延续历史环境的社会功能。

规划创新

（1）解决了保护与发展的核心矛盾。埭美的特点在于其传承了祖宗遗训，建筑形式全部尊崇原有格局，历代相传亦是如此，但如今村民生存发展需求的旺盛，使原本古村落的空间愈发受到威胁，已经成为摆在村民和政府面前的一道大难题。规划采用保留大环境山水格局和建筑布局，在村庄外围按照面向笔架山的建筑格局为村民未来发展布置新居，保留和整理水系格局，体现了传承与发展的和谐相处，解决了村民生存发展的迫切需求，保留了一脉相承的文化传统。

（2）规划理念的高度统一。规划系统全面地制定了各类保护和整治措施，并进行了市政基础设施改造、村落水系及景观环境整治、村民新居布局规划及建筑设计、停车场规划设计、旅游发展策划等方面的工作，整体规划理念高度统一，有效保障了从规划到落地的精准设计。

学堂

埭美后仓河

大美乡村规划建设
Beautiful Rural Areas of China: Planning and Construction

设计单位：中国城市建设研究院有限公司

主要负责人：樊绯、周伟、梁天戈

主要完成人：曾颉、谢晓英、杨逸、代锋、孙莉、刘明晗、李震岳

完成时间：2014 年

项目规模：规划总面积 54 公顷

获得奖项：2015 年度北京市优秀工程咨询成果一等奖

福建省晋江市金井镇塘东村传统村落保护发展规划

村落整体鸟瞰图

塘东村地处福建省晋江市，与金门、台湾隔海相望，有700多年的发展历史，是闽南红砖建筑演变活态标本、福建省知名侨乡，现存自然文化遗产丰富，空间格局完整延续，传统建筑保存完好，历史层次丰富。2014年，塘东村被评为第三批中国传统村落。

（1）突破传统规划编制思路，落实"人本理念"

规划改变以往"重物轻人"的规划编制思路，强调注重"人本理念"设计思路。在调研阶段，开展了大量的问卷调查与座谈，广泛了解原住民实际需求。在保护中，结合原住民实际生活需要，选取两处民居建筑，进行建筑修缮改造示范设计，以满足居民生活与发展的双重需求。在发展中，规划植入旅游产业类型，促使塘东村突破传统以观光为主的初级旅游体验形式，转变为以"商养学闲情奇"为主的多元化旅游体验，延伸产业链条，带动转变原住民就业方式，探索新型城镇化发展的新路径，实现旅游城镇化。

（2）强化建筑研究，探索现代建造工艺与传统匠人技艺的有机融合

规划选取11处不同时期、不同类型的典型建筑进行建筑测绘，研究当地建筑演变进程。同时，规划结合测绘成果，针对现状大量的石屋建筑增加编制专项设计导则，以指导石屋建筑的修缮与新建设计，对其结构性安全与风貌协调均提出明确指导意见，填补了当地在石屋建筑修缮与改造设计方面的技术空白。

重点地段规划总平面图

大美乡村规划建设
Beautiful Rural Areas of China: Planning and Construction

局部节点效果图

塘东村全景

（3）面线点综合示范，增强规划可操作性

规划以增强成果可操作性、可实施性为原则，突破传统村落保护发展规划编制对于固有成果的局限，增加重点地段、主要街巷、重要节点三个方面的详细设计，通过点线面的层层递进，有效落实规划中相关的保护控制要求，为未来村落相关的建设，提供有效的设计指导与示范，在一定程度上弥补了保护规划以往过于宏观，缺乏细节指导的不足。

设计单位：中国建筑设计研究院有限公司

设计人员：单彦名、田家兴、高朝暄、宋文杰、李志新、袁静琪、高雅、郝静、王璐、赵亮

完成时间：2015 年

项目规模：村域面积约 3.5 平方公里，村落建成区约 166 公顷

获得奖项：第六届新加坡规划师协会银奖、2017 年度全国优秀城乡规划设计奖（村镇规划类）一等奖、2017 年度北京市优秀城乡规划设计一等奖

福建省德化县美湖镇传统村落集聚区保护发展规划

美湖镇美湖村、洋田村、浐坑村地处福建省泉州市德化县，聚集成团，枕山面水，有 1700 年的发展历史，是福建戴云山筑最古老珍贵的民居范式，梯田景观特色独具。村落地处德化环戴云山生态休闲旅游集聚区，具有明显的区位、交通与资源优势。2019年，三村同时被评为第五批中国传统村落，在全国尚不多见。自 2018 年开始，中国建筑设计研究院深耕美湖镇乡村振兴领域建设实践，规划设计工作得到了美湖镇领导的充分认可。

在古村的更新模式中，采取修补式的思维，将现有的村落格局当作一件艺术品，从现有的构件中，找寻可以替换织补的可能性，在不打破原有乡村结构体系的前提下，重构选择设计对象，为乡村带来新的气息和发展的可能性。规划设计的核心理念来自当地人的一句谚语——"美湖美福"，项目组从百年传承的乡村生活出发，重新定义不同公共空间的功能：樟树王公园——祈福请愿、美湖村标广场——文化感知、遐福堂广场——文化休闲、农耕童趣园——乡间娱乐，同时，以一条美湖溪串联其间，从祈福、休闲、文化、农耕和户外活动等多方面体验乡村多层幸福，带动村民根据亲身经历重新

樟树王公园鸟瞰效果图

景观设计效果图

童乐园夜景效果图

定义幸福生活。

　　在樟树王公园改造提升中，规划重构承载节日庆典的农村公共祭祀空间，重点突出樟树王、显应寺作为代表符号，通过轴向空间序列的重构、祭祀功能场地的增设、多视觉廊道景观的再造等方式重新塑造樟树王公园的祈福、祭祀等村庄文化活动中心功能。借助这样的空间载体培育一场名片式的节庆活动。其中，在美湖村标广场设计中，规划重塑文化标示的农村公共展示空间，重点突出"戴云山筑"作为代表符号，结合村口望鹭亭及水系景观，运用村标设计，增强人流引导性，打造具有美湖村"戴云山筑"特点的标志性入村节点。在遐福堂休闲广场改造提升中，以激活承载村民记忆的农村公共文化空间为核心，重点突出历史建筑"遐福堂和人民公社广场片区"、传承原有"山—屋—院—田—水"格局作为代表符号。设计融合"戴云山筑"古老民居范式，让新建景观具有乡土感和地域特色，增强文化自信。在农耕童乐园设计中，设计依托原有高差、展示山水林田文化、再现乡野风貌。利用多样灵活的林田分界线，将童乐园分为入口广场区、生态观光区以及儿童乐园区。提供林地、田地两种不同体验，并将综合服务、看台、科普、互动等功能融为一体，营造人流聚集、亲子娱乐的公共活动休闲场地，为家庭、亲友等提供乡野欢聚之地。

2021年3月5日，福建省德化县美湖镇人民政府与中国建筑设计研究院在美湖镇人民政府举行"乡村振兴共赢未来"战略合作签约仪式。随着"乡村振兴""脱贫攻坚巩固期"等政策的引导，将在乡村营建、历史保护利用、旅游规划、园林景观、市政设施、建筑设计等方面与美湖镇开展全方位项目合作。通过战略合作与伴随式服务等方式，与地方政府合力搭建乡建资源整合新平台，探索镇村规划建设新模式，在乡村振兴的时代背景下，为镇村发展贡献力量。

设计单位：中国建筑设计研究院有限公司
设计人员：单彦名、宋文杰、袁静琪、田甜、俞涛、韩沛、黄旭、李志新
完成时间：2019年
项目规模：41.13平方公里

福建省永春县五里街镇西安村传统村落保护发展规划

    西安村位于福建省泉州市永春县，是"海上丝绸之路"的内地首站码头，历史上是内地和沿海商品流通的枢纽，是闽南地区重要的商贸集散中心，自古便流传着"无永不开市"的千年商贸历史，是闽南最早的商业市场。西安村是历史文化名村、传统村落，核心老街是省级历史文化街区。西安村项目规划范围内传统建筑脉络清晰、类型多样，街区保存完整程度较高，具有较高的历史文化价值。同时，村庄地处县城建设用地范围边缘，是村、城相对模糊且密切联系的典型城中村，既有保护的要求，也有发展的诉求。

    规划在以"保护优先"为总体原则的基础上，提出"三个保护"原则，即"保护物质遗存、保护民俗活动、保护业态活力"。规划拓展传统保护对象构成，由保护文化物质载体、保护文化活动两方面拓展至乡村自造血产业保护复兴，在保障原住民的根本利益、提升生活环境的基础上，进一步激发乡村活力，带动乡村发展，助推乡村复兴。同

修缮中的西安村老街

改造后的西安村

改造后的老街商铺

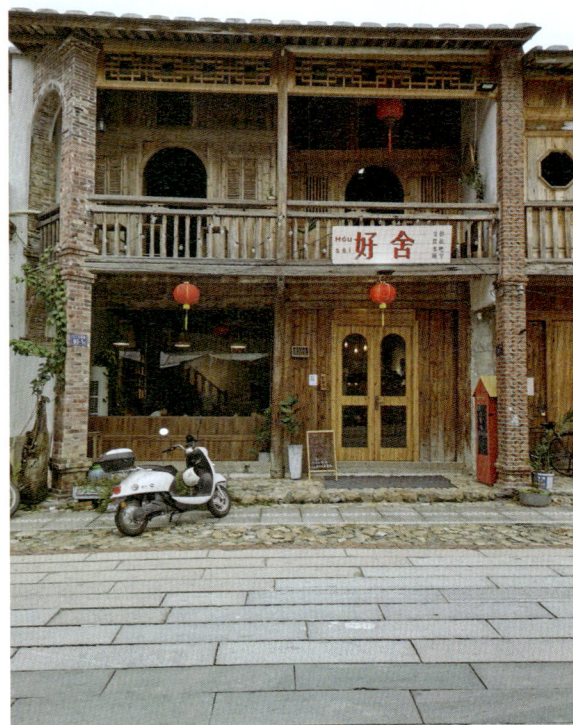

改造后的特色商店

时，规划深入挖掘村落突出问题与城市建设问题的内涵联系，理顺西安村与永春县在发展上的衔接关系。对整个村落业态布局进行规划，将历史建筑与城市功能有机结合，在原有建筑上赋予新的产业功能。创造新的就业岗位，吸引人口、社会资源向古村回流，提升自造血能力。探索城中村建设助推城市更新的建设新模式，以及城乡统筹发展的新路径。

规划过程中，项目组在保护设计和设施工作中做到"上传下达"，指导建筑修缮的同时，将意见反馈至规划编制中。与村落内的原住民、本土工匠和行政主管部门进行多次组织交流，充分发挥农民主体作用，以互动式参与的方式，引导村民、社会和政府形成合力，充分调动农民建设家园的积极性，增强家园的认同感和自豪感。

随着泉州市入选世界文化遗产，在保护规划引领、陪伴式设计及地方工匠和村民的共同参与下，西安村已完成保护修缮，传统业态逐渐培育和修复，古色古香的村落正逐步繁荣复兴。

沿街249栋传统骑楼风格的建筑基本完成修复，沉浸式体验展览馆及停车场已完成建设。各类特色商铺、特色文创、特色主题场馆、特色小吃等意向入驻的商家已登记200多家。名人工作室、农副产品网络直播间及文创驿站正在收尾阶段，即将投入使用。新文创、新活动正在抖音、快手等现代社交平台上快速推广，赢得越来越多人的喜爱。

设计单位：中国建筑设计研究院有限公司

设计人员：高朝暄、单彦名、田家兴、郝静、宋文杰、韩沛、高雅、俞涛、李志新、袁静琪、田靓、何子怡

完成时间：2017年

项目规模：55.2公顷

获得奖项：第七届新加坡规划师协会卓越设计奖

湖北省钟祥市石牌古镇保护、整治与建设规划

　　湖北省钟祥市石牌镇是中国历史文化名镇，国家级历史文化名城钟祥的重要组成部分。古镇历史悠久，毗邻汉江，建制历史达到 2000 多年，为钟祥市四大古镇之首，素有"小汉口"之称。其核心保护区面积 10.5 公顷，现存各级文物保护单位 45 处，明清民居建筑 100 多处。自 2013 年起，石牌镇陆续投入资金对核心区文物保护单位、历史建筑、历史文化街巷、传统景观风貌等进行修缮提升，同时，结合豆腐制作等传统工艺进行古镇产业活化。

　　整体保护、有机更新，创造富有地方情感的古镇整体风貌。从整体出发，保护古镇整体格局，既保护和传承有形的历史文化遗产，又要继承和弘扬无形的优秀传统文化，使之相互依存、相互烘托，共同反映古镇的历史积淀。

古镇山街效果图

古镇鸟瞰图

山水青古街此
丝丝滦江晚钱楼
元地勒古钱务
秀美石牌岛风沉
滦江的城毛走迫个头的水埠话
伛陀的滦剧唱著街话的古钱楼
小巷此此
一把爱圭子张心然
怀据祖光的手势写名刘州
水墨石牌,展午的蛮和
风情小彼,四圣铭政
水墨石牌,景别的水袖
千车古氏,莉莉的曹氷

保护为本、发展为翼，焕发古镇生命活力。规划以保护为基础，注重历史文化名镇传统文化资源的挖掘和研究，处理保护、利用、发展之间的关系。科学控制古镇整体格局、升级历史街巷、修复重要建筑。在整体保护的基础上，加入文化旅游策划项目，改善整体景观，改造基础设施，实现可持续发展目标。

回味历史、功能织补，用现代的设计语汇诠释传统的古镇生活。在规划设计中以古镇文化空间、景观空间、特色建筑为设计原点，以历史文化街巷空间为主脉，根据历史文化遗产的具体保护要求和目前实际情况，对历史地段与空间的功能进行整合与织补，用现代的设计语汇诠释传统的古镇生活方式。

从整体规划到单体设计，具有较强可实施性。石牌古镇规划内容覆盖保护规划、人居环境设计以及建筑单体修缮等多层次，保护规划定大局、控方向、促产业，街巷整治控风貌、提环境、改设施，建筑单体修缮重保护、重实施、重体验，形成一套思维严密、实施可视成果，多年来已经指导古镇保护和建设工作有序有效开展，石牌古镇保护和发展成效已经显现。

设计单位：中国建筑设计研究院有限公司

设计人员：单彦名、赵亮、冯新刚、田家兴、袁静琪、刘娟、高朝暄、何子怡、田靓

完成时间：2013 年

项目规模：25 平方公里

重庆市龙兴镇历史文化名镇保护规划

龙兴古镇位于两江新区东北部的龙盛片区核心区，元末明初始建，在清代是江北厅有名的"旱码头"，自渝入陕的第一个驿站。龙兴古镇是第二批中国历史文化名镇，国家 AAA 级旅游景区；近年被评为重庆最美古镇、重庆十大魅力小城镇等荣誉。

规划构思

以人民为中心，统筹古镇历史保护与人居环境改善；
以传承为目标，促进城镇文化产业融合与活态利用；
以实施为根本，注重规划多规合一与动态实施监管。

创新与特色

（1）强化镇域整体保护，构建"全域化、全要素"保护管控体系。以"保护优先，应保尽保"为基本原则，树立全域保护的总体思想，构建多层次保护体系，对镇域范围

街巷风貌效果图

整体鸟瞰效果图

内的山水林田等自然山水格局、各类历史文化资源以及非物质文化遗产实行"全域化、全要素"的系统保护，通过精准的保护区域划定和适宜的保护管控措施，严控"底线"，延续古镇整体格局与历史风貌。

（2）强化历史文脉传承，探索城镇多维协同的文化传承策略路径。规划充分遵循古镇历史职能演变、空间格局特征以及地域民俗文化等历史文脉，从城镇融合发展的视角，探索文化产业、格局风貌、运营管理等城镇多维度文化传承协同策略路径。

（3）强化城镇有机更新，营造"区域—街区—节点"特色触媒空间。规划以有机更新理论为指导，通过"微更新"的介入手法，营造"区域—街区—节点"特色触媒空间，激发城镇文化活力。在区域层面打造"六个一"，共建龙兴文化 IP，拓展城镇文化产业功能。

（4）强化规划落地实施，建立"三图五表一台账"资源监管清单。为增强规划的可操作性，做到"管用、好用、实用"，规划建立"三图五表一台账"资源监管清单库，实现古镇历史文化资源监管有档案、保护有指引、建设有计划，切实保护传承古镇各类历史文化资源本体及整体格局风貌，为古镇动态监管和长效评估奠定坚实基础。

设计单位：中国建筑设计研究院有限公司

设计人员：单彦名、田家兴、黄旭、郝静、孙雪婷、冯新刚、朱冀宇、邹昕争、李嘉琦、韩沛、何子怡、李志新、田靓、俞涛、宋文杰

完成时间：2021 年

项目规模：镇域面积 112.1 平方公里，镇区保护范围 74.09 公顷

四川省自贡市三多寨镇历史文化名镇保护规划

三多寨为防御型聚居聚落，随着历史变迁，兼具了城镇服务职能，成为独特的"城寨型"古镇。寨内建筑包括民居、庙宇、工业遗迹等类型，风貌多样。其中，私家大院多为盐商大宅，以"堂"命名，数量众多，鼎盛时达 100 余处，现大多数被拆除或改建，尚存仅有十余座风貌较好、结构较完整的盐商大宅和院落。寨门寨墙是三多寨重要的历史文化资源。为有效、可持续地保护三多寨镇的历史文化遗产，保护并延续古镇的传统格局和历史风貌，特编制此保护规划。同时，在保护的基础上，结合居民需求，对其发展利用提出设想，引导三多寨镇的良性发展。项目是为有效、可持续地保护三多寨镇的历史文化遗产，保护并延续古镇的传统格局和历史风貌，使三多寨镇的优秀传统文化得以保存和发扬，在保护历史文化资源的前提下，改善古镇区居民的生活环境，提高其生活质量。

规划理念

在历史文化资源保护层面，保护三多寨镇真实的历史文化遗存，保护历史区驿路商业特色风貌，延续传统驿路商业型村镇布局体系和生活习俗文化，用特色历史文化

总平面图

大美乡村规划建设
Beautiful Rural Areas of China: Planning and Construction

古镇鸟瞰图

盐商大宅建筑群

盐商大宅修缮复原效果图

资源讲好中国故事。在成渝一体化发展层面，三多寨镇应适应自贡市、大安区总体发展，协调保护与发展的关系，挖掘文化资源价值，打造"川南第一寨堡"旅游形象，满足古镇发展和居民生活需求，形成以生活居住、旅游观光体验为主要职能，集中体现川南地域文化、寨堡特色为主要内涵的历史文化镇区。

创新方法

规划通过挖掘盐商文化的鲜活性，保护自然环境，构建盐商文化展示体系核心载体、自贡市盐都文化重要节点、山水为防寨堡型聚落的实物的展示定位。通过加强古镇保护、提升人居环境品质，结合整体功能布局和传统建筑的产权性质对闲置房屋进行有效保护利用。改善交通、完善三多寨寨堡的展示利用设计，恢复东南步行街的商业氛围，利用盐商大宅展示盐商文化，利用保光漏棚展示工业遗存，水塘清淤联通等，结合拆除更新类建筑进行环境营造，提升三多寨整体人居环境品质。结合三多寨镇未来旅游发展需要，三多寨镇域范围内整体营造文化景观，重点营建核心区历史人文景观，统筹梨园春雪和三多寨八景等自然景观，打造集自然与人文为一体的综合型特色历史文化景观区。

设计单位：中国建筑设计研究院有限公司

设计人员：高朝暄、何子怡、俞涛、高雅、李志新、韩沛、刘闯、田家兴、田靓、郝静

完成时间：2020 年

项目规模：40.82 平方公里；重点研究范围为三多寨寨堡范围，以外寨墙为边界，面积约 72 公顷

贵州省黔东南州大利村保护与发展规划

大利村位于贵州省黔东南，村寨入选联合国教科文组织世界文化遗产预备名单"侗族村寨"的构成单元之一，被公布为中国历史文化名村和中国传统村落。规划以文化遗产保护为基础，以改善村民生活为切入点，采用"微介入"的方式提升村民生活舒适度，将可持续发展设计理念落入实处，派驻设计师长期驻村跟踪指导，建立与村民"共同缔造"的实施模式，使村落保护发展更具有可操作性。

（1）规划将侗族生活方式与自然生态保护结合，将村落及与其相关的传统景观和资源等价值载体加以整体保护。同时，与村民扶贫规划相结合，充分利用村域生态资源，积极发展产业。

（2）采用"微介入"的方法，改善村民必要的基础设施和生活服务设施，提高村民的文化自觉和自信，延续融通历史和当下的活态乡村生活。

（3）采用村民容易掌握且简单有效又经济的设计施工方案，在不改变传统民居结构与外观的同时，显著提高生活质量。以试点户为全村做出示范，激发村落良性更新发展的内在动力。

（4）以户为单位在全村推广卫生间改造项目，从而实现每户家庭都能够拥有一个经济实用型独立卫生间，方便如厕和淋浴，提高家庭卫生条件。

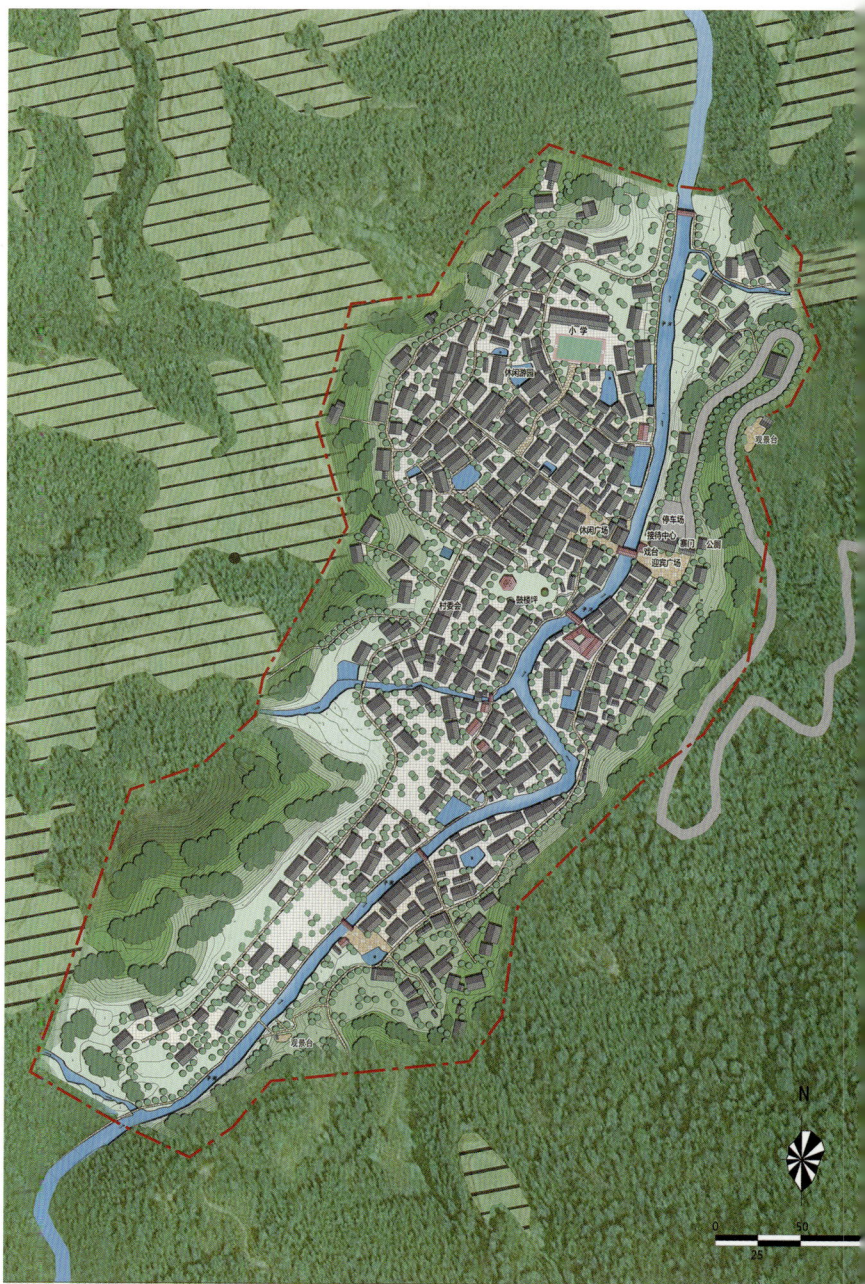

总平面图

大美乡村规划建设
Beautiful Rural Areas of China: Planning and Construction

萨坛与鼓楼

利洞溪与古道

粮仓、池塘与古井

花坛与民居

设计单位：中国建筑设计研究院有限公司

设计人员：王力军、单彦名、高朝暄、袁守愚、韩博雅、李志新、赵亮、
俞涛、高雅、田靓、韩沛、郝静

完成时间：2015 年

项目规模：5.87 平方公里

获得奖项：第五届新加坡规划师协会城市规划金奖

大美乡村规划建设
Beautiful Rural Areas of China: Planning and Construction

西藏自治区工布江达县错高村传统村落保护发展规划

错高村位于西藏林芝地区工布江达县错高境内，藏语"错高"意为湖的上方，错高村正位于巴松措湖东北端的湖头处，扎拉沟的末端，是仲错和扎拉沟景区的必经之路。错高村距今已有 500 多年的历史，完整保留了工布地区文化习俗。2013 年错高村入选第一批中国传统村落，2014 年入选第六批中国历史文化名村。

经过前期的深入调查和分析，将错高村内最具有价值特色的内容分类总结为自然环境、传统格局和整体风貌、传统民居建筑、非物质文化遗产四大类，分析每一类资源特色并具体到保护对象，形成完整的保护体系。

错高村村落环境十分优美，三面环山、一面临水的村落整体格局和顺应地势、自然有机的民居建筑肌理形成了保存完整、文化延续的工布古村风貌。由于气候环境与资源等因素影响，错高村内传统民居与拉萨、山南等地区藏式建筑差异较大，在屋顶和结构、民居外墙做法和居住生活习俗等方面有很强的地方特色。传统的藏民具有对山水崇拜的习俗，错高村本身的自然生态环境得以保护。

经过对村落周边地形高程、村落空间格局和特征、人居环境和基础设施的分析，规

总平面图

村落整体鸟瞰图

划将错高村周边环境划分为禁止建设、限制建设和适宜建设三个区域，形成了尊重村落周边环境，保护村落资源和文化的空间管制规划。在空间管制的基础上，规划以保护特色资源为主，根据错高村资源分布的具体情况，将村落及有重要视觉、文化关联的传统资源分布区域划分为核心保护区、建设控制区、宗教场所保护区、湿地自然景观保护区、自然灌木林和传统农牧景观保护区 5 个保护区。同时，设计了主要机动车、次要机动车、村落步行三层道路及两侧景观体系建设。

调研总结村落中面临最大的问题是传统民居建筑的修缮使用以及村落面临旅游发展协调保护与开发的矛盾。保护规划针对不同类型的传统民居给出不同的保护修缮措施，以适应村民生活需求，保护传统风貌。在保护利用方面，保护规划坚持保留村落为原住村民的生活区，利用村内部分老宅改造作为旅游服务设施，以村民为主体开发自家民居为乡村民宿客栈，实现村落的活态保护与发展。

设计单位：中国建筑设计研究院有限公司

设计人员：李志新、高朝暄、赵亮、袁静琪

完成时间：2015 年

项目规模：村域面积 30 平方公里

获得奖项：2015 年度全国优秀城乡规划设计奖（村镇规划类）二等奖

大美乡村规划建设
Beautiful Rural Areas of China: Planning and Construction

整体结构分析图

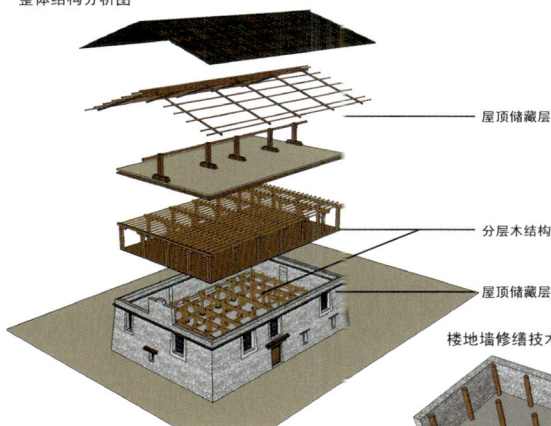

屋顶改造技术示意

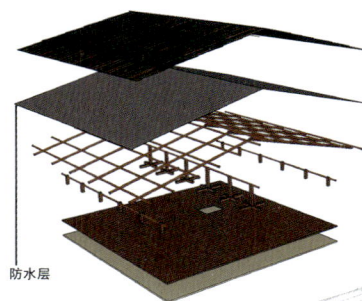

屋顶储藏层

分层木结构

屋顶储藏层

防水层

楼地墙修缮技术示意

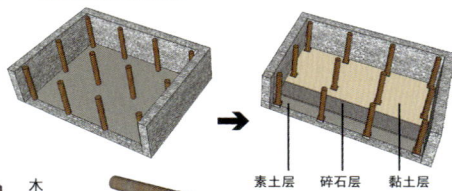

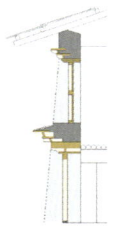

素土层　碎石层　黏土层

门窗修缮方案示意

木结构修缮方案

墙体修缮技术示意

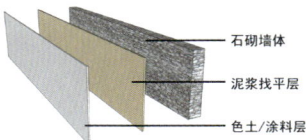

石砌墙体

泥浆找平层

色土/涂料层

整体石砌类建筑

传统民居建筑改造方式示意图

07 脱贫攻坚与灾后重建

中国建科于 2001 年开始帮扶甘肃省陇西县，2015 年确定为中央单位定点帮扶机构。近年来，中国建科始终紧紧围绕习近平总书记关于扶贫攻坚"精准扶贫""两不愁三保障"的指示要求，全面落实省市关于定点扶贫的有关工作要求，以改善贫困群众生产生活条件和增加贫困户收入为目标，帮扶甘肃、青海、湖北等多个地区完成脱贫攻坚任务，切实履行定点扶贫责任，使命在怀、重任在肩，凝心聚力攻克一个又一个堡垒。

每逢重大自然灾害发生，中国建科及所属企业快速响应，迅速行动，牢记规划职责，密切关注灾情，把投身抗震救灾、支持恢复重建作为最核心、最重要、最紧迫的任务，第一时间组织精锐力量开赴灾区一线，全力以赴开展灾后重建规划技术服务，参与灾后恢复。

大美乡村规划建设
Beautiful Rural Areas of China: Planning and Construction

中国建设科技集团脱贫攻坚帮扶工作

汶川地震灾后重建

青海玉树地震灾后重建

北京市房山区黄山店村永久避险安置房及"红色背篓"精神传承教育基地规划设计

河北省保定市涞水县百里峡入口景观规划设计

河南省新乡市红旗区灾后恢复重建总体规划

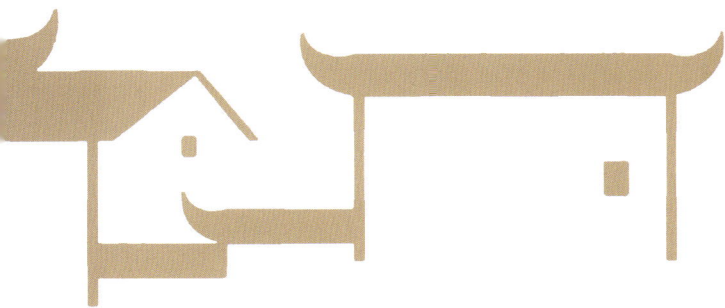

中国建设科技集团脱贫攻坚帮扶工作

多年以来，中国建设科技集团（以下简称"中国建科"）认真贯彻习近平总书记关于打赢脱贫攻坚战的重要指示精神和党中央、国务院决策部署，全面落实省市关于定点扶贫的有关工作要求，以改善贫困群众生产生活条件和增加贫困户收入为目标，切实履行定点扶贫责任，真金白银，真帮实扶。中国建科于 2001 年开始帮扶甘肃省陇西县，2015 年被确定为中央单位定点帮扶机构，聚焦陇西县脱贫短板问题和深度贫困群体，全力助推攻坚拔寨，进一步推动定点扶贫项目和扶贫资金向深度贫困聚集，精准建档立卡贫困户"一户一策"，全面推动扶贫各项目标任务有效落实。2017 年以来，共对接落实定点扶贫资金 3000 余万元，实施各类扶贫项目 39 个，受益建档立卡贫困户 2.43 万户 9.17 万人。具体工作中，主要做到了以下七个方面。

一是领导高度重视，深化对接交流。中国建科始终把定点扶贫陇西县工作列入重要议事日程，成立帮扶工作机构，建立健全由主要领导亲自研究制定帮扶计划，分管领导和派驻干部具体负责推进实施项目，乡镇和部门全力配合，一级抓一级、层层抓落实的长效机制，加强沟通衔接，共同谋划推进。2017 年以来，中国建科原党委书记、董事长修龙和新任党委书记、董事长文兵等集团主要领导和集团其他班子成员以及下属公司主要负责人先后到陇西县开展实地调研指导 11 次，并召开定点扶贫工作座谈会议 6 次，共同谋划对接定点扶贫事宜，签订了《定点扶贫意向书》，为做好定点扶贫工作提供了坚强组织保障。陇西县委、县政府主要负责同志和其他县级领导先后 5 次带队考察中国建科对接中央定点扶贫工作。

二是精准选派干部，加强衔接落实。几年来，通过"请进来、派出去"相结合的方式，中国建科先后向陇西县选派优秀干部 2 人挂职担任副县长职务，并主抓定点扶贫和协助分管扶贫工作，进一步加强与集团总部的衔接沟通，督促落实定点帮扶各项工作任务落到实处；先后选派 3 人挂职驻村帮扶工作队长（第一书记），谋思路、找出路，协调落实精准扶贫各项政策，积极衔接争取社会帮扶资源，帮助完善基础设施建设，培育致富增收产业，加快脱贫攻坚步伐。同时，陇西县有 2 名干部被选派到中国建科进行挂职锻炼。

三是加大资金支持，扶贫成效显著。2017 年以来，中国建科持续加大对陇西县定点扶贫的资金投入力度，共安排投入定点扶贫资金 3108 万元，其中 2017 年 40 万元、2018 年 808 万元、2019 年 1080 万元、2020 年 1180 万元。结合陇西全县脱贫攻坚实际，资金主要用于贫困村和贫困户富民产业培育和村级集体经济发展等方面，重点向深度贫困乡村倾斜。

四是强化督促指导，共同谋划推进。2017 年以来，中国建科领导带领调研考察团到陇西县调研对接和督促指导脱贫攻坚工作，先后深入到巩昌、首阳、菜子、和平等全县 15 个乡镇的贫困村和贫困户，实地调研指导全县到户产业培育、食用菌产业、光伏扶贫、乡村治理和城市建设规划等项目，并召开工作座谈会，为定点扶贫工作明确了方向和目标任务。中国建科先后派遣下属公司主要领导和集团高级专家 4 次到陇西县专项调研指导农村人居环境整治和城市规划建设等工作，进一步提升陇西县农村人居环境整治以及城市规划建设能力。

五是发挥职能优势，强化人才培训。中国建科在积极筹措资金帮扶的基础上，充分发挥职能优势，加强对陇西县基层党政干部和农村实用人才的培训指导。2017 年以来，先后选派高级专业人员到陇西县专项调研农村人居环境整治等工作，依托中国建科在房屋设计和建造技术研究方面的优势，通过有针对性调研陇西的乡镇和村庄的发展现状，提出有实效的意见和建议，同时为陇西农村污水处理、农村住房建设提供高质量服务，先后培训农村实用技术人员 70 多人。持续加强对陇西县基层干部和专业技术人员的培训，2018—2020 年累计培训 950 人次，进一步提升陇西县基层干部和专业技术人员的工作能力和水平。加强对陇西县城镇规划建设和实施乡村振兴战略的调研和指导，对《陇西县首阳镇控制性详细规划》和《陇西县巩昌镇河那坡村村庄规划试点》等规划提供技术支持，有效推进了编制进度，为陇西县城镇建设和乡村振兴发展贡献力量。

六是加大消费扶贫，促进群众增收。中国建科公司积极参与陇西县"消费扶贫"行动，建立了长期定向采购合作机制和直供直销的产销对接关系，依托集团资源优势、区位优势，采取"以购代销""以买代帮"、联系电商平台推荐、引导"农"字号企业订单收购、"抖音"直播带货等方式，购买和帮助销售陇西县食用菌、马铃薯制品、中药材及农特产品，拓宽陇西农产品销售渠道，促进产业发展壮大和群众增收致富。中国建科及下属公司先后购买陇西县农特产品价值 280 万元、帮助销售农特产品价值 235.5 万元，带动 1690 多名贫困人口增收。

七是助推健康扶贫，拓宽就医新渠道。为有效巩固脱贫成果，防止贫困群众"因病致贫""因病返贫"，2019 年经中国建科衔接，依托尤迈健康扶贫项目，促成陇西县与北京尤迈慈善基金会达成健康扶贫协作，实施"尤迈健康扶贫"公益项目，使陇西县贫困大病患者不出县就可在县二院免费申请协和专家远程会诊，有效解决城乡居民"看病难、看病贵"的问题。

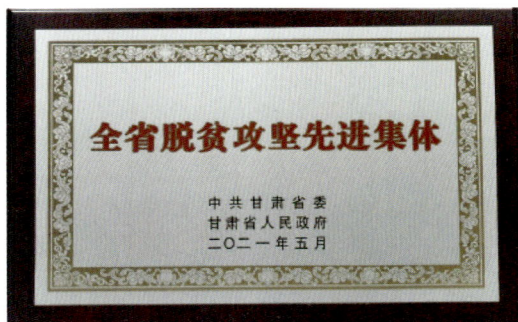

随着我国脱贫攻坚任务取得全面胜利，进入全面实施乡村振兴战略阶段，中国建科会继续认真贯彻落实党中央、国务院对深化东西部协作和定点帮扶工作重要指示精神，坚持把巩固拓展脱贫成果作为全面推进乡村振兴的首要任务，严格落实"四个不摘"要求，积极加强与陇西县的对接衔接，进一步做好定点帮扶资金支持、产业就业帮扶、乡村规划等工作计划，狠抓帮扶项目实施，突出重点领域交流合作，推动帮扶工作取得更大成效，为陇西县巩固拓展脱贫攻坚成果有效衔接乡村振兴提供有力支持。

其他省区脱贫攻坚帮扶工作

中国建科所属中国院、华北院、城建院、标准院、咨询公司、信息院等各企业除承担定点扶贫工作以外，积极发挥专业优势，开展技术扶贫，承担全国其他省区的脱贫攻坚项目和工作任务。例如：江西省赣州革命老区的中小学校、四川省凉山州安宁河谷规划、凉山州东山国际旅游度假区基础设施配套及综合开发项目、云南省怒江地区项

云田镇安家咀香菇菌棒

黄芪种植户喜获丰收

云田镇祥瑞食用菌产业园区香菇大棚

菜子镇中川村香菇大棚

碧岩镇黄芩收获晾晒

大美乡村规划建设
Beautiful Rural Areas of China: Planning and Construction

巩昌镇崖湾村第一书记包洪涛在农户家帮助收款冬花

首阳镇禄家门村路面硬化

文峰镇三十铺村董旺来家庭院硬化

渭阳乡三川村光伏扶贫示范点

消费扶贫

巩昌镇崖湾村 84 户整体易地扶贫搬迁

健康扶贫

目等。标准院为贵州省毕节市编制了民居标准图册，华北院对口帮扶天津市蓟州区东二营镇北高庄村，累计投入帮扶款项 220 余万元，用于村党群服务中心建设、乡村化粪池建造、路灯维修基础设施建设项目，带动乡村产业发展。

近几年，围绕改善城乡人居环境，住房和城乡建设部深入开展了"共同缔造"活动，使"共同缔造"活动与美丽城市、美丽乡村建设有机融合、统筹推进。中国建科充分利用在民用建筑、市政工程、城市建设规划与设计等各方面优势，帮助青海省开展脱贫攻坚与美丽宜居乡村共同缔造示范村建设，积极探索"共谋、共建、共管、共评、共享"乡村治理新模式，在保护现有生态环境和文化底蕴的基础上，彰显西部乡村历史文化特色；同时向青海省湟中县黑城村、大通县土关村分别捐款 50 万元。李克强总理曾于 2020 年 1 月到青海省黑城村考察，肯定了村庄脱贫攻坚、共同缔造工作，称赞道："湟中县是个好地方，黑城村是个古村落，一定要利用好资源促发展。"

汶川地震灾后重建

安置房设计

汶川地震发生后，中国建筑设计研究院积极相应党中央、国务院号召，迅速行动起来，牢记规划职责，密切关注灾情，把投身抗震救灾、支持恢复重建作为全院最核心最重要最紧迫的任务，在住房和城乡建设部的统一部署和安排下，在第一时间组织精锐力量开赴灾区一线，全力以赴开展灾后重建规划技术服务，参与灾后恢复重建农村建设专项规划研究制订，为伟大的抗震救灾、恢复重建斗争取得胜利作出了规划人应有的贡献。城镇规划设计研究院迅即组建成立了"抗震救灾专家组暨恢复重建规划工作组"，由主要领导挂帅，资深规划专家和骨干中青年规划师等精锐技术力量组成。工作组成立后，迅速集结，并着手收集灾后重建相关技术标准规范和极重灾区、重灾区地理信息等规划基础技术资料，并采购了一些野外帐篷、药品等生活必需用品，做好了驰援灾区一线，实地踏勘镇村房屋、基础设施、公共服务设施、生产设施受损情况及开展规划技术支持工作的所有准备。工作组先期派出的 8 位规划技术人员分三批飞赴都江堰重灾区，开展对 5 个镇，33 个安置点，关系 8 万名灾民过渡安置的 22000 间板房的选址规划设计工作。

中国建筑设计研究院被住房和城乡建设部指定为《汶川地震灾后恢复重建农村建设专项规划》编制工作组副组长单位，承担全程参与农村建设专项规划编制工作，深入重

现场办公

草图描绘

全员投入

讨论方案

灾区镇村实地踏勘灾情、调研重建条件，审查重灾区镇村重建规划基础资料，协助拟定灾区镇村恢复重建方案、研究恢复重建政策措施等工作任务。在接到此项光荣而艰巨的任务后，工作组又先后增派 10 余人次奔赴灾区加入农村建设专项规划编制工作组。在灾区主要工作由抗震抢险、过渡安置全面转入到恢复重建之后，先后承担起了科技部《震后安置房技术导则》、住房和城乡建设部村镇建设司《灾后重建农房技术导则》等农房重建规范标准的制订任务。自 2008 年 10 月起，又多次派出精干技术人员参加住房和城乡建设部组织的对灾区农房恢复重建进展、村

镇规划编制实施情况的检查，检查中对于个别村庄规划中存在的农民住房行列式布局、沿公路两侧带状分布、忽视农村景观特色等问题．在指出问题的同时有针对性地提出了整改建议，由检查组告知、督促地方有关部门采取措施给予及时修正。

在积极投身抗震救灾斗争中的同时，还积极组织干部职工发扬"一方有难，八方支援"的中华民族传统美德和社会主义协作精神，积极捐款捐物，以实际行动为地震灾区群众解困，为党和国家分忧。

青海玉树地震灾后重建

　　2010年，受住房和城乡建设部委派，冯新刚、高宜程、王浩、赵勇等人赴玉树地震灾区第一线支援灾后重建，出色完成了《玉树地震灾后恢复重建农牧区建设规划》《玉树地震灾后恢复重建城乡住房建设规划》《玉树地震灾后重建农牧民住房建设工作方案》等多项重大规划和其他相关工作，得到住建部领导和青海省厅领导的一致好评，住建部村镇建设司向中国建设科技集团发来感谢信表示感谢。

震后的结古镇

总平面图

设计单位：中国建设科技集团

完成时间：2010 年

项目中负责的内容：安置房设计、灾后重建规划

北京市房山区黄山店村永久避险安置房及"红色背篓"精神传承教育基地规划设计

2012 年 7 月 21 日，北京遭受特大暴雨侵袭，房山区受灾严重，特别是周口店镇黄山店村，造成了人员伤亡、房屋倒塌等重大损失。灾后，在区、镇政府的大力支持下，在距离老村 3000 米处的"大西坡"为百姓建设了永久避险安置房，安置受灾百姓。村委会在安置房新村建设了"红色背篓"精神传承教育基地，弘扬以王砚香为代表的共产党员"全心全意为人民服务"的"红色背篓"精神。

设计策略

（1）布局及功能。安置区的建筑依山就势、向东侧逐级跌落，错落有致，安置房坡屋顶的形式来源于对当地民居的坡顶变异重构，形成"错动"的双坡样式。"红色背篓"精神传承教育基地及村民服务配套设施沿河一字排开，建筑模拟石头的形状，不同的功能体块切削成单独的"石头"，石头与石头间通过院落分隔，一个清水混凝土材质的上人平台又将这些"石头"连成一体，与周围山景融为一体。

"红色背篓"精神传承教育基地

为了保留老村记忆，同时也为了保持村民的邻里交往习惯，安置房以六层以下的多层住宅为主，采用组团式布局，单元在平面上和竖向上都进行了错动，丰富了院落空间，紧密结合原地形，节约了土方量。

（2）材料和建造。建筑充分应用当地的建造材料和建造技术。黄山店村盛产石头，当地人有着丰富的砌筑石头技术。"红色背篓"精神传承教育基地外墙采用空心砌块 + 保温 +400MM 厚片石构成的"组合墙体"，安置房和教育基地屋顶采用了当地民居的屋面材料——石头片。

（3）适宜的生态节能技术。根据当地农村的实际情况和村民的生活习惯，主要采用太阳能集热系统和雨水收集系统。新村内的路灯、指示灯箱等公共设施也采用了太阳能作为基本动力。

示范意义

全村 1000 多人全部搬入新居后，卫生所、电影院、社区超市、多功能厅依次落成，不断丰富着村民的日常生活。"观看红色背篓电影，重走红色革命之路"——"红色背篓"精神传承教育基地成为北京及周边地区党政机关、国有企业等单位的党员进行红色教育的重要阵地。原有的老村经过近几年的精心改造，成为集民宿、餐饮和工艺品制销为一体的乡村绿色旅游产业，同时打造坡峰岭红叶景区，每年迎接数以万计的游客，村民们参与到旅游接待与管理工作中，解决了就业和收入问题，黄山店村被国家评为"乡村振兴示范村"。

新村新貌

"红色背篓"精神传承教育基地内景

大美乡村规划建设
Beautiful Rural Areas of China: Planning and Construction

设计单位：中国建筑设计研究院有限公司

设计人员：吴斌、郑虎、邵守团、魏丽红、裴黎君、赵琪、杜皓、李力等

完成时间：2018 年

项目规模：6 万平方米

河北省保定市涞水县百里峡入口景观规划设计

野三坡景区地处北京市西部、河北省西北部，保定市涞水县境内，是房山世界地质公园的门户，是距北京最近的一处国家级风景名胜区，被称作"北京的后花园"。2012年7月21日，特大暴雨给野三坡景区带来重大损失，在政府和社会各界的关注下，灾后重建工作拭待启动。

规划思路

规划一方面对标类比了全国不同等级地质公园的案例做法，对客流及停车比例、入口形象、游客服务中心、景区标志等专题做了深入研究；另一方面对水系淹没做了专题分析，确保景区内建设按照 20 年一遇防洪指导线设防，村庄入口桥梁按照 50 年一遇标准修建。

鸟瞰图

总平面图

入口鸟瞰图

规划策略

规划提出了"生态"与"人文"两大主线，在结构上打造"一轴、一带、一广场"，一轴是南北向入景区主轴，一带是东西向滨水生态体验景观带，一广场是主题广场；在功能上，规划"浅滩、绿岛、五座园"。通过利用现状浅滩区，恢复植被种植，组织亲水娱乐休闲项目，利用湿地恢复种植群落，并规划了百草畔主题园、拒马河主题园、鱼谷洞主题园、龙门天关主题园、百里峡主题园五座主题游园作为重要景观节点。

规划亮点

规划围绕实操层面的四个关键问题，分别给予了解答并提出了具体对策。在入口引导方面，强化主轴视线通廊，利用广场疏导人流。在地域特色方面，打造五个特色主题景区来强化人文特色，通过提炼山地和农田的形态肌理，塑造大地艺术强化地理特色。在停车引流方面，详细计算客流及需求，分别设计不同停车区。在生态修复及乡土种植方面，在区段上游布置湿地体验区，并大量使用大地景观进行乡土种植。

设计单位：中国建筑设计研究院有限公司

设计人员：令晓峰、门博、刘贺、夏晶、刘星、于代宗、程珊

完成时间：2013 年

项目规模：26.55 公顷（房山世界地质公园—野三坡园区—百里峡）

河南省新乡市红旗区灾后恢复重建总体规划

　　2021 年 7 月 17 日至 23 日，新乡市遭遇强降雨天气，成为该市有气象记录以来特大暴雨影响范围最广的一次极端降水过程，各县区均受到不同程度的水灾影响。为深入贯彻习近平总书记、李克强总理关于防汛救灾和疫情防控工作重要指示精神，认真落实河南省省委、省政府对灾后恢复重建工作的部署和要求，新乡市迅速启动了全市、县（区）灾后恢复重建规划编制工作。中国建筑设计研究院配合新乡市规划设计研究院第一时间承接了红旗区的灾后恢复重建规划编制工作，为尽快恢复全区灾后生产生活秩序、保障全区居民生命财产安全、更好更快地完成灾后重建工作、提升城区防灾抗灾能力提供了技术保障。

　　规划深入贯彻落实国家、河南省、新乡市对灾后恢复重建的各项要求，近期紧抓恢复，以保民生、保经济、强社会为主要策略。远期聚焦提升，结合红旗区打造新乡"首善之区"的发展要求，着眼于提高城市应对灾害性事件的抵御、适应和恢复能力，以建设"韧性生态宜居城市"为目标，提出"空间韧性、生态韧性、设施韧性、经济韧性、组织韧性"五大要求，构筑智慧、韧性、宜居的城区典范，城市高质量发展引领区。

　　辖区范围内的乡村地区受灾相对严重，因此乡村地区的灾后恢复重建是规划的主要内容之一。规划提出，近期恢复受损产业，修复农田水利设施，将农业生产恢复和设施建设作为主要任务，尽力将灾害损失降低到最低程度。远期继续深入实施乡村振兴战

项目座谈现场

大美乡村规划建设
Beautiful Rural Areas of China: Planning and Construction

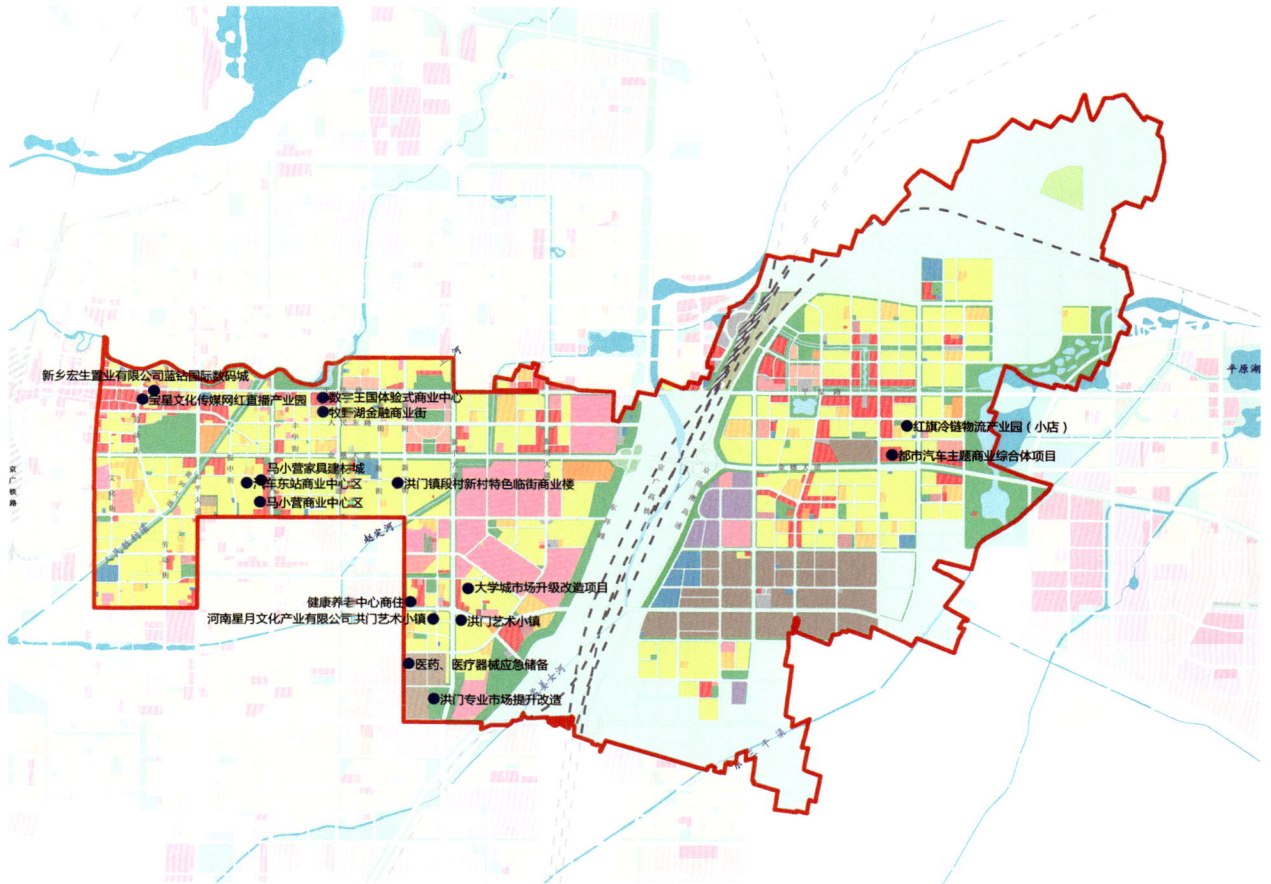

服务业项目布局图

略，提升农村基础设施，完善乡村公共服务设施，构建分级分类投入机制，积极推动城镇基础设施向农村延伸、公共服务向农村覆盖，推进城乡基础设施统一规划、建设和管护，推动城乡基本公共服务标准制度并轨。同时，实施乡村建设行动，在实施"千村示范、万村整治"工程基础上，努力建设一批生态宜居美丽乡村，推动实现农村环境更整洁、村庄更宜居、生态更优良、乡风更文明、生活更美好。

设计单位：中国建筑设计研究院有限公司、新乡市规划设计研究院

设计人员：赵科科、王誉莹、杨猛、李喆、任涛、卢小利

完成时间：2021 年

项目规模：76.96 平方公里

08 全过程咨询综合服务

　　中国建科在行业内致力推广以设计为主导的乡村建设全过程咨询、乡村建设 EPC 模式，并且已经在生态修复、环境整治、特色小镇等领域探索关键技术集成和"规划—设计—建设"实施全过程综合服务模式。"全过程工程咨询服务 + 设计施工总承包"（EPC）建设模式的优势在于在限额设计、限额施工以及限定时间内，最大限度地呈现乡村振兴建设成果，是乡村振兴精品示范项目的落地实施强有力的模式保障。

北京市大兴区长子营镇美丽乡村规划

雄安新区 9 号地块一区造林项目 EPC 总承包第一标段

福建省泉州市安溪县剑斗集镇迁建等工程规划设计咨询服务

湖北省宜昌市"长江经济带乡村绿色振兴先行区"综合示范申报咨询

广东省惠州市惠城区马安镇新楼村核心区建设全程服务

工程总承包在国际上是一种常用的模式，包括交钥匙（Turn-key）、设计＋施工（Design-Build）等方式，EPC（Engineering Procurement Construction）也是其中一种，即由业主把设计、采购、施工任务整体打包给一家企业，由其全权实施并对工程质量、工期、安全等全面负责，是目前国内开展总承包模式中较常见的一种。工程总承包自 20 世纪 80 年代起在国内广泛实践，相关部门先后出台了一系列政策措施，大力推动了工程总承包的发展，尤其在化工、纺织、冶金等专业性较强的行业普遍应用。近年来，随着市场的蓬勃发展和实践推广，EPC 模式已逐渐被大众熟悉和广泛接受，项目也更加丰富和多元化。2016 年 5 月，住建部出台《关于进一步推进工程总承包发展的若干意见》，强调推广工程总承包的意义，特别是对政府投资的项目应积极探索，发挥总包方的技术优势和管理经验，实现设计、采购、施工等各阶段工作深度融合，提高工程质量和技术水平，最终推动相关产业的升级发展。

"管理＋技术"模式就是 EPC 的两大核心内容。从该模式的项目实践中，在管理统筹下，以技术为抓手，将项目技术、经济、信息、人才等多维度融合和集约化管理，整合投资决策、勘察、规划、设计、采购、成本、合约、进度、质量、安全等业务领域资源和专业能力，在项目前期、实施期、收尾期、运维期，提供满足业主要求的全过程一体化的项目服务和过程管理控制服务，实现"进度、成本、质量、安全＋品质"的"4+1"项目目标。

从技术角度，前期方案设计阶段工作分工和推进，设计部门能够把全部精力放在做细做精方案设计工作上，管理部门能够发挥自身专业技术优势，协调好设计和甲方对设计质量和进度的要求，发挥总承包管理的对外公关协调的专业优势和管理作用。从施工阶段管理工作看，安全、进度、质量各项核心工作均是总承包管理部门的核心业务能力的体现，从专业性、全面性、系统性等各方面均要优于设计部门对施工阶段的项目管理。

从管理角度，项目的管理不仅是对设计和施工管理，还有进度、成本、投资分析、规划指标体系建议等多专业的综合管理及综合性的业务，如本项目需要对征地拆迁的模式进行经济性的分析，多整体项目经济指标平衡进行对应规划指标体系的建立，完成二年出成效三年大变样的进度目标和政府完成督办任务等的进度要求。总承包管理能够依靠多年积累的项目管理经验和已搭建的成熟的管理全业务专业团队，以规范化模式化的管理制度流程提供项目全专业全过程的管理。

EPC 项目实施模式在乡村建设中的优势如下：

长期以来，乡村地区都是国家关注的重点，在乡村振兴战略的指引下，政府进一步加大了精准扶贫和建设发展的支持力度，各地乡村建设项目大量增加，一些乡村项目开始尝试引入 EPC 模式建设。随着人才、资源、经验的积累，一些具备实力的设计机构率先在民用建筑、乡村地区进行了实践探索，逐渐打破了原来以"施工企业＋大型项目"为主导的常态。随着资质改革和建筑师负责制的推行，设计院作为我国工程勘察设计市场的建筑师载体平台，在 EPC 工程总承包项目中扮演至关重要的角色。采用 EPC 项目模式能够为政府及建设单位，第一，从设计源头把控成本，限价设计，从项目各个环节明确界限避免重复投资，切实节省投资；第二，由于EPC模式，由设计单位牵头，在设计阶段适时开展采购、施工等环节工作，能够合理有效缩短工期；第三，EPC模式是设计采购施工全过程负责，因此工程质量标准要求明确，责任清晰，工程质量更优，安全更有保证；第四，EPC模式是合理转移项目实施过程中的安全、合约、成本等大量实施风险，为建设单位解放精力减轻工作负担。

中国建设科技集团利用自身优秀的平台技术实力和雄厚的科研专家院士团队，尤其突出设计方面的尖端优势，系统进行集约化，突出设计主导并体现设计意图，能够实现EPC大于E+P+C，向专业技术和项目管理要效益。集团全资子公司——中国城市发展规划设计咨询有限公司，在全国范围内承担城乡建设领域咨询、设计及管理工作，是住建部批准的首批从事建设监理业务的试点单位。近年来，为落实乡村振兴战略，中国建设科技集团以咨询公司为龙头企业，在行业内致力推广以设计为主导的乡村建设全过程咨询、乡村建设EPC模式，并且已经在生态修复、环境整治、美丽乡村、特色小镇等领域探索关键技术集成和"规划—设计—建设"实施全过程综合服务模式。

企业技术成果——《全过程工程咨询工作指南》

第一章 总 则		
1.1 全过程咨询管理及技术现状		
1.2 项目全过程咨询政策及标准现状		
1.3 项目全过程咨询的模式及内容		
1.4 项目全过程咨询的发展趋势		
1.5 本书总论		
第二章 **投资决策阶段**		
2.1 工作要点（技术特点、管理要点）		
2.2《项目策划报告》大纲		
2.3《项目建议书》大纲		
2.4《项目可行性研究报告（含投资估算）》大纲		
2.5 章节案例		
第三章 **勘察设计阶段**		
3.1 工作要点（技术特点、管理要点）		
3.2《勘察、设计任务书》大纲		
3.3《勘测报告》大纲		
3.4《方案设计成果》大纲		
3.5《初步设计成果》大纲		
3.6《施工图设计成果》大纲		
3.7《专项设计成果》大纲		
3.8 设计案例及分析		
第四章 **招标采购阶段**		
4.1 工作要点（技术特点、管理要点）		
4.2《招标文件》大纲		
4.3《评标文件》		
4.4《中标文件》		
4.5《合约文件》		
4.6 章节案例		

第五章 施工及竣工阶段		
5.1 工作要点（技术特点、管理要点）（含成本控制）		
5.2 施工进场		
5.3 施工建造		
5.4 试运行		
5.5 竣工验收		
5.6 工程移交		
5.7 案例		
第六章 **运维阶段**		
6.1 工作要点（技术特点、管理要点）		
6.2 技术培训		
6.3 运行维护		
6.4 监控与管理（含绩效评估）		
6.5 拆除与回收		
6.6 章节案例		
第七章 **全过程咨询经典案例**		
7.1 公共建筑全过程咨询经典案例		
7.2 住宅建筑全过程咨询经典案例		
7.3 工业建筑全过程咨询经典案例		
7.4 其他建筑全过程咨询经典案例		
附录 **相关政策法规**		
附录一《北京市建筑师负责制试点指导意见》		
附录二《深圳市全过程工程咨询服务导则（征求意见稿）》		
附录三《全过程工程咨询服务费计费标准》		
附录四《建设项目全过程工程咨询服务》招标文件示范文本		
附录五《全过程工程咨询服务合同示范文本(征求意见稿)》		
附录六《建设项目工程总承包合同（示范文本）》		

编制单位：中国城市发展规划设计咨询有限公司

北京市大兴区长子营镇美丽乡村规划

　　2017 年，习近平总书记在党的十九大报告中指出，改善农村人居环境，建设美丽宜居乡村，是实施乡村振兴战略的一项重要任务。美丽乡村建设项目已经成为各级政府打赢扶贫攻坚战和生态环保攻坚战的重中之重。2018 年 2 月，中共北京市委办公厅、北京市人民政府办公厅印发《实施乡村振兴战略扎实推进美丽乡村建设专项行动计划（2018—2020 年)》，扎实推进北京市美丽乡村建设。中国城市建设研究院有限公司积极响应国家、北京市政府及大兴区政府要求，深入参与北京市美丽乡村建设，承接北京市大兴区长子营镇美丽乡村规划设计建设项目。

　　项目从 2017 年开始至今，工程总投资约 6.71 亿元，设计费约 2000 万元。涵盖了大兴区长子营镇 38 个村庄的村庄规划—可行性研究报告—施工图设计—后期服务的全过程设计咨询。

　　项目注重规划先行，从实际出发，坚持以问题、目标和效果为导向，落实北京城市总体规划提出的"两线三区"的市域空间分区管控要求，按照集中建设区、限制建设区

赤鲁万亩桃林

村庄鸟瞰

湿地公园

改造后的村庄道路

大美乡村规划建设
Beautiful Rural Areas of China: Planning and Construction

和生态控制区对村庄进行分类控制引导。为解决不同类型村庄的主要矛盾问题，制定针对性解决方案和阶段性工作任务。项目从解决群众反映最强烈的环境"脏乱差"入手，从改水改厕、村道硬化、污水治理等，到实施绿化亮化、村庄综合治理提升农村形象，再到完善公共服务设施、美丽乡村创建提升农村生活品质，先易后难，逐步延伸。

项目团队积极探索"美丽乡村共同缔造"模式，通过党员乡村责任规划师领衔，规划一支部、长子营镇政府、镇党委、基层村党支部、专业团队、村民以及社会力量的多方参与，构建了规划—设计—施工专业联合团队，规划师、工程师和施工人员进行驻村规划、现场设计、在地建设、在地运营、共同缔造。

为更好地发动基层党支部的力量，规划一支部先后与赤鲁村、东北台村和赵县营村3个村委签署基层党组织共建协议，力争使两个基层党支部实现业务、党建"双促进"。通过基层的力量推动乡村振兴工作，大胆探索创新，注意培育先进典型，发挥示范带动作用。在项目完成、团队撤出后，努力形成互带互动、优势互补、资源共享、共同发展的基层党建工作新格局。

2017年至今，项目团队不忘初心，用恒心、耐心、热心积极探索村庄建设模式，保证规划的完整延续性，提高报批项目各个委办局审查的效率，推进项目进度整体提前完成，促进建立村庄治理长效工作机制，村庄示范工程成效明显，积累了可贵的乡村振兴工作经验。

设计单位：中国城市建设研究院有限公司

设计人员：史纪、李坤、张曦、杨柳、宋文博、李远、赵明草、陈悦

完成时间：2021年

项目规模：项目涉及长子营镇38个村；工程总投资共6.71亿元

雄安新区 9 号地块一区造林项目 EPC 总承包第一标段

先植绿、后建城，是雄安新区建设的一个新理念。良好生态环境是雄安新区的重要价值体现。2019 年 1 月 16 日，习近平总书记在"千年秀林"大清河片林一区造林区域强调："'千年大计'，就要从'千年秀林'开始，努力接续展开蓝绿交织、人与自然和谐相处的优美画卷。"

2017 年 10 月 9 日收到该项目招标文件后，仅用 20 天时间分别完成了雄安新区 9 号地块五个标段的编写标书、递交标书等投标工作，并于 2017 年 11 月 7 日取得中标通知书。该项目作为雄安新区"第一标"，成为建设森林城市，实现蓝绿交织、清新明亮生态环境的重要举措；成为城市组团之间的重要生态缓冲区和生态福利空间共享区，形成以近自然林为主，景观游憩相结合的生态景观片林。项目是河北雄安新区宣布成立后首批公开招标的两个项目之一，中国城市发展规划设计咨询有限公司作为联合体牵头单位中标该项目第一标段，成功打响了雄安建设"第一枪"。

项目被雄安集团评为五个标段中苗木质量最好、施工质量最佳、反应速度最快。这是落实党的十九大"绿色生态、可持续发展"理念在建设一线的具体生动实践，标志着在全力支持和主动服务雄安新区规划建设的征程上迈出了坚实的一步。

项目景观图

设计单位：中国城市发展规划设计咨询有限公司

完成时间：2018 年

项目规模：1141.5 亩

大美乡村规划建设
Beautiful Rural Areas of China: Planning and Construction

福建省泉州市安溪县剑斗集镇迁建等工程规划设计咨询服务

　　泉州白濑水利枢纽工程是国务院加快推进建设的全国 172 项全局性、战略性节水供水重大水利工程之一。其建成后将成为泉州市最大的水库，填补了 3100 平方公里的西溪流域无控制性大型水利枢纽工程的空白。白濑水库将和山美水库作为泉州市"两肾"，从根本上解决泉州市中长期缺水问题。剑斗镇位于安溪县北部，距离泉州安溪县城 58 公里，由于老镇区位于淹没区内，因此需进行镇区搬迁安置。

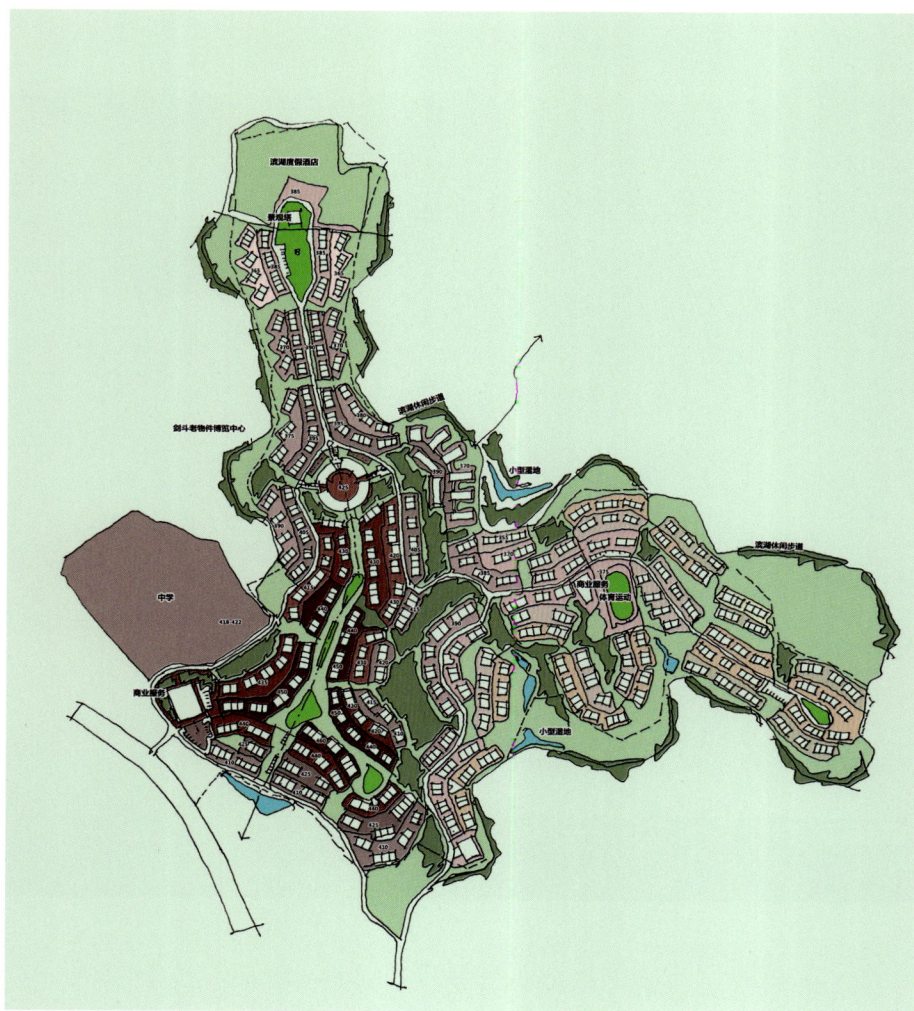

平面图

规划理念

遵循地脉：延续与保护自然生态本底，深入挖掘山水自然特色，处理好自然山水与城镇的关系，使山、水、城、人和谐共生。

识城号脉：发扬本土营城手法，根植于剑斗历史文脉，探索分析闽南传统营城手法，加以传承发扬。

营居绘脉：提炼和营造特色空间场所设计，在山丘、水脉、堰塘等山地自然地脉认知基础上，整合提炼多种差异化的特色场地单元，针对不同场地单元进行相应规划模式指引。

创新方法

在剑斗镇新镇区选取有代表性区域开展示范组团规划设计研究工作，梳理剑斗镇本土自然山水格局、地域文化、产业结构、建筑景观、安置诉求等多方面要素并进行总结凝练，把握剑斗文脉特征，为营造山地城镇风貌特色、重塑舒适宜人的人居环境等方面提供规划支撑，打造具有剑斗特色移民安置典范。

社会经济效益

坚守人居导向，即是以生态化理念推动城市设计，通过对自然要素价值、城市空间文脉两方面特色资源禀赋的解析提炼与继承植入，实现城市本土化的空间场所设计，结合山水旅游资源和大事件等赋予空间文化内涵，促进山地特色空间意向升华，实现生态优先理念，为城镇可持续发展奠定坚实的基础。

设计单位：中国建筑设计研究院有限公司

设计人员：赵文强、李霞、冯新刚、果耕、莫仁冬、王玮珩、周丹

完成时间：2021 年

项目规模：884.13 公顷

湖北省宜昌市"长江经济带乡村绿色振兴先行区"综合示范申报咨询

以习近平总书记为核心的党中央提出长江经济带发展战略,并作出"共抓大保护、不搞大开发"的历史性决断。习近平总书记在党的十九大报告指出,农业、农村、农民问题是关系国计民生的根本性问题,必须始终把解决好"三农"问题作为全党工作的重中之重,实施乡村振兴战略。2018 年中央一号文件提出,实施乡村振兴战略的实施意见和"产业兴旺、生态宜居、乡风文明、治理有效、生活富裕"的总体要求。同年 8 月,我国与亚洲开发银行签署《中华人民共和国国家发展和改革委员会财政部与亚洲开发银行关于支持中华人民共和国乡村振兴的谅解备忘录》,三方达成一致,2018 年至 2022 年,亚洲开发银行将会同其他发展伙伴筹集总额达 60 亿美元资金,用于支持我国实施乡村振兴战略。按照亚洲开发银行贷款项目申报程序,由各省市组织项目申报,地方政府编制规划文件上报国家发改委和财政部,择优纳入"利用亚行贷款项目库",入库即标志着项目成功立项。

为争取亚洲开发银行贷款支持乡村振兴建设,湖北省宜昌市于 2019 年 11 月委托中国城市建设研究院有限公司编制项目规划文件。编制团队对宜昌市农业发展、农村建设、长江生态建设等情况进行了实地调查和多方走访,全面梳理宜昌市乡村振兴战略实

宜都市三峡茶乡茶园

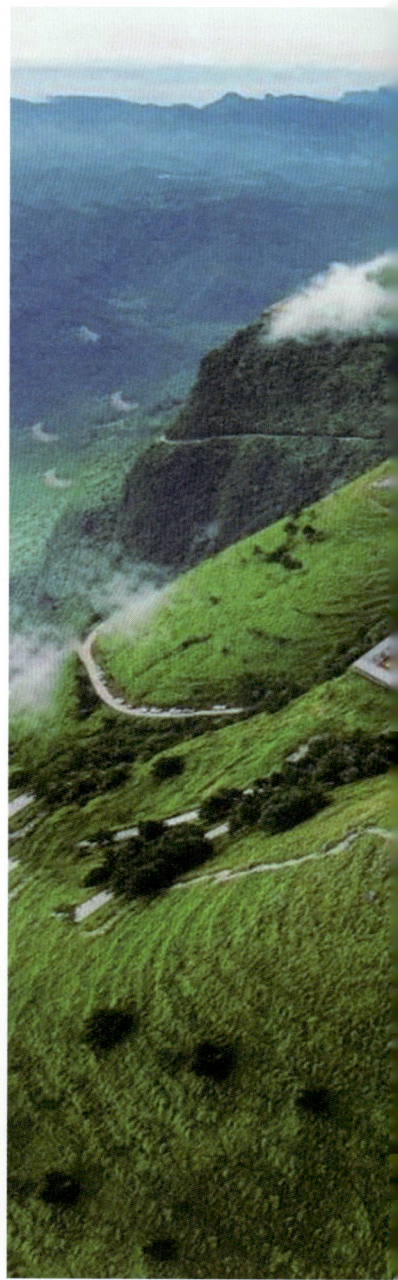

宜昌百里荒乡村振兴示范区

大美乡村规划建设
Beautiful Rural Areas of China: Planning and Construction

实景图一

实景图二

施存在的问题和需求，依托宜昌市农业产业优势，制定了宜昌市乡村振兴项目总体方案和工程方案，并对项目的环境及社会影响进行了深入评估，对宜昌市的财政支撑能力进行了评级，最终形成了规划文件。

　　项目经湖北省发改委和财政厅的审查，于 2020 年 4 月递交国家发改委和财政部，经国务院讨论后，从全国各省市申报项目中脱颖而出，成功入选我国利用亚洲开发银行贷款 2020—2022 年备选项目库，为宜昌市争取到 2 亿美元贷款，获得了亚洲开发银行的资金和技术支持。

设计单位：中国城市建设研究院有限公司

设计人员：史纪、李远、赵明草、李坤、宋文博、张曦、杨柳、陈悦

完成时间：2020 年

项目规模：总投资 70 亿元人民币

广东省惠州市惠城区马安镇新楼村核心区建设全程服务

新楼村地处粤港澳大湾区 深莞惠经济圈，处于广州、深圳"1小时交通圈"内，与周边区域联动性强。项目为新楼村量身定制乡村振兴之道，景观和建筑设计为新楼村美丽乡村建设形成旅游发展核心吸引力。

核心理念

（1）以风貌为形反映乡村生活美学、形成乡村外在吸引。

（2）以产业为本实现乡村升级，形成持续发展动力。

（3）以社区为核探索当代乡村复兴路径，创造乡野旅居休闲生活方式。

规划思考

遵循重生态、显特色、市场寻向、操作性强发展原则，挖掘新楼村独有资源，在环

廉政大食堂鸟瞰图

宗祠花巷效果图

宗祠花巷节点手绘图

大美乡村规划建设

Beautiful Rural Areas of China: Planning and Construction

境提升、村落风貌设计改造、交通道路设计等方面进行聚焦，形成村落独特吸引力和竞争力。

创新方法

保留不同时代建筑的基本风格，呈现跨越百年的历史发展脉络。以礼义廉耻的传统文化，引导世人回望入世（入仕）初心，享受乡村振兴下的一方心灵净土。

景观及建筑设计

入村道路：梳理现状入村道路，增加文化长廊、灌木、植被，结合现状保留大树及植物营造沿路景观。

爱莲池：作为村落核心传统景观空间，增加观景平台、廊桥，改造植物种植、铺装、栏杆等，提供共享游赏与休憩空间。

宗祠花巷：作为村落核心传统人文空间，利用铺装色彩突出中轴，打造村民公共生活中心、特色村落景观游憩空间、传统村落人文体验空间、休闲亲子业态运营空间。

廉政大食堂：拆除东侧临水面建筑，新建伸向水面的钢（木）结构滨水餐厅，使原本封闭的庭院向水塘开放。

同心庭与游客中心：延续原有布局，强化两栋建筑之间的庭院，承接乡村振兴对外交流功能，兼具农艺体验与电瓶车转换功能。

综合效益

2019 年 3 月惠城区计划打造 15 个生态宜居美丽乡村示范村，2020 年 4 月新楼村被惠城区评选为"生态宜居美丽示范村"。

设计单位：中国城市发展规划设计咨询有限公司
设计人员：冯巧玲、裴欣、黄滔、王秀晨、王冰洁、张江勇、王柳丹、何永平、杨雯琼
完成时间：2018 年
项目规模：旅游发展策划范围 1.19 平方公里；景观和建筑设计面积 14.4 公顷

下篇 科技创新与人才培养

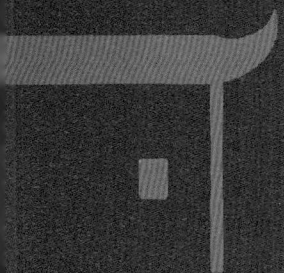

大美乡村科技创新

多年以来，中国建设科技集团（以下简称"中国建科"）承接了多项国家重大课题及省部级课题，每年投入大量研发资金支持行业技术标准、指南规范等基础成果研发。中国建科科研创新活动有力支撑了乡村规划建设技术创新和政策创新，在推动我国乡村特色化规划建设和高质量发展，乡村规划建设管理规范化、法制化发展等方面起到了重要支撑作用。

在规划研究方面，中国建科的科技研发内容涵盖国家级、省部级、集团和企业级等多层次课题研究，类别包括调查研究、行业标准规范与技术导则研究、国家和地方村镇规划建设管理政策研究等，内容涉及村镇规划编制、传统村落保护、农村人居环境整治、特色小（城）镇培育建设、美丽乡村建设等重点专业和特色领域。《小城镇特色规划编制指南》《121 个小城镇调查数据整理和应用》《小城镇居住、公共服务规划技术研究》《中国优美乡村示范县标准研究》《小城镇建筑与风貌规划技术研究》《传统村落保护示范村和示范区研究》《特色小镇规划与发展策略研究》等课题研究，有力支撑学科发展和行业技术进步。作为技术支撑单位，中国建科参与特色小城镇、农村人居环境整治、传统村落保护等方面一系列重要文件的研究起草工作；牵头组织编制《村庄规划标准》《镇规划标准（GB 50188）》《村庄整治技术规范（GB 50445）》等国家标准；协助地方编制了《安徽美好乡村规划建设》《北京市美丽乡村建设导则》《安徽省农村人居环境整治建设导则标准编制》等多项标准、导则等政策指导文件。

在设计研究方面，中国建科在乡村民居和公共建筑设计、农村危房改造设计、传统村落设计提升等方面承担多项省部级、地方和集团课题，包括《村镇文化中心建筑设计规范》《中小城镇城市设计关键技术研究》《农村危房改造设计案例研究》《唐山市新农村建设村庄与民居规划设计导则》《乡镇集贸市场规划设计标准》等。中国建科在乡村设计实践中持续总结研究，以研究支撑创新设计，总结出设计牵头的村镇建设项目"设计系统"，即采用"一体化设计"的方法，设计内容涵盖调研、策划、规划、建筑、景观、室内、标识等方面，使各要素之间产生相互关联，寻求多维度、灵活性的设计解决路径。

在工程技术研究方面，中国建科重点在乡村道路、垃圾治理、农房建设、传统建筑等方面攻坚关键技术，承担包括《农村能源自维持住宅关键技术集成研究与示范》《村镇住宅功能优化设计关键技术研究》《村镇宜居社区与小康住宅建设评价体系关键技术研究》《村庄生态化道路及院落硬化技术指南》《农村垃圾分类试点经验总结推广》《农村消除粪便暴露示范经验与技术方法总结》《北京地区农村基础设施配置标准研究》《传统古建聚落营建工艺传承、保护与利用技术集成与示范》等课题。

此外，中国建科创办专业期刊、出版科技著作，主办学术活动和会议交流，并协助相关部门进行乡村建设人才干部培训，进一步丰富了科技研发内容，扩大了科研成果的影响力。城镇规划院作为面向全国的村镇研究中心，创办《小城镇建设》杂志及公众号，成为广大村镇工作参与者进行政策解读、理论研究、成果分享、问题探讨、经验交流的平台，同时也是中国城市规划学会小城镇学委会和中国建筑学会小城镇建筑学会双会刊。

中国建科专业技术工作者在理论研究与工程实践的基础上，将关键技术与科研成果集成出版了一批专业科技著作，例如《说清小城镇》《小城镇特色规划编制指南》《乡土再造——乡村振兴实践与探索》等，为完善我国村镇规划建设领域的理论基础，填补专业空白起到了重要的作用。

凭借技术优势，中国建科不断扩大合作，主办或协办了乡村建设领域的学术活动和会议交流，包括联合同济大学共同举办2017年中国城市规划年会学术对话论坛"特色小镇走向何方"；与新华社中国经济信息社、商务部投资促进事务局联合发布《国家特色小城镇投资发展替力研究报告》；协助主管部委筹办"全国改善农村人居环境工作会议""全国特色小镇培育工作会""国家历史文化名镇名村审查会"，以及全国"三个100"美丽乡村示范评审等重要工作会议等。

中国建科的科研成果除直接用于政策法规、行政报告外，还用于专题研讨、干部培训等，提升广大乡村建设工作者的理论素养和专业技能——如城镇规划院长期为安徽、新疆等省（自治区）住建厅村镇建设管理培训班派出专家；中国建筑设计研究院人才培训中心多次承办乡村建设管理培训班，多次联合房地产协会、中国建筑学会、国家知识产权局、科技部农村中心等组织开展各类学术活动与培育交流，累计培训万余人次。

中国建科的科研成果有力推动行业发展，助力提升村镇规划水平，获得行业认可，多次荣获国内外奖项。《全国小城镇详细调查研究》获2017年度全国优秀城乡规划设计奖（村镇规划类）一等奖；《贵州省黔东南从江县占里村、榕江县大利村保护与发展规划》获新加坡规划师学会金奖；西浜村昆曲学社被评为全国优秀田园建筑"最佳建筑艺术创作实例"；祝甸砖窑改造被评为全国优秀田园建筑"最佳废旧建筑再利用实例"等。

01 重大课题

多年以来，中国建科承接了多项国家科技支撑计划重大课题，内容涉及村镇规划编制、传统村落保护、农村人居环境整治、村镇建筑材料应用等多个重点专业和特色领域。

大美乡村规划建设
Beautiful Rural Areas of China: Planning and Construction

村镇建设标准体系构建及实施保障技术研究

典型类型村镇规划编制实施技术研究与示范

村镇建筑材料应用系统的研究及相关技术文件

我国东中部地区村镇生活垃圾的产生及污染特性研究

密集型村镇生活垃圾处理与资源化利用技术及工程示范研究

宜居村镇设施配置技术研究与示范

村镇建设发展模式与技术路径研究

绿色宜居村镇建设模式与发展战略研究

乡村住宅优化设计与指标体系研究

村镇社区公共服务设施建设关键技术研究及示范

村镇建设标准体系构建及实施保障技术研究

"村镇建设标准体系构建及实施保障技术研究"（2012BAJ19B01）属于"十二五"国家科技支撑计划课题。由于经济社会发展的原因以及我国村镇建设管理的客观条件等，村镇建设标准体系一直处于缺失状态。针对我国村镇发展和建设过程中对标准的需求，研究村镇建设标准体系构建及实施保障技术，以保障我国村镇建设标准体系的规范科学构建和有效实施与运行，引导我国村镇的合理建设和正确发展。

课题研究形成了科学规范的村镇建设标准体系框架；建立了村镇建设标准体系、实施保障体系，建立体系实施效果的自我评价机制；制定了村镇建设标准实施评价标准。

（1）村镇建设标准体系的构建，推动了村镇建设标准科学、系统的发展，形成科学规范的村镇建设标准体系框架，用于指导各分支及专项体系的构建，从而推动了村镇建设标准体系的可持续发展。

（2）村镇建设标准体系保障机制建立，保障了村镇标准从立项到发布的全面有效实施，明确了村镇建设标准体系实施保障机制建设技术，对全面实施村镇标准提供了技术支撑。

（3）提出村镇领域建设标准科研成果的整合技术和村镇建设标准体系吸纳现有科研成果的评定方法，促进村镇建设标准体系能够吸纳现有科研成果。

（4）建立了村镇建设标准体系自我完善和自我评价的机制，改善村镇建设标准体系的实施效果，以实现村镇建设标准体系的动态调整和自我完善，保障村镇建设标准体系的系统性和全面性。

（5）规范了村镇建设标准实施绩效的管理，能够有效促进我国村镇建设标准实施绩

效管理的科学化和规范化，提升了村镇建设过程中的管理效率。

　　课题成果之一《村镇建设标准体系实施绩效评价研究》对于保障村镇建筑的质量与安全、降低村镇建设领域的能源消耗、保护村镇资源环境、提高村镇建筑应对自然灾害的能力、改善村镇居民的生活水平和生活质量等具有重要作用。体系的实施，全面提升了村镇建设水平，为国家培养输送了大批村镇建设领域的标准化人才，有力提高了政府宏观调控能力和公共服务水平，扎实推动社会主义新农村建设的有序、可持续发展，为建设社会主义和谐社会发挥重大作用，具有巨大的社会效益。

任务来源："十二五"国家科技支撑计划课题
承担单位：中国建筑标准设计研究院有限公司
主要参加人员：褚波

典型类型村镇规划编制实施技术研究与示范

　　"典型类型村镇规划编制技术研究与示范"（2014BAL04B02）是"十二五"国家科技支撑计划课题，目的主要为大力改善村镇人居环境，提升村镇综合承载功能，建设资源节约型和环境友好型社会；促进城乡统筹，实现建设"美丽乡村"和"宜居小镇"目标。研究以建设发展特征指标为主要依据，划分快速发展型、自然发展型、缓慢发展型村镇，同时考虑农村新型住区、灾后重建等特殊类型村镇的建设实际需求，针对不同类型村庄和镇建设中主要存在的问题，进行规划编制实施技术研究，提出不同类型村镇规划编制技术措施、标准、重点和方法等内容，建立规划编制实施技术体系，并以研究成果为技术依托进行应用示范。

　　主要科研成果包括：完成村庄建设发展类型划定、镇建设发展类型划定等4项关键技术；《快速发展型村庄规划编制技术措施（草案）》等8项技术措施；《快速发展型镇规划编制实施技术导则（草案）》等8项技术导则；形成典型类型村庄发展数据分析及动态模物监测，典型类型镇发展数据分析及动态模拟监测系统；典型类型村庄、镇建设发展评价指标体系等2项指标体系。

　　研究成果在规划项目实施过程中得到充分运用，达到了因地、因时、因发展状况对镇（乡）、村进行规划指导。成果推广后，在镇（乡）、村规划中能起到强有力的规范和指导作用，使镇村规划更具时效性，规划内容更具适应性，规划编制后在建设实施中更具指导性。

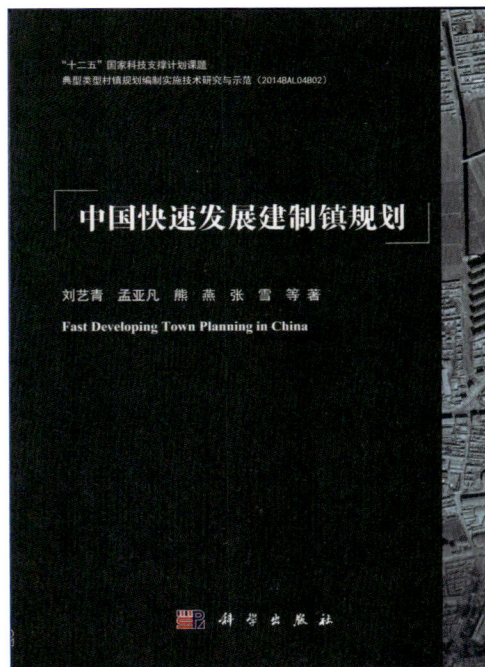

任务来源："十二五"国家科技支撑计划课题
承担单位：中国建筑设计研究院有限公司
主要参加人员：熊燕、白静、孟亚凡、张雪、冯新刚、王迎、李晓、刘雨佳、林山红、陈梦莉、陈玲、杨超

村镇建筑材料应用系统的研究及相关技术文件

"村镇建筑材料应用系统的研究及相关技术文件"（2012 BAJ20B04-05）属于"十二五"国家科技支撑计划支持子课题。通过熟悉村镇住宅保温承重砌体结构的研究成果和示范工程的技术应用情况，总结保温承重砌体结构设计方法，编制形成村镇住宅保温承重砌体结构构造图集初稿。

结合村镇建设发展需要，重点开展了村镇建筑用三板一柱轻钢结构体系、多功能烧结制品自承重自保温建筑体系、多功能建筑砌块自承重自保温结构体系、村镇建筑用加气混凝土配筋承重砌体保温体系和低成本防火自保温抗偿型房屋体系技术集成研究与应用示范，完成了村镇建筑材料发展战略及相关技术文件编制。

课题所取得的重大成果"三板一柱轻钢结构体系房屋的集成技术""烧结制品微孔造孔技术及多功能烧结制品自承重自保温建筑体系"和"新型 310 复合保温装饰建筑砌块及多功能建筑砌块自承重自保温结构体系"已实现规模化应用，取得了良好的经济社会效益，推广应用前景广阔。

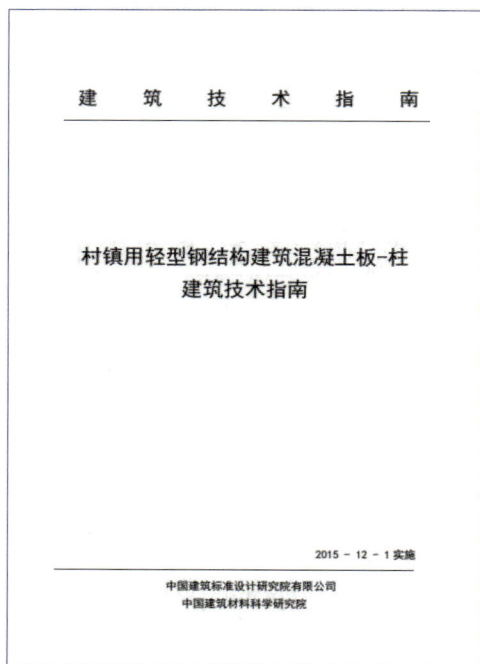

建 筑 技 术 指 南

村镇用轻型钢结构建筑混凝土板-柱
建筑技术指南

2015 - 12 - 1 实施

中国建筑标准设计研究院有限公司
中国建筑材料科学研究院

任务来源："十二五"国家科技支撑计划课题
承担单位：中国建筑标准设计研究院有限公司
主要参加人员：曹彬

我国东中部地区村镇生活垃圾的产生及污染特性研究

课题在我国东中部地区的北京市、山东省、河南省、安徽省、湖南省和广东省选取了 72 个典型村镇（其中，东部地区 36 个、中部地区 36 个）进行村镇生活垃圾现状调查。通过现场发放农户、村庄和乡镇三级调查问卷的方式开展了村镇生活垃圾管理现状的调研。通过系统总结上述调研资料、集中入户调查和补充调查结果，掌握了我国东中部地区村镇的经济水平、人口密度和自然环境条件等特征以及生活垃圾管理现状。

同时，针对我国东中部地区村镇在人口密度、经济水平和地理环境状况等方面的差异性，在我国东中部地区选取 24 个典型村镇（其中，东部地区 12 个村镇、中部地区

12 个村镇），开展了定期的村镇生活垃圾产生量、组成成分、理化特性等方面的调查研究。采样时间分别为 1 年中的春、夏、秋、冬 4 个季节。通过调查研究，掌握了我国东中部地区村镇在生活垃圾产生强度、组成及理化特性方面的特征。

通过系统总结村镇生活垃圾产生、组成、处理处置现状及污染特征等方面的研究结果，充分考虑我国村镇生活垃圾的产生特点与污染特性，结合不同区域村镇对于生活垃圾管理的需求，编制了《村镇生活垃圾监控技术指南（草案）》。

我国村镇生活垃圾产生量巨大，如 2015 年我国村镇生活垃圾产生量约为 1.7 亿吨。该课题实施促进了村镇生活垃圾处理和资源化利用技术支撑体系建设，有利于村镇生活垃圾处理和资源化利用产业的逐步形成，同时初步完善了我国村镇生活垃圾处理和资源化利用的技术模式，对控制村镇生活垃圾的污染风险，改善我国的村镇生态环境具有重要的意义。

任务来源："十二五"国家科技支撑计划课题
承担单位：中国城市建设研究院有限公司
主要参加人员：屈志云、聂小琴、黄丹丹、郭庆海、袁松

密集型村镇生活垃圾处理与资源化利用技术及工程示范研究

针对密集型村镇区域（人口密度大于 300 人／平方公里）生活垃圾属性特征，依据"生产发展、生活宽裕、乡风文明、村容整洁、管理民主"社会主义新农村建设的总体要求和"全面无害化、充分资源化、适度规模化、经济合理化"的生活垃圾处理原则，开发了可降解垃圾与特征性农业废物生物转化利用、不可降解垃圾燃料利用和无害化技术及关键设备，集成了 2—3 条覆盖可降解和不可降解类别垃圾处理和资源利用的技术

路线；并通过示范运行，形成了密集型村镇生活垃圾前端分流、资源化和无害化处理技术指南与示范样板。为社会主义新农村的环境建设提供技术支撑。

（1）开发了高效低耗的可降解垃圾与农业等干式厌氧发酵技术及沼气软性膜收储技术，降低可降解生活垃圾的处理成本，同时适度增加生物转化的基质来源，既可以提高沼气产量、提升处理效益，也可以扩大处理农村废弃物对象，提高环境效益水平。

（2）开发了不可降解垃圾燃料利用和无害化处理技术及关键设备，填补非燃烧型的生活垃圾中不可回收聚合物（低质塑料、合成织物、废橡胶、皮革）处理技术空白，使发展的技术体系能够全面覆盖密集型村镇区域生活垃圾的主要组分，支持形成覆盖可降解和不可降解类别垃圾处理和资源利用的技术路线。

（3）开展了由上述技术路线支撑的密集型村镇区域生活垃圾处理工程示范，重点解决前端生活垃圾的物流调控和示范探索：经济引导型的分类收集，可回收废品、可降解与不可降解垃圾及有害垃圾无害化资源化处理的可行性；验证可降解和不可降解分类处理的技术可行性。

（4）总结了工程示范成果，评价无害化、资源化效益，测算经济成本，编写密集型村镇生活垃圾源头分类、资源化和无害化处理技术指南。

间接经济效益：以本项目提出的集中和独立结合的垃圾处理模式为例，该路线可使村庄生活垃圾的就地处理比例达 80% 左右，有效地削减了需长途运输的村庄生活垃圾量，在很大程度上解决了农村生活垃圾处理的成本问题，节约了城市填埋场库容。如果按照每年全国农村垃圾产量为 2 亿吨的产量计算（乡村 1.5 亿吨，建制镇和集镇约 5000 万吨），按照如果考虑 30% 左右的村镇采用该模式，则每年可实现垃圾减量化 0.5 亿吨左右，考虑每吨垃圾运输成本平均为 10 元左右，则每年至少减少运输成本 5 亿元。

社会效益：以资源化和能源化利用为基础，最大限度实现了生活垃圾资源化利用，为村镇环卫设施的建设和运行提供了保障，促进了村镇垃圾处理行业健康发展，实现环境和社会的双重和谐，具有重大的社会效益。

环境效益：村镇生活垃圾处理和处置是我国建设社会主义新农村面临的新课题，将现有的城市生活垃圾管理模式、技术路线直接用于村镇，存在很大局限性。本课题密切结合我国村镇生活垃圾处理和处置的现实需求和发展趋势，围绕着村镇生活垃圾收运管理与规划建设、有机垃圾资源化利用、可燃垃圾清洁能源化利用，随着本项目的发展我国村镇环境势必得到大大改善。

任务来源："十二五"国家科技支撑计划课题
承担单位：中国城市建设研究院有限公司
主要参加人员：徐海云、屈志云、黄丹丹、袁松、尹然、耿欣、康会杰
获奖情况：2018 年华夏建设科学技术二等奖

宜居村镇设施配置技术研究与示范

课题围绕宜居村镇建设过程中面临的宜居村镇规划建设体系构建、宜居村镇产业发展与空间布局、宜居村镇设施配置关键环节展开研究，并就研究的相关关键技术选取特定地区进行典型示范。在宜居村镇评价方面，课题组构建了以环境舒适度、生活便宜度、健康安全度、经济富裕度、管理科学度、精神文明度六个方面为准则的三级评价指标体系。采用弹性评定和自选模式的技术方法，建立宜居村镇评价模型，给出了宜居指数计算方法和指标评价标准。并构建了宜居村镇规划建设体系框架。在宜居村镇空间布局方面，课题组从宏观和微观层面提出村镇空间集约化利用的有效对策，形成具有普适性和针对性的乡村聚落空间布局模式和规划技术，并对村庄景观风貌营造和乡土特色保护提出方法和策略。探讨了各类空间功能单元的制式及不同类型农宅中空间功能单元的组合形式，并提出分类设计引导。在宜居村镇产业发展与劳动力配置方面，课题组分析了农村人口总量和结构特征、农村劳动力的总量和结构特征，以及农村劳动力的空间分布特征。对农村劳动力转移与农村产业形态如何互动，农民和农地的互动关系，非农产

业的发展以及若干重大制度进行了梳理和研究。在宜居村镇公共服务设施配置方面，考虑到单项公共服务设施属性和配置要求不同，根据实施情况采用"行政级配、生活圈、服务人口、经济发展"等多种配置方式。提出适合宜居村镇的公共服务设施配置指标体系，并对指标体系内的指标进行评价。在宜居村镇基础设施配置方面，主要对村镇安全饮水系统、污、雨水系统、环境卫生设施、能源综合利用进行了统筹配置研究。完成了镇域全覆盖安全供水系统配置关键技术及运营模式研究，村镇雨、污水系统配置关键技术研究，村镇燃气供应规划编制技术导则等。在宜居村镇防灾承载力评估与安全保障规划技术方面，完成了宜居村镇防灾承载力评估关键技术，构建了宜居村镇防灾承载力的评估体系，提出了宜居村镇安全保障综合系统构建技术措施和宜居村镇安全保障规划编制技术措施。

课题通过对宜居村镇建设中的关键技术研究与示范开展，指导我国宜居型村镇规划建设、配套设施的规划编制和统筹配置工作，并形成了由6项关键技术、3套评价指标体系、6项技术导则和指南、4套技术措施、2项数据库和4项技术软件组成的成果体系。同时，课题研究成果在山东烟台栖霞市、湖北武汉市黄陂区和内蒙古乌海市海勃湾区进行了实施示范。示范工程涵盖了村镇建设规划、软件开发和工程技术攻关等方面，从不同的层面和角度对课题研究成果进行了示范和检验，有效地推动了成果转化。示范结果证明课题组成果在村镇规划建设指导中具有较强的前瞻性和实用性，可操作性强，有效地改善了村庄人居环境。

总体来看，通过宜居村镇基础设施和公共服务设施的有效配置，能够改善农村居民生活环境，为农村经济发展提供基础物质保障；同时能够提高政策资金投放的准确度，提高区域资源利用效率，有利于区域资源的有效利用和资源价值的最大化。课题研发的适宜农村使用的经济型设备，可以降低村庄后期维护成本，有利于设施的持续使用，提升经济效益。课题研发的防灾评估决策系统等技术软件，可以尽量避免、降低村庄灾害风险，减少人员财务损失，也可以提升基层工作人员管理效率。

社会效益：课题研究成果将对我国村镇建设提供智力支持，主要体现在：首先，课题研究建立了村镇建设走向宜居化的总体框架，明确了宜居村镇建设的路径和关键环节，这一工作是对历年村镇建设的全面回顾和方法论上的完善，为涉农政策的制定提供了支撑；其次，以我国村镇建设现状的全面梳理作为课题研究的基础，建立了课题组把握我国村镇发展动向的宏观视野，有利于课题研究向微观操作层面精准延伸；最后，示范工程切中要害，村庄规划、软件平台、给排水技术措施直接应用于宜居村镇建设过程中的短板领域，具有示范推广价值。

环境效益：课题研究成果可以对村镇宜居化建设、公共服务设施和基础设施的配置等方面进行指引，可以避免盲目建设、反复建设、无效建设等建设行为，相对也减少了建设过程中的环境污染。在雨污水设施、环境卫生设施等方面的技术成果，可以有效减少水体污染、固废垃圾等环境消极因素，从而产生积极的环境效益。

任务来源："十二五"国家科技支撑计划课题
承担单位：中国城市建设研究院有限公司
主要参加人员：李恩山、史纪、冯婷、刘海燕、李远、赵明章、李坤、张坦坦、王欣平、李海强、曹阳、杨琼、宋文博
获奖情况：中国建设科技集团科技进步一等奖

村镇建设发展模式与技术路径研究

"村镇建设发展模式与技术路径研究"结合我国乡村建设发展机制与政策体系不健全的现状，以乡村振兴战略为指引，产村镇融合为抓手，针对绿色宜居村镇的建设模式和发展趋势展开研究，变革传统决策方式，创新管理监督模式，健全评价机制，开展专项技术攻关，建立健全城乡融合发展机制和政策体系，提升乡村治理水平，为绿色宜居村镇建设提供战略和技术决策支撑。

完成《绿色宜居村镇建设中长期发展战略》等政策支持文件 6 部、"绿色宜居村镇规划评价体系"等评价体系 2 套 "节能减排技术体系"等技术体系 4 套、构建"产村镇融合经济模型"等学术模型 5 套、开发"村镇建设辅助决策信息支持系统"等系统数据库 5 套，实现专项技术示范应月 4 项，完成著作 7 部。

项目所研发的《绿色宜居村镇建设中长期发展战略》《绿色宜居村镇建设工程管理与监督办法》等政策支持文件，产村镇融合经济模型、村镇建设动态发展模型等，绿色宜居村镇规划评价指标体系和住宅评价指标体系，垃圾治理、生态修复、节能减排、水资源循环利用等技术体系，将带动和引领村镇建设决策、建设管理与监督、村镇评价、基础设施建设和绿色住宅建造等多个相关科技领域的产业发展，促进我国绿色宜居村镇建设水平的整体进步，推动乡村振兴战略的落地实施。

任务来源："十三五"国家重点研发计划项目

承担单位：中国建筑设计研究院有限公司、西安建筑科技大学、中国矿业大学、中国建筑科学研究院有限公司、清华大学建筑设计研究院有限公司

主要参加人员：焦燕、刘晓君、季翔、尹波、黄献明、杨思宇、李玲燕、王东、李晓萍、袁朵、胡英娜、贾子玉

绿色宜居村镇建设模式与发展战略研究

"绿色宜居村镇建设模式与发展战略研究"基于绿色宜居理念，从产业支撑、生态营造、建设管理、环境保护、品质提升等方面入手，构建村镇建设推演模型和产村镇融合经济模型，提出支撑绿色宜居村镇建设的能源发展战略和环境保护策略，制订满足新农村建设目标的绿色宜居村镇建设中长期发展战略，并开发村镇建设辅助决策信息支

持系统，为绿色宜居村镇建设提供战略和技术决策支撑。

课题完成《绿色宜居村镇建设中长期发展战略》等政策支持文件3部、《绿色宜居村镇建设发展战略研究》等研究报告5部、构建"产村镇融合经济模型"等学术模型2套、开发"村镇建设辅助决策信息支持系统"系统数据库1套，完成著作2部。

课题提出我国绿色宜居村镇创新型的发展模式、发展战略，开发村镇建设辅助决策信息支持系统，将推动相关技术在村镇领域的广泛应用，促进村镇建设相关产业的转型升级，在绿色宜居村镇建设方面形成良好的规模化效益。课题成果可优化我国村镇建设的资源战略布局，保障村镇人居环境质量，实现绿色可持续发展，生态效益显著。

任务来源："十三五"国家重点研发计划课题
承担单位：中国建筑设计研究院有限公司、重庆大学、中央财经大学、西安交通大学
主要参加人员：焦燕、蔡伟光、陈红霞、孟祥兆、陈明曼、贾子玉、李莹钥

乡村住宅优化设计与指标体系研究

"乡村住宅优化设计与指标体系研究"通过乡村住宅功能空间单元组合配置、住宅原型空间设计优化以及农户参与式智能设计与远程优化协同技术研究，解决乡村住宅设计发展不平衡不充分、绿色宜居设计理念薄弱、指标体系与技术标准不完善、难以形成市场化设计服务等问题，实现住宅空间设计与建筑产品体系的信息化对接，实现乡村住宅农户参与式设计和技术人员远程优化设计有效协同，实现绿色、宜居、安全的乡村住宅设计指标体系和技术标准，体现适用、经济、绿色、美观的建筑方针，提升乡村住宅设计水平。

课题完成"乡村住宅装配式复合腔体"等建筑体系3项，"乡村住宅空间单元数据库"等数据库2套，团体标准《村镇住宅建筑设计标准》1部，国标参考图集《乡村住宅空间优化设计图集》1部，"严寒寒冷地区乡村住宅设计指标体系"等指标体系3项，专项技术研究报告3项，参与式乡村住宅设计相关应用程序1项。

课题针对我国乡村地区改善人居环境的需求以及第一、二、三产业融合对乡村住宅功能的影响，为绿色宜居乡村住宅设计提供技术标准与通用建筑体系，实现适用、经济、绿色、美观的建筑方针与改善乡村人居环境的目标。为农户提供设计技术人员共同参与的乡村住宅设计协同服务平台，形成科学、合理、可持续的市场化服务模式。研究成果将带动和引领乡村住宅设计相关领域的产业发展，促进绿色宜居乡村住宅设计与建造技术水平的整体进步。

任务来源："十三五"国家科技支撑计划课题
承担单位：中国建筑设计研究院有限公司、天津大学、湖南大学、中国建筑标准设计研究院有限公司、上海市建筑科学研究院、东南大学建筑设计研究院有限公司
主要参加人员：张蔚、冯刚、徐峰、徐宗武、张改景、丛勐

村镇社区公共服务设施建设关键技术研究及示范

"村镇社区公共服务设施建设关键技术研究及示范"以建设绿色宜居村镇为目标，围绕农村文教、行政管理、医疗、养老、灾害避难、产业服务等公共服务设施规划建设过程中急需解决的痛点问题，开展村镇社区公共服务设施的建设模式、规划配置与建设指标、功能提升与优化整合技术、智能运维与精细管理技术等研究，提升村镇社区公共服务设施的规划、设计和改造技术能力及信息化、智能化管理水平。本课题研究村镇社区公共服务设施资源重组、整合、优化路径，构建适应我国新农村发展需求的公共服务设施"投资—运营—管理"体系建设新模式；研究村镇社区公共服务设施的优化配置方法和多维度的建设指标；研究村镇社区公共服务设施医养结合、智慧管理、功能转换、绿色宜居、防灾避难等设计和改造技术；研发村镇社区公共服务设施智能运维与精细管理系统，以提高智能化与信息化管理能力，缩小公共服务设施的城乡差距，满足农村居民对村镇社区公共服务设施的功能需求。

主要科研成果：构建基于"资源—需求"模型的村镇社区公共服务设施建设模式，形成农村社区居家养老服务设施设计技术等，形成村镇社区公共服务设施绿色技术体系等。

应用范围与推广价值：课题的技术成果将对村镇社区公共服务设施的规划配置、建筑设计与改造、产品体系、信息化平台等全产业链、全过程的建设能力的提升起到至关重要的作用，可为全国范围内村镇公共服务设施建造的研究、设计、开发、建设和管理人员提供技术参考。

任务来源："十三五"国家科技支撑计划课题
承担单位：中国建筑标准设计研究院有限公司
主要参加人员：刘晶、裘知、朱华吉、冉弘云、吴柯等

02 管理咨询

多年以来，中国建科承接了多项住房和城乡建设部、自然资源部等部委重要课题，内容涉及村镇规划编制、传统村落保护、农村人居环境整治、村镇建筑材料应用等多个重点专业和特色领域。

《农村建筑手册》

"十四五"村镇建设趋势及管理需求研究

全国小城镇详细调查研究

乡村风貌要素与分类研究

乡镇国土空间规划和村庄规划编制审批要点研究

典型地区历史文化名镇传统公用与环境设施调查及传承利用研究

乡村振兴背景下的一般村落风貌建设体系研究

传统村落建筑修缮与改造技术研究

北京市通州区新型城镇化标准化框架搭建工作方案

云南省昆明市域传统风貌村镇调查及保护策略研究

《农村建筑手册》

　　《农村建筑手册》1993 年出版。此书堪称"农村建筑的百科全书",让具有初中文化水平的农村青年,一看就懂,一学就会,学会能用,学用结合。全书 120 万字,内容包括规划、设计、材料、施工;既详细介绍了施工技术和材料选用,还针对农村设计力量不足的特点,提供了大量构件选用图表,一个构件截面多大,配筋多少,查表即得。手册深度按一般小型厂房和四、五层民用建筑的需要考虑,因此,对县社建筑队和地县级建筑公司都适用。

"十四五"村镇建设趋势及管理需求研究

　　深化"十四五"村镇建设专项规划前期研究,梳理"十三五"村镇建设成效与问题,研究全国各地小城镇建设、美丽乡村建设、农房建设、农村共同缔造试点示范活动以及传统村落保护等工作的经验,分析现阶段存在问题、发展趋势,研究"十四五"期间特色小镇培育、小城镇环境综合整治建设、农村共同缔造试点示范、农房建设、农村规划建设和风貌提升、绿色村庄建设、传统村落保护、农村污水和垃圾处理等村镇建设政策、管理、标准等方面需求及对策建议，为全国村镇建设政策、规章、标准的制定提供技术支撑。

承担单位：中国建筑设计研究院有限公司
主要参加人员：周丹、冯新刚、李霞、王略、管力、王迪、王迎

全国小城镇详细调查研究

课题由住房和城乡建设部牵头，采取抓住基本要素、实行彻底调查、实施严谨分析等重要方法，以小城镇的人口、生活、经济和空间等社会经济发展中最基本的四大要素为研究核心并设计直观明确的调查问题，组织中国建筑设计研究院、北京大学、同济大学等 13 家单位，1000 余人对全国 121 个小域镇进行了彻底调查，从水平、形态、结构、功能、作用、优劣势、内在机制、发展趋势等方面进行了科学严谨的分析，采用画像方式浓墨重彩地展现出小城镇的特征，并将大部分指标与城市、农村及全国平均水平进行了横向比较。选择一些重要指标进行了纵向对比。课题成果《说清小城镇》可供小城镇规划建设从业人员、相关专业院校师生、小城镇各级规划建设管理人员及所有关心小城镇的各界人士阅读。

承担单位：中国建筑设计研究院有限公司
主要参加人员：赵晖、张雁、陈玲、杨超、赵鹏军、陆希则、张立、郭志伟

乡村风貌要素与分类研究

通过梳理国内外村庄风貌建设引导与管控经验，以日本、德国和我国浙江、江苏、广东等地为例，解读相关政策与技术规范，总结村庄风貌建设引导与管控的有效经验。研究明确村庄风貌内涵，提炼村庄风貌构成要素，并进行要素分类。乡村风貌内涵是乡村在长期发展过程中形成的，以人工环境、自然环境等物质空间和社会人文等非物质构成的载体展现出的时空景象，是自然生态、道路交通、建筑空间、文化色彩等诸多风貌要素复杂综合的系统。乡村风貌包括物质空间要素及社会人文层面要素。物质空间风貌构成要素包括田园环境、沿线景观、建筑风貌、公共空间。社会人文风貌构成要素包括社会文化要素、人文文化要素、邻里交往要素。

研究我国乡村风貌管理分类，提出管理目标、引导策略、政策建议。要通过风貌分区、强度分区、村庄分类进行引导，刚弹并重；要分要素引导，突出特色，对田园环境、沿线景观、建筑风貌、公共空间，提出设计要点；要重视顶层设计，完善政策、技术、人才、组织保障，例如法规技术体系、乡村社区营建、农村工匠与责任规划师制度。最终形成了 1 份研究报告、1 份案例调研报告，发表了 1 篇论文。

承担单位：中国建筑设计研究院有限公司
主要参加人员：李霞、王迎、冯新刚、郭星、范晓杰、赵科科、关芮、刘欣宇、杨猛、徐北静、王永祥、代冠军、高明、赵爽、贾宁

乡镇国土空间规划和村庄规划编制审批要点研究

通过定量分析、文献研究、案例研究、专家访谈和综合归纳的研究方法，明确乡镇国土空间规划在国土空间规划体系中的定位与传导关系，对上如何承接落实县级国土空间总体规划，对下如何传导至详细规划和村庄规划；研究了乡镇规划对于城镇开发边界内外的国土空间规划管控的作用和方式；总结乡镇国土空间规划编制审批要点，提供政策建议。乡镇国土空间规划的审查要点要在《自然资源部关于全面开展国土空间规划工

研究对象	乡镇国土空间规划	村庄规划	研究方法

基础研究：乡镇村发展阶段与特征　乡镇村规划建设现存问题　不同于城市、乡镇村的规划编制与管理重点　（定量分析 文献归纳）

框架约束：国土空间规划体系　政府管理机制　村民自治制度　农村土地制度　（文献归纳）

问题研究：
- 城镇开发边界外的用地与项目审批管理方式：用途管制与用地转用；用途管制与建设项目准入；宅基地上的审批管理；集体经营性建设用地上的建设项目审批管理
- 县级与乡镇、村庄之间的规划传导逻辑：县级之间的传导逻辑；详细规划与乡镇国土空间规划之间的传导逻辑；乡镇国土空间规划与村庄规划之间的传导逻辑
- 乡镇国土空间规划和村庄规划的编制审批流程：原城乡规划体系中的编制审批流程；原土地利用总体规划体系中的编制审批流程；国内先行地区案例经验
- 强制性内容和审查要点：原城乡规划体系中的强制性内容要求；原土地利用总体规划体系中的审查要求；国内先行地区案例经验

（国家法律法规梳理／国外案例分析／国内案例实践／专家经验访谈指导）

结论建议：乡镇国土空间规划和村庄规划编审要点　（总结提炼）

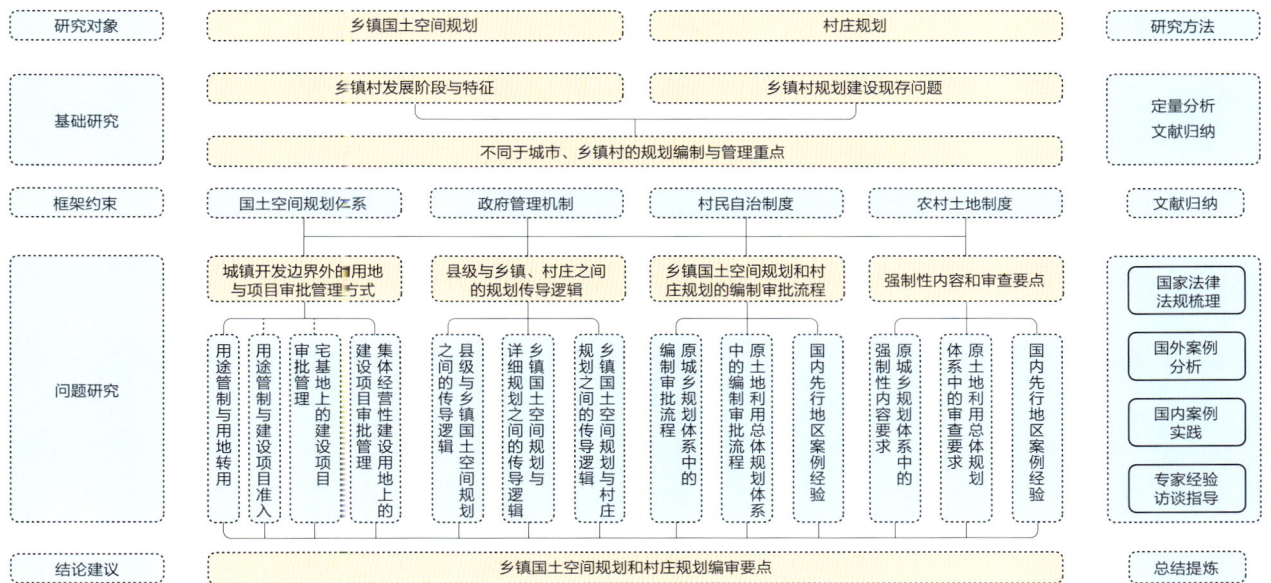

作的通知》（自然资发〔2019〕37 号）和《土地利用总体规划管理办法》（2017）审查内容的基础上继承与优化。乡镇国土空间规划是国土空间体系五级三类中的最后一级总体规划，指标分解优化为指标落实情况审查。结合实施性特点和规划设计深度，公益类设施配置标准和布局原则优化为设施用地落实审查。结合直接指导村庄规划的特点，增加宅基地保障审查、乡村振兴策略和用地保障审查。同时还应补充程序合规性审查和成果规范性审查。村庄规划审查要点具体包括用地性质及兼容性；容积率、建筑高度等控制指标；基础设施、公共服务设施、公共安全设施等设施用地规模、范围及具体控制要求等内容。

承担单位：中国建筑设计研究院有限公司
主要参加人员：冯新刚、李霞、王迎、袁飞、杨超、刘娟、贾宁、范晓杰、王誉莹、宋文杰、李志新、陈玲、杨猛、单彦名

典型地区历史文化名镇传统公用与环境设施调查及传承利用研究

课题选取不同典型地区，分析和发现历史文化名镇传统公用与景观设施的基本情况、价值特色、现状问题和发展潜力。重点研究我国历史文化名镇的传统公用与环境设施在现代化生活中传承利用的关键技术，在新型城镇化建设中的传承利用方式，有效促进历史文化名镇的整体性、真实性和延续性保护，从而使传统

设施得到活态保护，对改善历史保护区人居环境、保护历史文化名镇特色、弘扬中国传统文化具有重要意义。

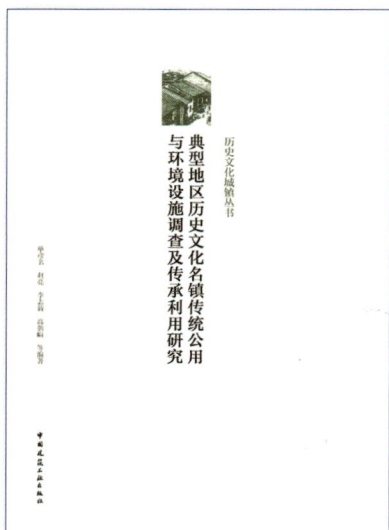

承担单位：中国建筑设计研究院有限公司
主要参加人员：单彦名、赵亮、李志新、高朝暄、高雅、李志新、李霞、赵辉、冯新刚、熊燕
获得奖项：2017 年度全国优秀城乡规划设计奖（村镇规划类）三等奖

乡村振兴背景下的一般村落风貌建设体系研究

在村庄风貌提升的规划实践过程中，经常发现存在一些涂脂抹粉式的乡村建设运动。在乡村振兴大背景下，如何有效利用好有限的乡建资金，因地制宜、因村施策、避免浪费，需开展系统性的科学研究，为乡村建设决策行动提供支撑。本课题以樟树市为例，选取樟树市部分一般村落作为研究对象，以小见大，构建一般村落的风貌建设体系架构。旨在为当前轰轰烈烈的乡建运动探讨一种可行的风貌建设体系决策方法，指导我国乡村振兴背景下大规模乡村风貌整治规划工作。创新点如下：

（1）自下而上构建基于村庄风貌要素重要性的建设要素体系，确定村落建设的迫切要素、加强要素和提升要素的具体要素内容，以便在后续乡村风貌改造实际工作中，分层级对村落风貌建设进行指导，为乡村风貌改造时序提供帮助；

（2）构建科学评价的村落分类方法，通过层次分析法，从经济、文化、生态、社会等维度对调研村落进行价值评价，根据评价汇总得分，对村落进行分类，分类方法具有普适性，对各地村落分类都有一定适用参考价值；

（3）构建村落风貌建设分类引导体系，不同类型的村落风貌特征有一定的差异，通过对不同类型村落的发展需求进行分析，以实事求是、量力而行为出发点，设定各类村落风貌建设的发展目标，明确各类村庄风貌建设过程中具体的建设要点与建设要求，以增强不同类型村落间风貌建设的特色差异和具体实施的可操作性。

院科研课题

项目编号：S18314

项目名称：乡村振兴背景下的一般村落风貌建设体系研究
　　　　　——以桐乡市为例

项目性质：院科研课题

起止年月：2018.6-2020.12

承担部门：城市发展研究中心 规划设计部

项目负责：陈鑫春、陆地

上海中森建筑与工程设计顾问有限公司

二〇二〇年 十二月

承担单位：上海中森建筑与工程设计顾问有限公司
主要参加人员：陈鑫春、薛娇、徐之琪、蒯斯聪

2018 年度村庄建设调查数据实地调查核实及数据变化趋势分析研究、2019 年度村庄建设调查数据汇总分析及变化趋势研究

为贯彻落实乡村振兴战略有关要求，全面掌握村庄建设现状及变化情况，住房和城乡建设部组织开展全国村庄建设调查数据现场核实及汇总分析工作，核实调查内容包含全国行政村基本情况、基础设施、公共环境、建设管理等 4 大类 46 项指标。课题基于 2018 年调查数据，组织地方高校师生对调查结果进行抽样现场核实，每省（区、市）约核实 100 个村，分析调查结果的真实性和准确性，提出调查指标和调查方法的优化意见；对调查数据进行筛选与整理，以行政村为基本评价单元，进行综合评价和垃圾、污水、绿化、道路硬化等 9 个专项分析，在全国—各省两个层面分析各指标的区域和省际差异，将 2018 年、2019 年全国村庄建设调查数据与 2014—2017 年的调查数据进行对比，研判农村人居环境改善进展和趋势，并对贫困村的村庄建设情况和人居环境水平进行多维度评价分析。课题成果为住房和城乡建设部优化后续调查工作机制、完善相关村庄建设政策、督促各地住建系统工作提供了依据。

内部资料
注意保存

2019 年度全国村庄建设调查数据
分析调研报告

村镇建设司
2020 年 06 月

承担单位：中国建筑设计研究院有限公司
主要参加人员：王庆峰、王元媛、李晓、张雪、季丽丽

传统村落建筑修缮与改造技术研究

2018 年，中央一号文件《中共中央国务院关于实施乡村振兴战略的意见》提出要大力实施乡村振兴战略。传统村落具有传统建筑风貌完整、村落选址和格局保持传统特色、非物质文化遗产活态传承的三大文化内涵。传统村落具有一定历史、文化、科学、艺术、社会、经济价值。研究立足于传统木结构建筑的特征与特色元素研究提炼，着眼传统村落传统风貌木结构民居建筑的保护与修缮、改建和新建民居的建筑风貌，充分利用传统民间建筑营造的维修工艺与技术力量，因地制宜并结合新型建造方式，深入研究木结构建筑的布局、建筑体量与比例、结构选型、建筑材料、节能、装饰装修细部构造等。

项目创新地提出适用于地方传统村落修缮和改造的工艺技术标准与质量控制措施。形成研究报告及国家建筑标准设计图集，对传统村落建筑的修缮保护和改造做到建于乡土、传承于乡土、遗存于乡土，为推动传统村落的可持续发展提供有力技术支撑。

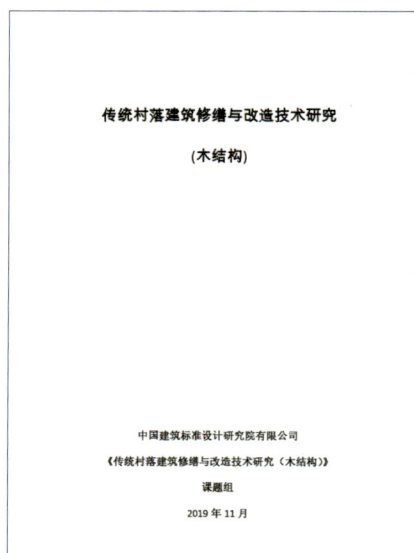

传统村落建筑修缮与改造技术研究

（木结构）

中国建筑标准设计研究院有限公司
《传统村落建筑修缮与改造技术研究（木结构）》
课题组
2019 年 11 月

承担单位：中国建筑标准设计研究院有限公司
主要参加人员：冯海悦、段朝霞、曹俊、邢巧云、杨进春、汪浩、高志强、周祥茵、李文扬、段智君、孙倩

北京市通州区新型城镇化标准化框架搭建工作方案

根据《国家新型城镇化综合试点方案》（发改规划〔2014〕1229 号）、《关于扎实推进国家新型城镇化标准化试点工作的通知》（标委办农联〔2015〕83 号）等文件，通州区是北京市唯一的国家新型城镇化综合试点地区，也是国家新型城镇化综合试点工作中开展的标准化试点之一。本课题立足通州区的实际情况，运用标准化思路，因地制宜搭建标准化体系框架，解决通州生态环境提升、农业转移人口市民化、工业大院用地腾退产业调整等问题。

"北京市通州区新型城镇化标准化框架搭建工作方案"在延续国家新型城镇化标准框架基本架构的基础上，结合通州城市发展需求，确定通州新型城镇化标准体系框架由指标层、要素层和推进层组成。指标层直接反映新型城镇化核心指标，由基本公共服务和社会治理（管理）、基础设施、资源环境、产业现代化四个方面组成。要素层是实现核心指标所需要的基本要素，包括 9 个基本公共服务和社会治理（管理）要素、10 个基础设施要素、5 个资源环境要素、6

个产业现代化要素。推进层包括学校布局与建设、道路设施、土地配置等 174 个方面。标准体系框架的重点领域和主要任务为公共服务共享、基础设施升级、生态环境提升、土地功能完善、产业结构优化五大方面。

该框架将重点领域落位在人口市民化、生态环境、交通设施、公共服务设施、土地利用、产业发展等方面，为通州区未来城市建设指明了方向。

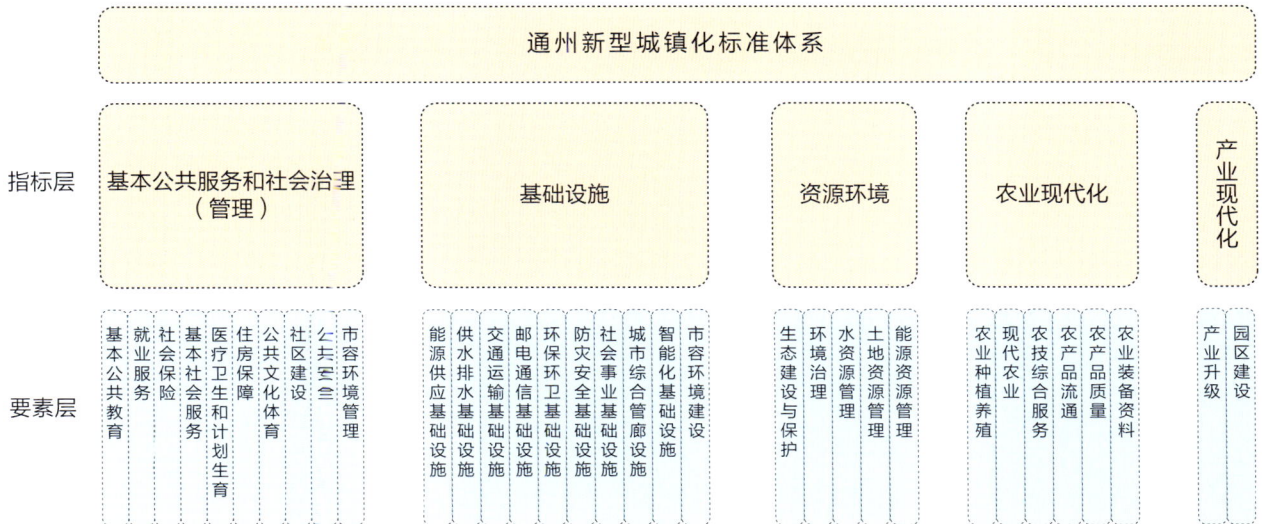

通州新型城镇化标准体系

指标层	基本公共服务和社会治理（管理）	基础设施	资源环境	农业现代化	产业现代化

| 要素层 | 基本公共教育 / 就业服务 / 社会保险 / 基本社会服务 / 医疗卫生和计划生育 / 住房保障 / 公共文化体育 / 社区建设 / 公共安全 / 市容环境管理 | 能源供应基础设施 / 供水排水基础设施 / 交通运输基础设施 / 邮电通信基础设施 / 环保环卫基础设施 / 防灾安全基础设施 / 社会事业基础设施 / 城市综合管廊设施 / 智能化基础设施 / 市容环境建设 | 生态建设与保护 / 环境治理 / 水资源管理 / 土地资源管理 / 能源资源管理 | 农业种植养殖 / 现代农业 / 农技综合服务 / 农产品流通 / 农产品质量 / 农业装备资料 | 产业升级 / 园区建设 |

承担单位：中国建筑标准设计研究院有限公司
主要参加人员：魏曦、赵格、梁双

云南省昆明市域传统风貌村镇调查及保护策略研究

研究以传统风貌村镇调查为基础，系统完整创建了昆明市域传统村镇信息库，制定适于本地传统风貌村镇价值评估指标体系，并针对不同级别的传统风貌村镇提出相应保护策略。本课题开展前，昆明尚没有村镇入选国家级历史文化名镇村和传统村落，在项目调查研究工作的协同努力下，已有 20 个村落入选中国传统村落名录，推动昆明市历史文化名城体系的完善，成果对我国未来同类型研究有一定的借鉴与先行示范作用。

承担单位：中国建筑设计研究院有限公司
主要参加人员：单彦名、梅静、赵亮、李志新、田家兴
获得奖项：2015 年度全国优秀城乡规划设计奖（村镇规划类）二等奖
　　　　　2015 年度北京市优秀城乡规划设计奖（村镇规划类）一等奖

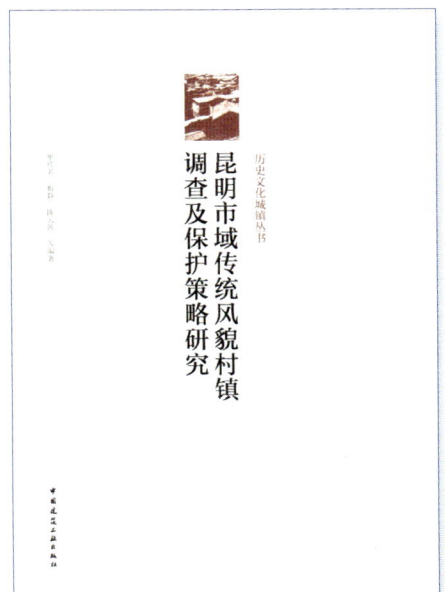

部委咨询服务类科研课题一览表

序号	名称
1	121个小城镇调查数据整理和应用
2	安徽新型城镇化背景下小城镇发展规划
3	不同地区、类型小城镇发展研究
4	开发性金融支持全国重点镇相关政策研究
5	全国特色景观名镇（村）评定标准
6	全国小城镇白皮书
7	全国小城镇详细调查
8	全国优秀镇村规划示范研究
9	全国重点镇发展促进政策建议
10	全国重点镇调查报告
11	全国重点镇政策研究
12	小城镇发展考察与研究
13	小城镇分类调查研究
14	小城镇公共服务设施配置导则
15	小城镇规划编制与实施保障体系研究
16	小城镇规划标准研究
17	小城镇基础设施与公共服务设施配置研究
18	小城镇基础数据与基本情况分析
19	小城镇建设发展成就、问题和建议研究
20	小城镇建筑与风貌规划技术研究
21	小城镇居住、公共服务规划技术研究
22	小城镇绿色低碳发展国内外经验及实施路径研究
23	小城镇生态环境的主要影响因素及环境功能分区研究
24	小城镇特色规划指南
25	小城镇详细调查研究和组织工作
26	小城镇综合评价指标体系研究
27	中小城镇城市设计关键技术研究
28	重点镇规划建设试点研究
29	"十四五"村镇建设趋势及管理需求研究

序号	名称
30	典型类型村镇规划编制实施技术研究与示范
31	村镇规划评优总结和村镇规划评优标准研究
32	村镇建设统计与管理指标研究
33	村镇居住及公共设施防控急性流行性传染病对策研究
34	村镇小康住宅发展趋势预测
35	村镇小康住宅规划设计导则与居住标准研究
36	村镇小康住宅示范小区规划设计优化研究
37	村镇宜居社区与小康住宅建设评价体系关键技术研究
38	村镇住宅功能优化设计关键技术研究
39	我国平原地区县域"城—镇—村"体系布局研究
40	县域统筹村镇建设案例研究（2019）
41	中国传统建筑智慧——村镇传统建筑的分布与分区特征研究

03 实用技术

　　中国建科在乡村规划建设理论、乡村民居和公共建筑设计、农村危房改造设计、传统村落设计提升等领域承担了多项省部级、地方和集团课题，重点在乡村道路、垃圾治理、农房建设、传统建筑建设等方面攻坚关键技术，有力支撑了学科发展和行业技术进步。

村镇住宅建筑产品及构配件选用技术与指南研究

村镇基础设施空间配置关键技术研究

乡村规划设计技术"乡土化"研究——以湖南省永州市回龙圩管理区村庄规划为例

村镇生活垃圾处理模式研究与应用

不同地区改厕工作试点经验总结、农村消除粪便暴露示范经验与技术方法总结

模块化整体式自运行污水处理系统研发及集成应用、小型模块化乡镇污水处理技术研究

农村生活垃圾治理相关政策实施效果评价

基于新型农业产业化的特色小城镇产城乡一体化空间要素配置关键技术研究

农村公共厕所抽样调查及建设、管护典型案例研究

村镇县（市）有机垃圾与畜禽粪便共发酵模式研究及工程应用

农村公共厕所维护使用现状调查与管护指南研究

农村公共厕所调查与分析研究

农村生活垃圾收运处置体系建设和非正规垃圾堆放点整治各省（区、市）
　　工作情况汇总分析和评价研究

农村生活垃圾分类和资源化利用技术模式调查与经验总结

基于隔震与装配式的新型高性能村镇建筑结构体系研究

村镇住宅建筑产品及构配件选用技术与指南研究

针对我国住宅产品及构配件在村镇应用中存在适应性差、市场不规范等问题，开展村镇住宅的建筑产品及构配件选用技术与指南的研究，一方面为村镇住宅建筑相关产品及构配件的选用提供规范性引导，另一方面为村镇住宅建设信息交流提供一个高效的服务平台，从而提高村镇住宅建设水平，改善农民生活状况，推动新农村建设健康、和谐发展，为我国住宅建筑产品及构配件的发展开拓新的方向。

项目成果包括《村镇住宅墙体材料选用指南》《村镇住宅屋面材料选用指南》《村镇住宅门窗选用指南》《村镇住宅装修材料选用指南》等。

课题通过对不同地域村镇住宅建筑产品与构配件的应用现状分析，从村镇住宅建筑产品及构配件全生命周期出发，考虑节能、环保和可持续发展等因素影响，建立村镇住宅建筑产品及构配件选用标准，为村镇住宅适用建筑产品及构配件选择提供量化依据，为我国住宅建筑产品及构配件的发展开拓新的方向。

承担单位：中国建筑标准设计研究院有限公司
主要参加人员：曹彬
完成时间：2011 年

村镇基础设施空间配置关键技术研究

课题属于城镇化与城市发展领域，对全国典型村庄进行了广泛的实地调研，获取了大量第一手数据，并以此为基础，制定了村镇基础设施现状评价指标体系；建立了乡村人口规模预测及设施需求分析模型；研究了村镇基础设施及公共服务设施配置标准框架；编制了村镇给水、排水、道路、电力、环卫、能源专项规划规范；提出了村镇公共服务设施"生活圈"配置技术；制定了我国村镇基础设施与公共服务设施投融资模式和一系列政策建议；研发了"村镇基础设施现状评价应用系统""村镇公共服务设施需求分析系统""村镇发展与基础设施关联度分析系统""村镇管网负荷模拟与预测应用系统""村镇基础设施集成入户系统"及"村镇工程基础设施网络规划设计应用系统"六项村镇规划实施操作软件，并全部获得软件著作权。此外，对农村基础设施适用设备进行了筛选和改造，申请并获得了"一种便于检修的一体化污水处理设备"以及"一种高效节能整体式混水换热机组"两项实用新型发明专利。课题研究成果在长三角土地利用示范区和山东、广西、北京、江苏、内蒙古等地的典型村庄进行了示范，示范结果证明该研究成果在村镇规划指导中具有较强的前瞻性和实用性，可操作性强，有效地提高了村镇基础设施公共服务设施配置效率。

在理论及政策研究方面，村镇基础设施及公共服务设施配置标准及规划规范研究填补了村镇规划理论与技术管理体系的空白。村镇基础设施和公共服务设施建设的投融资机制与运行模式从政策层面为国家投资方向、规模提供政策建议，并设计出不同地区、不同类型村镇的基础设施和公共服务设施投融资模式。

在村镇基础设施适用技术方面，根据我国村镇布局分散，规模较小等特点，结合给水排水、新能源与可再生能源的开发利用成熟技术对现有基础设施设备进行了筛选和改造，形成适用于村庄建设和运营的低成本高效率技术和设备，其中小型污水处理设备和一体化混水换热机组取得实用新型专利。

在村镇公共服务设施配置关键技术方面，以基本公共服务均等化为原则，将设施优化选址作为设施配置的优先环节，兼顾设施配置效率；以生活圈的服务半径、服务规模为依据，自下而上地统筹配置公共服务设施，突破传统村镇规划技术路径。

在计算机科学应用技术方面，课题积极利用 GIS 等先进技术手段，编制一系列规划辅助软件，软件操作简便、界面友好，只需掌握电脑基本使用技能的基层工作人员即可轻松运用该套系统，促进了科研成果的推广使用。

承担单位：中国城市建设研究院有限公司、清华大学、农业部规划设计研究院
主要参加人员：洪才、邹艳丽、武廷海、詹慧龙、李恩山、刘铁军、王欣平、冯婷、刘海燕、王蔚蔚、张亮、郑婧、李坤、尹路、李文杰、朱兆虎、牛佳慧、李远
完成时间：2012 年
获奖情况：华夏建设科学技术奖

乡村规划设计技术"乡土化"研究——以湖南省永州市回龙圩管理区村庄规划为例

针对当前乡村规划主要以城市规划的思路与技术展开，存在理论与技术的缺失，造成村庄规划指导与建设需求错位的局面。课题从探索新型城镇化背景下的乡村发展，挖掘乡村规划内涵；对比乡村与城市规划技术，解构乡村规划设计的关键策略与技术；构建乡村规划体系；探析基于乡村治理的乡村规划过程模式，提供与乡村自治能力相适应的规划过程与操作体系等多个层面探索构建适合我国乡村实际的规划设计技术体系。在成果内容方面，以乡村规划与城市规划的差异为核心，以"乡土化"为核心理念，以规

划实践为支撑，形成了包括新型城镇化背景下村庄规划的内涵、村庄规划的体系构建与关键技术、村庄规划与建设的操作体系为主的研究内容。最终完成编制乡村规划设计关键技术导则和 2 份研究报告：乡村规划设计技术"乡土化"研究报告、乡村规划设计体系研究报告的成果体系。课题认为，乡村规划设计的内涵在于体现"乡土化"，包括：乡村规划内容体系"乡土化"和乡村规划关键技术"乡土化"，倡导以驻村体检为主的乡村调查技术。课题基于覆盖乡村全域和涵盖宏观、微观双层次的要求，提出建立乡（镇）域—村域的双层次乡村规划体系。在乡（镇）域层面解决农村城镇化重点和示范区、永久农村地域及土地使用等宏观问题；在村庄层面解决农村居民点建设、设施配置、历史文化保护与传承等微观问题。课题对乡域规划、村域规划设计的具体操作进行了详细的解释说明，对于乡村规划的审批、实施、管理也进一步分解、说明，便于实际操作查阅。

课题研究成果直接指导了云南省楚雄州与湖南省永州市 16 个乡村的规划项目，获得了显著的社会效益，这些村庄的村庄建设、居民生活水平、产业发展都得到了明显的提高，其中楚雄州挖铜村为省级示范村，社会效益巨大。除乡村规划之外，此课题对于承担的城乡一体化、乡村振兴等战略研究项目具有支撑作用，可将乡村规划关键技术推广至整个行业。

承担单位：中国城市建设研究院有限公司
主要参加人员：刘海燕、高见、曾理、焦健、张兴辉、陈小杰
完成时间：2017 年

村镇生活垃圾处理模式研究与应用

课题旨在针对村镇生活垃圾的产生特点、主要成分、收运实际，结合中国城市建设研究院在村镇生活垃圾方面的已有基础，提出村镇生活垃圾分类管理、转运及处理策略，形成工程方案设计软件包，并应用于实际的规划设计项目中。

设计村镇垃圾分类方法体系：设计简单可操作的村镇生活垃圾分类体系，探索村镇生活垃圾分类投放与奖惩和收费模式，建立村镇生活垃圾产量、特性与消费水平、地区差异、季节变化、居住形态等影响因素的影响关系。

建立村镇垃圾收运模式体系：结合运输距离和地形地貌特征，构建村镇、城乡一体化收运系统，做到分类收集、分类运输；依据"村收镇运片处理"原则，加强现代化转运站建设，实现垃圾源头分类、收运、处理全过程无缝对接。通过片区建设生活垃圾转运站和干化厂，将可燃物制作成 RDF 能量块，输送至附近垃圾焚烧厂、水泥厂或供热厂提供燃料。

建立村镇垃圾分散＋集中处理模式体系：探索就地堆肥、就地填埋的资源化、减量化

的分散处理模式和利用微生物将混合垃圾中的易腐有机物发酵产热的垃圾生物干化技术在集中处理模式中的应用条件；针对规模小、分散的县城及村镇垃圾，探索可燃物制作初级RDF+转运集中规模化焚烧发电资源化的模式设计，满足区域固体废物资源化和友好型处理，促进技术进步，实现固废处理低成本、减少长期污染点源和二次污染零排放。

课题提出村镇生活垃圾处理与资源化利用的适用技术模式，课题的成果转化应用促进了村镇生活垃圾处理产业的快速发展，有效控制村镇生活垃圾的污染风险。

目前该课题成果已应用于黑龙江省富锦市生活垃圾焚烧发电项目，百色市利用水泥窑协同处置城乡生活垃圾工程，凤庆县利用水泥窑协同处置城乡生活垃圾工程，弥渡县利用水泥窑协同处置城乡生活垃圾工程，唐县洁源垃圾处置有限公司日处理500吨生活垃圾技改项目，漳平红狮环保科技有限公司水泥窑协同处置工业固废和生活垃圾综合利用项目，以及巴彦淖尔市生物质产业发展实施方案（2019—2021年）等项目，这些项目均采用独立与集中相结合的处理模式。村镇生活垃圾处理和处置是我国建设社会主义新农村面临的新课题，将现有的城市生活垃圾管理模式、技术路线直接用于村镇，存在很大局限性。

课题密切结合我国村镇生活垃圾处理和处置的现实需求和发展趋势，围绕着村镇生活垃圾收运管理与规划建设、有机垃圾资源化利用、可燃垃圾清洁能源化利用以及适应我国村镇发展需要的低成本可控制填埋技术。以减量化、资源化、无害化为基础，最大限度实现了生活垃圾循环利用，为村镇环卫设施的建设和运行提供了保障，促进了村镇垃圾处理行业健康发展，实现环境和社会的双重和谐，具有重大的社会效益。

课题基于生活垃圾分类收集方式，结合生活垃圾不同属性特征和区域环境特点开展生活垃圾全方位多途径生活垃圾资源化技术研究，并建立适合于不同类型村镇的生活垃圾资源化技术集成示范基地。彻底改变了生活垃圾处理过程中"一刀切""一把抓"的局面，真正做到了垃圾处理从源头做起，变集中处理模式为分散与集中相结合的处理模式，并通过多种途径引导村民进行垃圾分类，保证后续处理的顺利进行。从根本上解决村镇生活垃圾处理的关键问题。

承担单位：中国城市建设研究院有限公司
主要参加人员：屈志云、聂小琴、耿欣、苏宝枫、黄丹丹、杨晶博、白彬杰、尹然
完成时间：2017年
获奖情况：2018年集团科技进步二等奖

不同地区改厕工作试点经验总结、农村消除粪便暴露示范经验与技术方法总结

为落实习近平总书记就"厕所革命"作出的重要指示，探索实施农村厕所粪污治理的有效工作办法，住房和城乡建设部与联合国儿童基金会在水、环境卫生和个人卫生领

域开展合作。在双方 2016—2020 年合作方案及 2016—2017 年度工作计划框架下，课题组协助双方开展消除粪便暴露合作项目实施并提供技术支持。课题组协助双方推动消除粪便暴露示范县创建，制定项目实施指南和评估指标体系，开展基线调查和关键人物培训，结合"世界厕所日"进行宣传倡导和群众激发，推进学校、卫生院改厕示范项目建设，总结管理模式并进行交流。协助双方组织编制厕所和环境设施标准，组织推动"中国农村改厕技术与模式研究""农村卫生厕所及生活污水处理设施运行现状调研及标准评价方法研究"两项课题研究。协助双方举办改厕和农村生活污水治理国际研讨会，协办 2016 年农村改厕及污水治理研讨会、2017 年农村厕所污水和生活污水治理国际研讨会。本课题在推动示范县整乡镇环境卫生改善、农村厕所和污水处理设施产品标准构建、农村改厕及污水治理国际经验交流方面起到了积极作用。

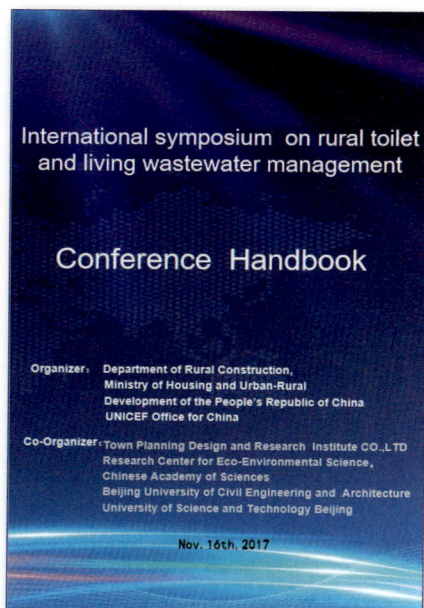

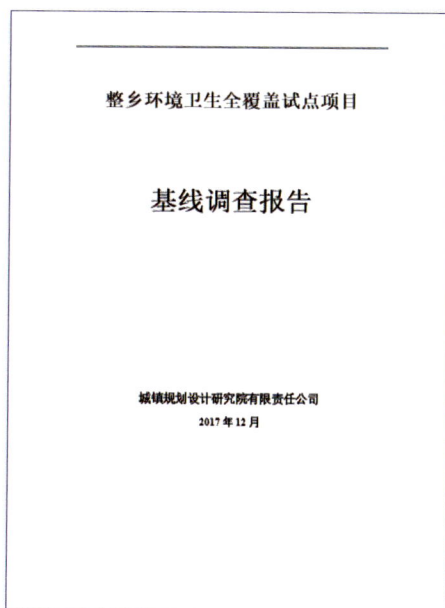

International symposium on rural toilet and living wastewater management

Conference Handbook

Organizer: Department of Rural Construction, Ministry of Housing and Urban-Rural Development of the People's Republic of China
UNICEF Office for China

Co-Organizer: Town Planning Design and Research Institute CO.,LTD
Research Center for Eco-Environmental Science,
Chinese Academy of Sciences
Beijing University of Civil Engineering and Architecture
University of Science and Technology Beijing

Nov. 16th, 2017

整乡环境卫生全覆盖试点项目

基线调查报告

城镇规划设计研究院有限责任公司
2017 年 12 月

承担单位：中国建筑设计研究院有限公司
主要参加人员：王庆峰、李晓、李崇雷、季丽丽、王元媛
完成时间：2018 年

模块化整体式自运行污水处理系统研发及集成应用、小型模块化乡镇污水处理技术研究

　　项目紧密结合我国新农村建设和乡村振兴发展战略，针对水环境质量改善需求下我国村镇地区污水处理面临的难题，以建造适用于村镇污水水质水量特征的高质量、高性能污水处理装备为目标，结合不同出水标准及无人值守实际需求，集成预处理、生化处理、深度处理、污泥处理等模块化核心单元，构建了各单元模块的设置原则、组合模式及快速连接技术方法，同时配置了智能监控系统、自运行系统和运行故障诊断专家系统，为我国村镇污水处理提供了重要的设备选择和技术方案。村镇污水处理成套设备可

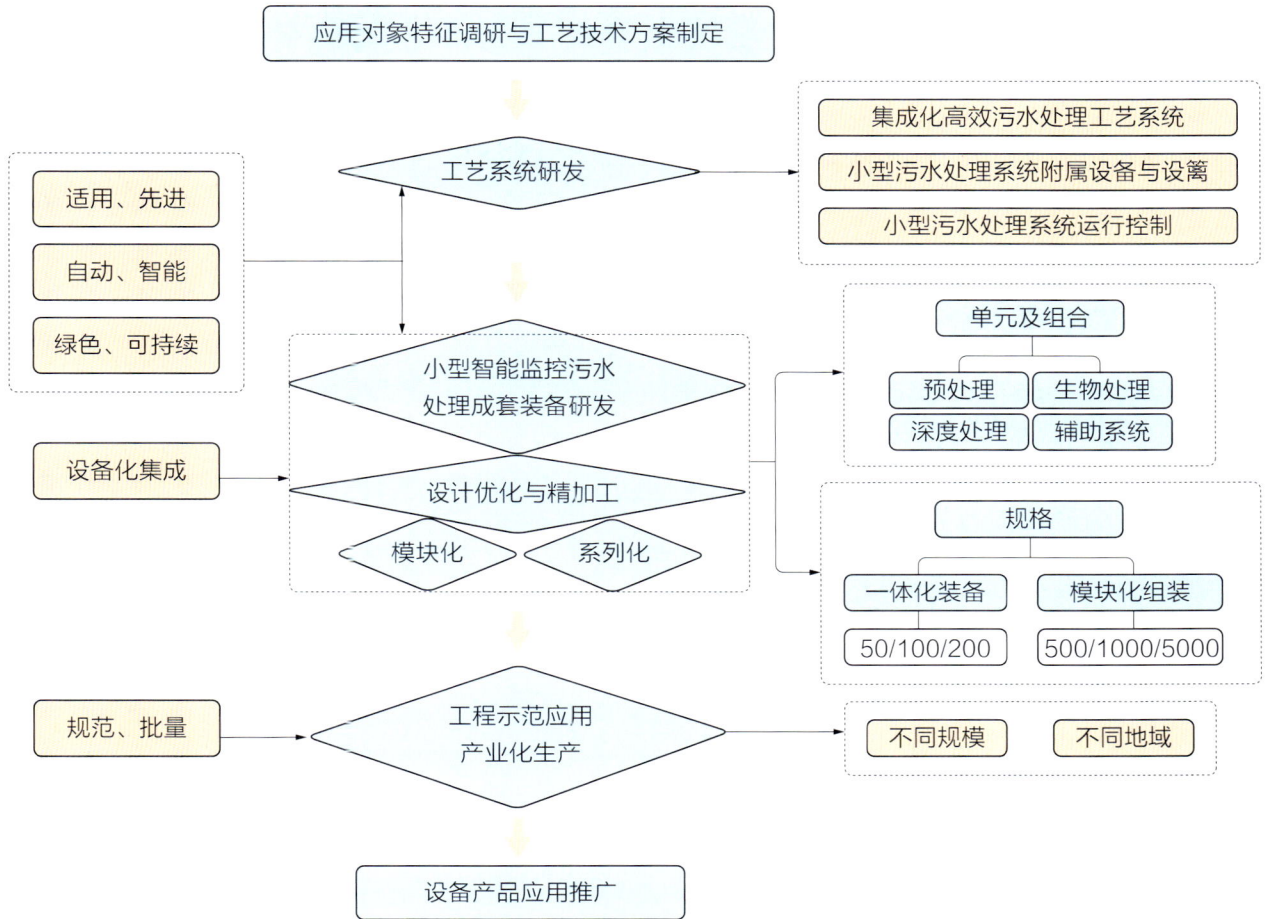

```
应用对象特征调研与工艺技术方案制定
        ↓
工艺系统研发 ────→ 集成化高效污水处理工艺系统
                  小型污水处理系统附属设备与设施
适用、先进            小型污水处理系统运行控制
自动、智能
绿色、可持续
                  小型智能监控污水处理成套装备研发 ──→ 单元及组合
设备化集成                                        预处理  生物处理
                  设计优化与精加工                  深度处理  辅助系统
                  模块化  系列化 ──→ 规格
                                     一体化装备  模块化组装
                                     50/100/200  500/1000/5000
规范、批量 ──→ 工程示范应用产业化生产 ──→ 不同规模  不同地域
        ↓
设备产品应用推广
```

　　根据污水处理规模采取模块化整体式或分体式的设计建造方式，同时搭配智能化与集约化的运行管理系统，实现村镇污水处理设备的设计、安装、启动、运行及管理的短周期、高效率、易管理的一站式解决。研究成果在天津、江苏、浙江和陕西等地开展了示范及推广应用，单套处理规模为 50m³/d—200m³/d，应用项目出水达到一级 A 等国家和地方排放标准要求，有效支撑了村镇地区基础设施建设和当地水环境质量改善。

承担单位：中国市政工程华北设计研究总院有限公司
主要参加人员：颜秀勤、孙永利、李鹏峰、范波、张维等
完成时间：2018 年

农村生活垃圾治理相关政策实施效果评价

　　国家和省市各级政府部门已加大对农村垃圾治理的重视，但由于我国地域广阔，气候、地域等条件多种多样，各地区经济发展极不平衡，垃圾产量和组成大相径庭，垃圾

处理方式和技术路线也带有浓厚的地域特色。因此，各地区、各部门在认真贯彻环境保护基本国策的同时，不断加大对农村垃圾治理和生态保护力度，探索适合本地区的农村生活垃圾治理措施，部分农村地区环境质量已有所改善，农村垃圾治理取得积极进展。但全国农村环境形势依然严峻，农村生活垃圾污染还相当严重。

课题结合国家文件要求，通过对全国典型地区农村生活垃圾治理现状进行调研排查，梳理地方垃圾治理相关制度和政策，对政策实施效果展开评估，分析存在的问题并提出相关建议，以解决目前国内农村生活垃圾管理无序、无害化处理不足、污染较严重等难题。

课题围绕着农村生活垃圾治理政策实施评价展开研究，在研究国内外关于这方面案例的基础上，对农村生活垃圾的管理机制进行深入的研究。主要研究内容包括以下五个方面：第一，研究的意义、内容和方法，厘清研究的基本思路；第二，对农村生活垃圾的定义、产生特点、农村生活垃圾治理典型模式以及农村垃圾管理的基础理论进行了系统的分析；第三，对国外处理农村生活垃圾较为高效的地区进行经验的借鉴和学习；第四，对我国农村垃圾治理相关制度与政策进行梳理，总结政策制度制定和实施过程中存在的不足；第五，对我国典型地区农村垃圾处理和管理现状进行分析，评估管理制度政策实施效果，指出农村生活垃圾管理过程中出现的问题，并且进行深一步的探讨，提出农村垃圾治理的评估建议；第六，提出农村生活垃圾治理政策制度在制定和实施中存在的问题解决对策和建议，为后续地方完善相关政策文件及管理机制提供借鉴。

通过研究农村生活垃圾治理相关政策及实施效果，并提出存在的问题和改进建议，为我国农村生活垃圾管理立法、各地农村生活垃圾治理管理机制的建立提供依据，便于指导各省市开展农村生活垃圾治理采用经济可行、技术合理、实际操作性强的各项措施，促进农村生活垃圾就地分类减量，提高资源回收利用水平，降低农村垃圾收运处理成本，改善农村生活环境从而推进农村经济发展。

农村生活垃圾管理体制的完善对于促进我国的垃圾管理相关法律法规制度健全和垃圾管理监督监管体制的完善具有重要的推动作用。此外，政府对生活垃圾管理的政策宣教也可以增强人们垃圾管理意识的提高，促进垃圾处理技术的进步与发展，也有效地推动了新农村的建设，有利于社会和谐农村的建设，也有利于美丽乡村建设和乡村振兴战略的实施。

中国部分农村生活垃圾尚未开展集中无害化收运处理，还存在分散式堆放或简易露天焚烧现象，环境污染较为严重，污染土壤、破坏生态环境，直接影响居民的饮用水安全，威胁到居民身心健康。完善农村垃圾治理相关政策制度，提高农村生活垃圾管理水平，有利于促进农村生活垃圾处理的减量化、无害化、资源化，为居民营造良好的生活环境。

承担单位：中国城市建设研究院有限公司
主要参加人员：陈冰、胡洋、王璐、张媛、张黎、宋薇、尹水娥、刘畅、徐长勇、仲璐、伏凯
完成时间：2019 年

基于新型农业产业化的特色小城镇产城乡一体化空间要素配置关键技术研究

项目以解决我国广大以农业生产为主体的城镇乡村地区农业产业转型升级和产业发展路径过程中对空间要素配置的要求和互动关系，激活创新产业动能活力可持续发展，匹配物质空间载体与产业生态需求的分级共轭关系为研究目的。第一，中国小城镇特征研究。总结小城镇的主体特征和面临的主要问题，预判小城镇的发展趋势，提出小城镇发展战略和特色化发展策略。开展新型农业产业发展路径与模式研究，挖掘农业产业化的核心内涵，归纳农业产业链的系统环节，解读新型农业产业化的概念，提出新型农业产业化的发展模式。第二，特色小城镇全域空间要素研究。把复杂综合的空间通过层层分级和分类，按照"对象—功能"的划分原则，拆解为功能明晰的空间要素，并对其自身的特性进行研究。以功能为主导，对空间要素所包含的物质空间形态、人的活动行为和意向等特征进行剖析，形成完整的全要素空间配置体系。第三，基于产城乡一体化的空间耦合关系进行研究。探讨农业产业化的发展和村镇空间的演化是如何相互影响、相互作用的。将农业产业发展逻辑与全要素空间配置进行匹配，寻找与农业产业化密切相关的空间要素，以及在产业发展路径内，空间配置的变化特征。将耦合状态下空间要素叠加出不同的组合模式，并以关联性逻辑推演不同空间要素的组合结构模型。

应用情况：第一，目前各地纷纷开展国土空间规划编制工作，成果针对农业特色小城镇提出更全面的技术方法，可融入国土空间规划中；第二，成果可以为特色小城镇整体开发建设提供整体流程及思路，可用特色小城镇整体开发建设的市场推广；第三，全域空间分类方法为国土空间规划编制中用地的分类提供了一种方法，可作为研究专题应用其中。

社会效益：项目选择农业型小城镇这一最基层、最普遍的研究对象，并从农业这一根基型产业着手，更有利于找到城乡融合的动力机制，同

时使小城镇规划更加贴近真实，带动农业升级、促进县域经济的发展。对地方政府来说，将空间规划作为落实产业发展的载体，以产业反推空间的角度，更利于规划工具的有效实施。项目一年的研究过程中培养了更多了解小城镇，甚至了解农村的城市规划师。技术导则和指南为一线技术人员提供较直观和可操作的技术指导。项目以全域为研究思路，将镇村统一起来，也符合村庄发展趋势，为集团乡村振兴方面的研究提供了很好的对接窗口。

环境效益：项目研究成果可以对小城镇和农村规划、建设等方面进行指引，可以避免盲目建设、反复建设、无效建设等建设行为，相对也减少了建设过程中的环境污染。

项目提出的空间配置模型，可以有效集约节约土地资源，促进区域内设施共建共享，生态、生产、生活空间统筹考虑，符合国家倡导的以生态文明为中心，统筹山水林田湖草，建设美丽中国的核心理念。

承担单位：中国城市建设研究院有限公司
主要参加人员：史纪、赵明草、宋文博、张曦、杨琼、李坤、李远、陈悦、曹阳、杨柳
完成时间：2019 年
获奖情况：中国建设科技集团科技进步二等奖

农村公共厕所抽样调查及建设、管护典型案例研究

基于 2019 年 7 月 31 日住房和城乡建设部村镇建设司下发《关于征集农村公共厕所建设与管护典型案例的通知》，向各省、自治区住房和城乡建设厅，直辖市建委，新疆生产建设兵团建设局征集各地农村配建公共厕所和管护方面的典型做法和经验，用于推进农村公共厕所建设，提高管护水平。课题抽样调研了解县域农村公共厕所的建设情况，总结梳理了各地农村公共厕所建设和管护方法和经验，整理公厕案例和图集，为推进地方公共厕所建设工作做指导。

（1）整理了全国范围内征集到的 198 座农村公共厕所案例。案例涉及 20 个省 131 个建制镇及村庄，全国东、中、西部地区均有覆盖。

（2）分析了全国范围内征集到的 198 座农村公共厕所案例。其中水冲式厕所 177 座，旱厕、免水冲式、微水冲式、废水冲式等其他类型的厕所 21 座。案例中有 51% 的旅游公厕或建设在旅游地区的公厕，数量为 101 座；一般村庄公厕数量为 96 座；附属式公厕 15 座，占所有案例的 7.6%；活动式公厕 28 座，占所有案例的 14.14%。198 座公厕中有 67 座公厕带无障碍厕位或第三卫生间。

（3）调研了北京市、辽宁省、山西省、浙江省、山东省、湖南省、四川省 7 个省的 35 座公厕。

（4）总结了 198 座农村公共厕所及实地调研的情况，遴选出近年来我国应用于不同类型农村公共厕所的成功案例，编写《农村公共厕所建设与改造案例图集》。

课题遴选适用于不同类型农村公共厕所的《农村公共厕所建设与改造案例图集》，让农村公厕在改造及建设时结合技术经济条件，选择合适的厕所类型类别进行建设，节省了时间成本、研究成本；直接选型进行建设，减少了建成后不适用的资源浪费。

承担单位：中国城市建设研究院有限公司
主要参加人员：徐海云、屈志云、彭冉、黄丹丹
完成时间：2019 年

村镇县（市）有机垃圾与畜禽粪便共发酵模式研究及工程应用

项目从共发酵厌氧体系入手，开展多项共发酵技术研究，建立不同消化物料中共发酵协同互补效应，以提高厌氧消化的产气量与产气率，并且工艺设备的共享也可以减少投资和运行成本，提高经济效益。课题提出多原料共发酵创新体系，以提高农村生活垃圾有机垃圾资源化利用水平和清洁能源化利用水平，减少环境污染改善农村生态环境，促进社会主义新农村的环境保护。有机垃圾数量的减少能极大地降低垃圾管理和处置的费用，使更多的垃圾能够得到适当的处理，农村生存环境得到改善。建立村镇（县）有机垃圾收集运输体系及相应的模式，包括畜禽粪便的收集运输模式、农村秸秆的收运模式及种植垃圾、餐厨垃圾等有机垃圾的收运模式。建立"区域循环利用模式"项目的原料主要围绕农业有机废弃物，重点为秸秆、畜禽粪便和餐厨垃圾等有机废弃物，三种原料的分布特点与理化特性不同，分别建立收储运体系。通过对共发酵的发酵过程技术参数筛选及优化，确定适合多原料共发酵的厌氧发酵体系，并通过对发酵罐体及配套设备的研究，得到最优化工程设计方案，使发酵周期明显缩短，产气率提高 10%—20%；

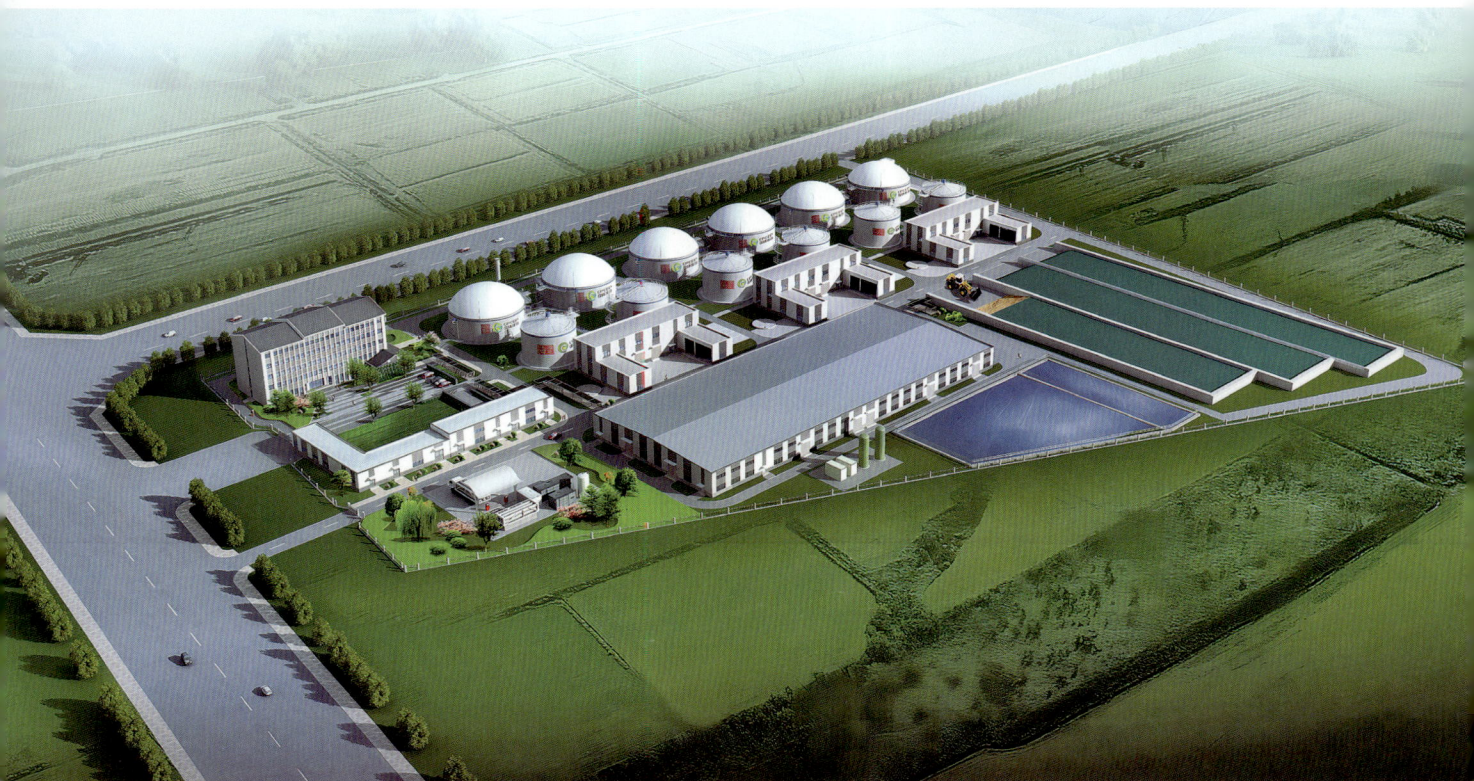

通过对沼气净化利用系统的分析，优化最佳的工艺技术方案，并建立完整的沼气高值利用体系及技术集成；对比固体有机肥系统的几种方式，在优化工艺的基础上提出了高温好氧堆肥 + 菌剂的高效有机肥技术，形成适合共发酵系统的固体有机肥生产体系及技术集成。

在课题的系统研究基础上建设了一项有机垃圾与畜禽粪便的示范工程——江苏淮安国峰清源生物燃气有限责任公司生物天然气、有机肥项目，设计总规模为日产 3 万标准立方米生物天然气。同时，在课题研究基础上编写《巴彦淖尔市生物质产业发展实施方案》，本实施方案以多管齐下、统筹结合的综合管理模式指导规划布局，通过全面实施巴彦淖尔生物质产业规划工程，对畜禽粪便、农作物秸秆和其他生物质资源进行整体布局、系统规划、综合处理，真正改变巴彦淖尔市生物质产业的现状格局，对于改善内蒙古乃至我国华北、西北地区生态环境，打造沿黄生态经济带，保障生物质产业化平稳推进，建设生态文明，实现绿色发展，具有重大的现实意义和深远的战略影响。

方案工程化应用后，能提高农村生活垃圾有机垃圾资源化利用水平和清洁能源化利用水平，减少环境污染改善农村生态环境，促进社会主义新农村的环境保护。有机垃圾数量的减少能极大地降低垃圾管理和处置的费用，使更多的垃圾能够得到适当的处理，农村生存环境得到改善。既节约了大量资源，减轻了农村有机垃圾处置的高额成本，又产生了清洁能源，减少了煤炭燃料在生产、消费过程中所带来的环境影响。具有环境和经济双重效益。

承担单位：中国城市建设研究院有限公司
主要参加人员：耿欣、屈志云、杨晶博、袁松、黄丹丹
完成时间：2019 年
获奖情况：2019 年中国建设科技集团科技进步二等奖

农村公共厕所维护使用现状调查与管护指南研究

根据《城乡建设统计年鉴》中的农村公共厕所的建设数据，对各地区农村公共厕所建设情况进行初步分析；再深入调研 69 个村 63 座公共厕所后，结合各地出台的农村公共厕所升级改造计划，对每个省的农村公共厕所情况进行逐一分析。提出农村公共厕所提升改造时的困难及问题，总结各地区的建设及管护经验，编写农村公厕建设与维护指南。

提出了农村公共厕所的建设及改造应逐渐由够用向舒适型转变。粪便污水应因地制宜地选择后续处理方式，但最终排入环境的水体应满足当地水体的排放要求。提出了农村公共厕所应不断完善管理及维护机制，改变"重建设、疏管理，建得快、坏得快，有人建、没人管"的现状。调研了现状农村公共厕所的使用情况，发现农村公共厕所卫生

情况堪忧，在后续工作中应加强维护管理，注重如厕环境的提升，以及对居民卫生与健康意识的宣传教育。总结了各地区的建设及管护经验，编写农村公厕建设与维护指南。

根据各地区乡村需要建造一定数量的公共厕所，粪便和污水冲入化粪池，粪污收集后统一处理，减少影响居民健康的污染源，减少了居民因粪污引起的医药费支出；加强公共厕所的管理及村内环境维护，设置的村内保洁员解决了个别村民的就业问题，其中部分为贫困户。在农村卫生环境整治中，随着农村地区公共厕所的建设及改造，使用时加强管理与维护，提升后的公共厕所与环境形成统一的整体，使得乡村的卫生环境有了质的飞跃。

延伸资料

·平安庄常住人口 988 人约 410 户，村内公共厕所有三座。两座 2016 年建设，一座 2017 年建设，每座公厕占地面积约 30 平方米，建设形式为装配式公厕，均有采暖保温设施。每座公厕建设费用约 15 万元。

·每座公厕均由 4 间无性别厕位间及一间管理员休息室组成，日常有一名保洁人员负责三座公厕的保洁工作，早晚各打扫一次，每月费用 1500 元。

·每座公厕均配有储水罐，水由泵井抽取后暂存，用于日常冲厕。储水罐采用热缆加热的防冻方法，使水冲厕冬季正常使用。

·2019 年初整村铺设给排水设施，化粪池直接接入市政污水管网，粪污纳入市政污水管统一处理。在 2019 年之前，粪污排放至化粪池存满后由抽粪车进行抽吸，抽吸时间不固定。

·公厕内卫生整洁、设施完善。有检查小组负责定期巡检工作。

承担单位：中国城市建设研究院有限公司

主要参加人员：徐海云、屈志云、彭冉、杨晶博、景国瑞

完成时间：2019 年

农村公共厕所调查与分析研究

2018 年 2 月 5 日，中共中央办公厅、国务院办公厅印发《农村人居环境整治三年行动方案》，提出将开展厕所粪污治理作为其重点任务之一，合理选择改厕模式，推进厕所革命，在人口规模较大村庄配套建设公共厕所，同步实施厕所粪污治理。进行了农村公共厕所信息采集平台统计收集到的各省市数据分析（已收录农村公厕数据 167253 条）及实地公厕调研，对我国农村地区在当前"厕所革命"中公共厕所的现状、存在的问题和困难进行调查与分析研究，编写了《农村公共厕所建设与管护导则（报批稿）》；并提出其他相应的对策。

（1）提出了因地制宜建设农村公共厕所应遵循"布局合理、因地制宜、经济环保、使用方

便、文明安全、整洁卫生"的原则。

（2）提出了规划先行，按照标准进行设计、施工及验收的具体建设思想。

（3）提出了建管结合、以管为主，不断建立健全"建、管、用"并重的长效管理机制，确保"厕所革命"保持长效。

（4）提出了粪污收集、治理需因地制宜。

（5）提出了积极组织村民学习文明如厕，加大宣传倡导力度。

（6）总结了农村公共厕所信息采集平台数据及调研情况，评价农村公共厕所现状问题，编写了《农村公共厕所建设与管护导则（报批稿）》。

随着厕所改造工作的推进，整改了粪污裸漏、散排乱排的现象，从而减少苍蝇蚊虫的滋生，降低了疾病传播的概率；此外，粪便无害化处理后的粪液直接用于农田施肥，一定程度上减少对水源、土壤等环境的污染，从而使肠道传染病、寄生虫病的发病率下降。农村居民减少了疾病，节省了看病的费用；环境改善以后，促进经营投资，间接促进经济的发展。

厕所改造后，对粪便进行管理，减少对水源和环境的污染，从而减少粪便污染带来的疾病，提高了农民的健康水平。另外农村户厕及公厕的改造，改善了村民的人居环境，村民们养成良好的如厕习惯，健康行为得到促进，同时提高了生活质量。农村人居环境整治是我国建设社会主义新农村面临的新课题，将现有的城市公厕建设及管理模式直接用于村镇，存在很大局限性。课题调查及分析农村公厕现状并提出相应对策，有助于提升我国农村公共厕所的建设及管护。

承担单位：中国城市建设研究院有限公司
主要参加人员：徐海云、屈志云、聂小琴、彭冉、杨晶博、景国瑞
完成时间：2019 年
获奖情况：中国建设科技集团三等奖

农村生活垃圾收运处置体系建设和非正规垃圾堆放点整治各省（区、市）工作情况汇总分析和评价研究

为督促落实《关于建立健全农村生活垃圾收集、转运和处置体系的指导意见》和《关于做好非正规垃圾堆放点排查和整治工作的通知》，住房和城乡建设部组织第三方机构对各地工作完成情况进行现场核实，需对核实结果进行汇总分析评价。课题制定抽样核查工作方案并指导调查公司进村开展现场核查，汇总分析抽样核查结果，研究制定评价标准并进行初审，组织专家对初审不合格的样本进行复评，对问题突出的行政村和非正

规垃圾堆放点提出整改建议。课题形成的农村生活垃圾收运处置体系建设第三方核查评价报告、非正规垃圾堆放点整治第三方核查评价报告，为住房和城乡建设部开展工作督导和挂牌督战提供了依据，为地方组织实施整改提供了指南，对各地确保完成农村人居环境整治三年行动任务起到了积极作用。

承担单位：中国建筑设计研究院有限公司
主要参加人员：王庆峰、李晓、徐冰、王元媛、王晓
完成时间：2020 年

农村生活垃圾分类和资源化利用技术模式调查与经验总结

为进一步提升农村生活垃圾治理水平，住房和城乡建设部组织开展了农村生活垃圾分类和资源化利用示范县推荐认定工作，组织专家调查农村生活垃圾分类和资源化利用技术模式并对各地推荐的候选示范县（市、区）进行评审。课题组织专家赴部分第一批示范县（区、市）开展现场调查和技术指导，总结提炼可在全国推广的分类方法和长效机制等优秀经验，编制《农村生活垃圾分类和资源化利用经验总结》材料并进行推广。组织专家对 2020 年第二批候选示范县（市、区）进行评审，对示范县推荐材料进行系统梳理和定量评价，汇总整理专家评审意见并提出认定名单草案。课题在推动农村生活垃圾分类和资源化利用示范县经验推广方面起到积极作用。

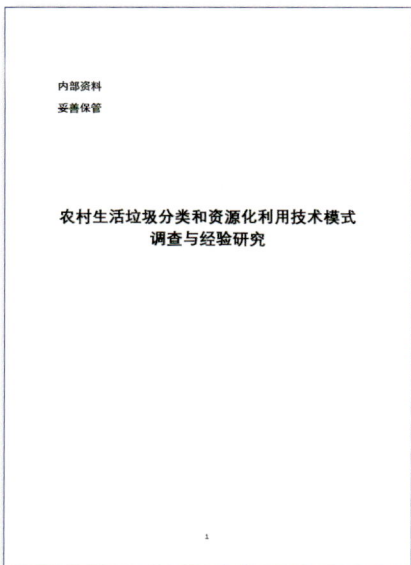

承担单位：中国建筑设计研究院有限公司
主要参加人员：王庆峰、李晓、王新鹏、范金龙、石卿
完成时间：2020 年

基于隔震与装配式的新型高性能村镇建筑结构体系研究

　　依据我国不同地域建筑风俗与文化传统，针对不同村镇区域经济发展水平，研发多种类型的高性能村镇建筑抗灾结构新体系，包括摩擦型隔震结构村镇建筑抗灾新体系和预制预应力混凝土拼装框架装配式高性能村镇建筑抗灾新体系。通过高性能结构体系的试验研究，建立相应的数值分析方法和数值分析模型，研究其地震灾害灾变机理和性能演化规律，揭示地震作用下村镇建筑的失效模式，建立相应的设计方法。

　　项目开发的村镇建筑适宜性防灾减灾新技术，与传统的村镇防灾体系相比，村镇建筑适宜性防灾减灾体系可以显著增强其抵抗地震灾害的能力，保障村镇建筑安全，减少村镇区域在地震灾害中的生命财产损失，具有重大的社会意义及经济价值。

承担单位：中国建筑标准设计研究院有限公司
主要参加人员：王伟凤、雷远德、岳红原、赵远征
完成时间：2018.12.01—2022.12.31

04 标准、导则与指南

　　多年以来，中国建科投入大量研发资金支持行业技术标准、指南规范等基础成果研发。科研创新活动有力支撑了村镇规划建设技术创新和政策创新，在推动我国村镇特色化规划建设和高质量发展，村镇规划建设管理规范化、法制化发展等方面起到了重要支撑作用。作为技术支撑单位，牵头组织编制《村庄规划标准》《镇规划标准（GB 50188）》《村庄整治技术标准（GB/T 50445）》等国家标准。

《镇规划标准》

《村庄整治技术标准》

小城镇住区规划设计导则与住宅建设标准化研究

《绿色村庄建设技术手册》

《村庄道路及院落生态化硬化技术指南》

《乡镇集贸市场规划设计标准》

乡村厕所构建与运行技术导则及标准研究

《小城镇特色规划编制指南》

《小城镇人居环境整治建设导则》

《农村装配式节能绿色建筑实施技术标准图集》

《北京市美丽乡村建设导则（试行）》

《北京市村庄建筑风貌导则》及建筑设计图集

《安徽省农村人居环境整治导则》

湖北省枝江市乡村建筑导则及图集和示范性农房建筑设计

大别山片区、太行山片区村庄整治指南（图解）

《镇规划标准》

《镇规划标准》（GB 50188-2007）由住房和城乡建设部于 2007 年 5 月 1 日颁布实施。原《村镇建设标准（GB 50188-1993)》废止。该标准适用于全国的村庄和集镇的规划，县城以外的建制镇的规划亦按本标准执行，主要用于指导村镇规划编制。

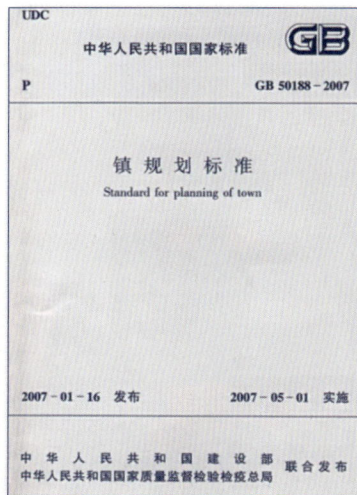

《村庄整治技术标准》

《村庄整治技术标准》（GB/T 50445-2019）是我国在新时代乡村振兴背景下，系统指导村庄人居环境整治工作唯一的国家标准，对全面实施乡村振兴战略和加快农业农村现代化发展具有积极意义，对规范全国 250 多万个村庄整治工作有着重大的实践指导作用，是"十四五"时期实施乡村建设行动的重要技术指导文件。

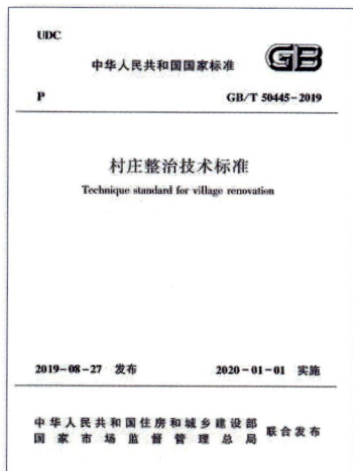

承担单位：中国建筑设计研究院有限公司、北京工业大学、北京市市政工程设计研究总院有限公司、中国城市建设研究院有限公司、中国疾病预防控制中心环境与健康相关产品安全所、武汉市规划研究院、中规院（北京）规划设计有限公司、内蒙古城市规划市政设计研究院有限公司、常州市城市照明管理处

主要参加人员：单彦名、田家兴、马东辉、孙国富、赵志军、戴前进、徐海云、潘力军、杜遂、傅晶、魏保军、杨永胜、刘锁龙

完成时间：2020 年

小城镇住区规划设计导则与住宅建设标准化研究

为体现国家发展小城镇的战略需要，依靠科技进步发展小城镇、解决"三农"问题、推动农村富余劳动力转移、加快城镇化进程、促进小城镇经济、社会和人口、资源、环境的协调发展，科技部决定启动小城镇科技发展重大项目。项目旨在通过对小城镇发展共性关键技术的攻关研究，形成一整套适合我国国情的小城镇发展理论、战略及主导政策，推出一批小城镇发展急需的关键技术与产品，并在技术集成的基础上，建立一批不同区域特色的科技示范小城镇，为全国小城镇的健康发展提供强有力的科技支撑。项目在小城镇发展战略、相关政策与规划标准、地方特色产业、基础设施建设、环境保护与资源、能源合理利用、科技示范及机制研究等领域共设置 21 个课题。

项目创新

（1）提供支撑小城镇住区建设的技术体系和具有可操作性的量化标准、指标和评价方法。

（2）提出具有前瞻性、引导性和可操作性的小城镇住区规划设计导则。

（3）全面解决小城镇住宅设计的技术问题，为全国小城镇住宅的高水平设计提供技术支持。一是小城镇住宅通用设计解决了不同地域小城镇住宅设计的基本原则、技术标准、传统特色保护等方案性问题，提供了全新的、示范性的设计思路和设计理念；二是成套的小城镇住宅通用设计可以直接用于建设施工，为小城镇住宅建设起示范作用；三是内容包括成套新技术应用、新设备选用与安装、新型构配件设计与施工及传统特色住宅设计构造做法等的系列图集，可在小城镇住宅设计中直接被引用（采用），保证了小城镇住宅设计技术先进、质量可靠、构造合理、经济适用。

（4）对我国具有代表性的地方传统民居建筑进行全面的分析、提炼和总结，深入研究与现代社会、环境、经济、技术的结合，并将研究成果转化为应用技术，编制可直接用于设计选用和施工的构造详图，实现典型传统特色小城镇住宅的标准化设计。

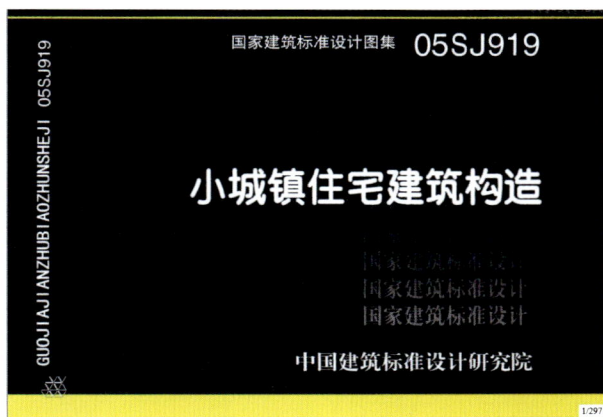

项目意义

研究成果以调查研究报告、导则、标准设计图集等形式出现。《小城镇住区规划设计导则》可通过一定程序形成行业标准；3 个系列的小城镇住宅标准设计图集共 22 册，均已于 2005 年 10 月经建设部"建质〔2005〕201 号"文批准为"国家建筑标准设计图集"，可在小城镇住区建设中大规模应用。

根据有关部门的统计，在工程设计中采用（引用）标准设计图集的占 70% 以上。研究成果可在小城镇住宅设计中被直接采用，使用对象范围广，适用性强，对小城镇住宅的建设可以起到切合实际的指导作用，同时可大大促进新技术、新材料、新设备、新能源的开发应用，拉动生产制造业的发展，促进广大农村地区的经济和生产力发展，解决剩余劳动力的就业问题，加快农村城市化的进程，产生良好的经济效益。

2006 年 3 月 26 日，建设部在北京举行了"建设社会主义新农村——农房建设送图下乡"活动，将以本课题研究成果为依据编制的"系列小城镇住宅标准设计图集"（22 册）免费赠送给全国 1887 个重点镇。此项活动在全国引起热烈反响，中央电视台等各大新闻媒体都进行了报道。全国很多省、市都受此活动引导，参照本课题的研究成果，积极组织编制当地的村镇住宅设计图集。

社会效益

通过对小城镇住区规划设计导则的系列研究，可以提出小城镇住区环境质量控制标准，同时改善小城镇住区生态环境，减少空气污染，为广大城乡人民创造舒适、优美的生活工作环境，使人口、资源、环境协调有序地持续发展，是落实我国全面建设小康社会重大发展战略的具体行动。住宅建设标准化研究系列成果，特别是传统特色住宅设计技术的研究，对解决小城镇住宅建设日益严重的"千村一面、万屋一统"的问题，起到从理论上指导，建设上可直接采用的重要作用。小城镇建设形成地方特色，是对我国传统建筑精神和文化的有效继承和发展，也是对世界文明进步与发展所作出的重大贡献，社会、环境效益十分显著。

承担单位：中国建筑标准设计研究院有限公司

主要参加人员：孙英、林建平、李力、程述成、黄传涛、李桂文、焦燕、汤铭潭、万成兴、胡楠、晁元良

完成时间：2003—2005 年

获得奖项：华夏建设科学技术奖三等奖

《绿色村庄建设技术手册》

　　为大力推进村庄绿化工作，整体提升村庄绿化水平，切实改善农村人居环境，住房和城乡建设部组织编制了《绿色村庄建设技术手册》。课题通过系统梳理地方政策和实践经验、开展典型村庄实地调研，基于村庄绿化的现状与问题提出绿色村庄创建工作的总体要求，对村内道路、坑塘河道、公共场所、农户房前屋后和庭院、村庄周边等五个重点区域绿化和古树名木保护的基本要求、建设内容、推进技术和长效机制提出指南，并形成图文并茂的技术手册。课题在农村适用的绿化推进技术方面，结合农村人居环境整治、绿色生产生活、乡村经济发展提出创新技术。课题的成果用于住房和城乡建设部相关政策制定的参考，并多次用于全国住建系统、市长研修学院等培训，对基层干部组织村民科学有效种绿、护绿起到了积极作用。

承担单位：中国建筑设计研究院有限公司

主要参加人员：张雪、李青丽、王庆峰、何小娥、刘艺青

完成时间：2017 年

《村庄道路及院落生态化硬化技术指南》

为指导实施村内道路硬化工程，解决村民行路难问题，切实改善农村人居环境，住房和城乡建设部组织编制了《村庄道路及院落生态化硬化技术指南》。课题通过广泛的实地调研，总结各地村庄道路、院落生态化硬化的方法以及推进措施，明确了村庄道路、院落生态化硬化的基本要求，分别提出道路硬化、院落硬化和配套设施建设的设计、施工、验收、养护等各环节技术要点，并形成图文并茂的技术指南。课题将适用于农村的绿色、透水路面纳入推荐范围，提出针对性技术指南，具有一定创新性。课题的成果用于全国住建系统培训，对基层干部组织村民采用生态化方式硬化村内道路及院落起到了积极作用。

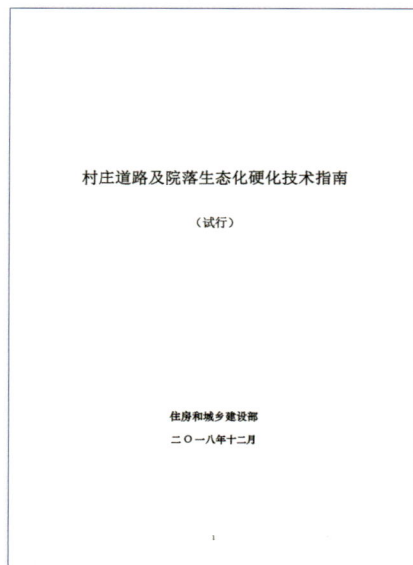

承担单位：中国建筑设计研究院有限公司

主要参加人员：王庆峰、张雪、石卿、林山红、李崇雷

完成时间：2018 年

《乡镇集贸市场规划设计标准》

《乡镇集贸市场规划设计标准》（CJJ/T 87-2020）由住房和城乡建设部发布，自 2020 年 10 月 1 日起实施。上版行业标准《乡镇集贸市场规划设计标准》（CJJ/T87-2000）制定于 20 世纪 90 年代中后期，2000 年开始实施。

原标准于 2000 年颁布，为落实城乡统筹、乡村振兴的战略要求，编制组经过广泛

大美乡村规划建设
Beautiful Rural Areas of China: Planning and Construction

深入的调查、研究、征求意见，本标准对于新时期集贸市场的内涵与适用范围进行了调整，对于集贸市场的类别划分与配套指标进行了调整，并增加了现代物流体系的要求与内容。本标准坚持以人为本的原则，按照贸易与交往并存、效率与活力并重、传统与现代并举的规划理念和导向，重塑集贸市场的地域和文化特色，恢复集贸市场的活力和魅力，重点解决集贸市场秩序混乱、环境不佳、消防隐患等问题。

承担单位：中国建筑设计研究院有限公司

主要参加人员：冯新刚、李霞、周丹、宋文杰、王迎、王迪、王璐、郭星

完成时间：2020 年

乡村厕所构建与运行技术导则及标准研究

近年来，环境保护部、财政部积极推进农村环境综合整治，2008—2015年累计安排 314 亿元，支持 7 万多个村庄实施农村环境综合整治，重点治理农村污水垃圾等。到 2020 年，新增完成环境综合整治的建制村 13 万个。因此，亟须制定保障农村厕所建设的相关标准和图集，以确保国家的宝贵资金能真正发挥作用，切实改善农村水环境。本课题研究目的是通过课题的研究建立农村厕所工程的规划设计、施工建设、维护管理等方面的具体标准；建立农村厕所处理技术的产品制造标准；对农村厕所处理设施的运营、维护管理提出要求，希望通过本课题的研究，相关标准和标准图集的编制，建立起一套针对农村厕所工程从产品生产、应用、建设、运维等全产业链进行质量控制的质量保证体系。

研究成果将为我国农村厕所改造方面的核心设备升级、乡村厕所规范化运行和维护管理指导起到关键作用，可进一步显著改善我国乡村厕所造成的环境卫

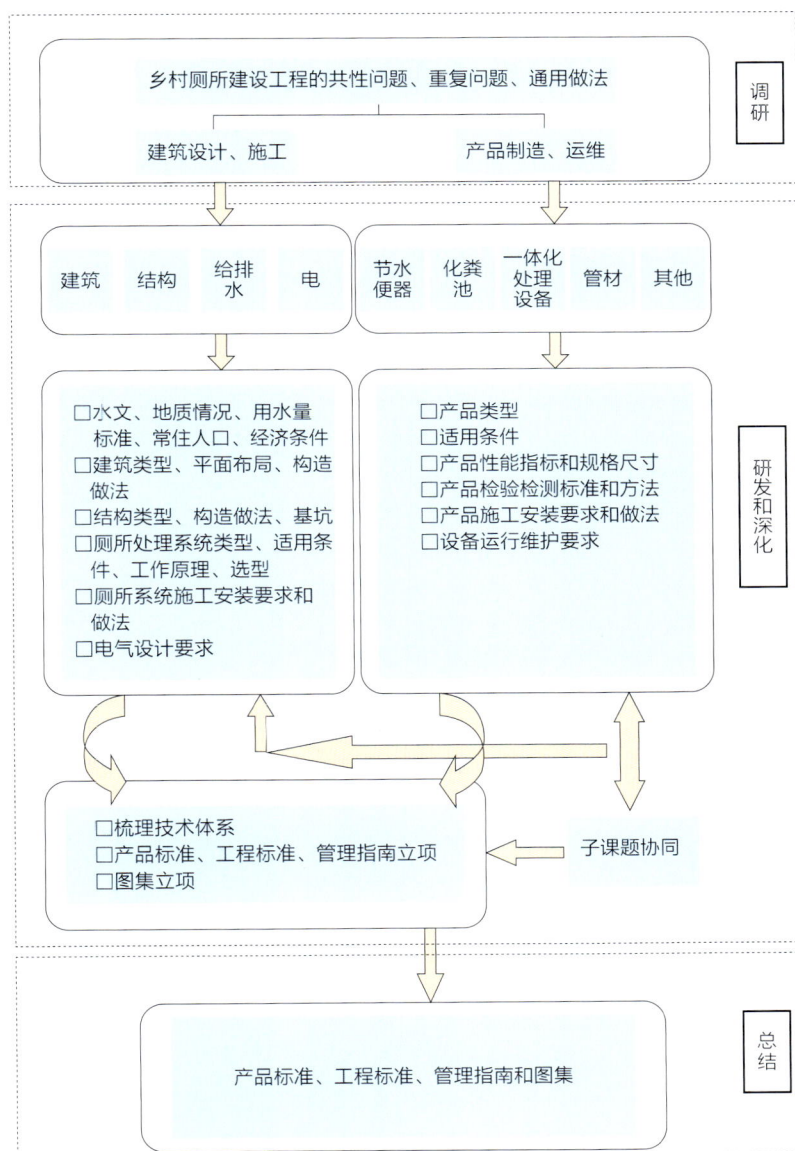

生问题。通过技术开发和标准化体系构建，促进厕所核心设备研发等相关产业的升级，同时结合标准和指南体系用于农村地区改厕，使研究成果得到产业化推广应用。研究成果预期能够显著提升乡村厕所系统设备制造和管理运行效率，带动农村地区的卫生和环境品质明显改善，构筑环境友好的美丽乡村绿色发展的生态体系，具备长远的生态效益。

设计单位：中国建筑标准设计研究院有限公司
主要参加人员：王岩松、张艳峰、武子斌、赵格、郭景、邢巧云
完成时间：2018—2022 年

《小城镇特色规划编制指南》

　　避免小城镇地域特色丧失、"千镇一面"现象蔓延，更好地指导全国小城镇规划和建设，提升小城镇规划编制质量和建设水平，住房和城乡建设部委托中国建筑设计研究院城镇规划设计研究院开展小城镇特色规划的研究工作，研究采取了多路径收集资料、多渠道征求意见、多方位剖析案例、多角度审视规范等工作方法，以图文并茂的形式提出小城镇特色规划编制要点。

　　本指南在系统梳理小城镇现状基础上提炼出九个影响小城镇风貌塑造要素，并通过正面案例引导、反面案例警示等方式归纳出系列规划要求。这份研究成果较好地吸纳了各地村镇建设的成熟经验，广泛征求了各大院校专家的意见建议，具有较高的学术价值和实践意义，同时，可以作为基层管理人员、规划设计单位从事村镇规划建设工作的有益借鉴和技术依据。

承担单位：中国建筑设计研究院有限公司
主要参加人员：冯新刚、李霞、周丹、陈玲、杨超、王迎、郭星、于代宗、贾宁、单彦名、高朝暄、王松、王璐、王迪、王萌、陈梦莉、范晓杰、令晓峰、刘丹青、高明、王永祥
完成时间：2020 年

《小城镇人居环境整治建设导则》

开展全国小城镇人居环境整治建设案例研究，科学认知小城镇人居环境整治建设工作，明确干净整洁型小城镇的总体思路、工作目标、工作重点、保障措施、技术要点等内容，为开展全国小城镇环境综合整治工作提供技术支撑。研究方法主要有案例调研和政策分析。通过梳理，得出干净整洁型小城镇的特征和问题有：工作对象面大量广、建设工作面向实施、建设水平普遍较低、东西部地域差异大。通过对云南省新街镇、苍岭镇，安徽省霞西镇、庙岗乡，宁夏回族自治区柔远镇、头闸镇6个乡镇的调研，从工作目标、工作机制、工作内容和重点、资金保障和长效管理机制五个方面总结出借鉴经验。最后，得出干净整洁型小城镇人居环境整治建设工作建议，并形成了《小城镇人居环境整治建设导则》，作为技术性文件指导各地开展工作。

承担单位：中国建筑设计研究院有限公司
主要参加人员：李霞、冯新刚、王璐、范晓杰、王玮珩、周丹、王迎、孙璇等
完成时间：2020 年

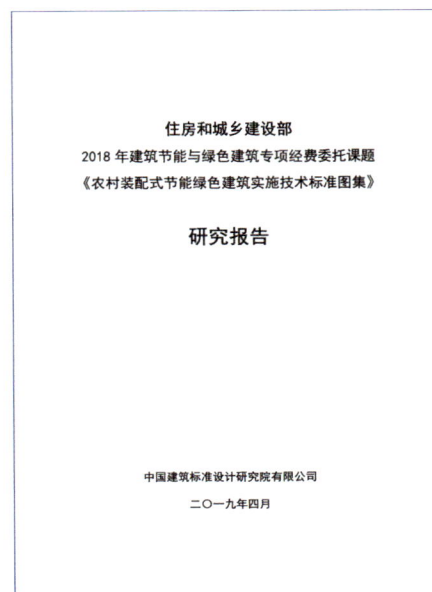

《农村装配式节能绿色建筑实施技术标准图集》

课题受住房和城乡建设部建筑节能与科技司委托，为2018年建筑节能与绿色建筑专项经费委托课题。通过对我国农村地区住宅建筑现状的调研考察，结合各地农村住宅建筑平面布置、住宅类型、生活习惯以及各地已发展较成熟的轻型房屋技术体系，以提高农民生活质量、改善居住条件、提升房屋安全质量为重点，科学制定农村建筑规划体系和建筑建造技术体系。通过大面积调研资料的整理，分析梳理了我国农村住宅的建筑形式、绿色节能措施及建筑结构技术体系发展现状，按照气候、地方居住习惯、地方民居特点等对我国农村住房划分区域，选择具备产业化条件的四个重点区域分别开展了深入研究。

针对装配式轻钢边框泡沫混凝土配筋墙板结构、钢框架发泡水泥承重墙板结构、装配式轻型木结构和冷弯薄壁型钢密肋结构四种类型的建筑，

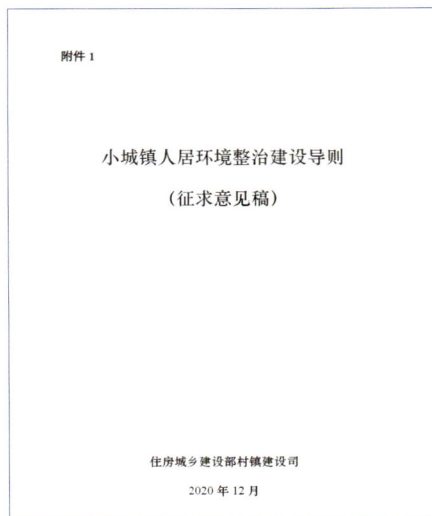

本着因地制宜的原则，着眼于建筑方案、结构造型、节能绿色、简易建造、经济适用等因素，结合装配式建筑特点，以标准化思路进行研究，以达到编制建筑设计标准图集的要求。同时对农村装配式节能绿色建筑推广实施过程中存在的问题与不足提出了相应的对策及建议。

课题提出了《农村装配式节能绿色建筑实施技术标准图集》的编制技术路线和编制内容，研究成果对于解决我国农村地区技术人员严重不足、房屋建设水平相对落后等问题具有指导意义。各地可参照标准图集的研究成果，制定相关建设指导方案，从而提升我国农村的建筑技术水平，改善农村住房品质，提高农民生活质量，为我国农村建筑的技术转型提供助力。

承担单位：中国建筑标准设计研究院有限公司
主要参加人员：高志强、曹俊、周祥茵、段朝霞
完成时间：2019 年

《北京市美丽乡村建设导则（试行）》

《北京市美丽乡村建设导则（试行）》是北京市落实乡村振兴战略，开展"疏解整治促提升、扎实推进美丽乡村建设"工作的重要技术性支撑文件。基于北京市美丽乡村建设内涵，提出"一拆除、治四乱、两整治、一革命、八提升、一健全"的系统性具体建设指导。导则适用方向明确，强化"怎么去建"；引导重点准确，聚焦乡村容乱象、污水垃圾。对道路与停车、绿化美化等重点方向设计针对性的引导对策；设计引导分类，对北京市村庄进行分区分类引导；技术标准集成，减少九龙治水、多头管理的现象。表达方式易懂，以图文并茂的方式和通俗的语言编写，注重提高可读性。

承担单位：中国建筑设计研究院有限公司
主要参加人员：冯新刚、李霞、王迎、王璐、单彦名、马慧佳、陈梦莉、高明、王永洋、宁可佳、周丹
完成时间：2018 年

《北京市村庄建筑风貌导则》及建筑设计图集

以党的十九大"乡村振兴"战略为指导思想，根据北京市《实施乡村振兴战略扎实推进美丽乡村建设专项行动计划（2018—2020年）》和《怀柔区实施乡村振兴战略扎实推进美丽乡村建设专项行动计划2018年工作实施方案》的要求，参照《美丽乡村建设指南》（GB/T 32000-2015）、《北京市美丽乡村建设导则（试行）》等各类规范、标准，在怀柔区村庄建设现有工作成果基础上，针对实地调研中发现的村庄建设亟待解决的具体问题，提出通俗易懂、便于操作的引导措施。《北京市村庄建筑风貌导则》从"分区管控—分类管控—重点要素管控"三个维度对怀柔区村庄建设风貌进行管控。分区管控，包括对平原地区和山地地区2个分区村庄风貌控制引导。分类管控，包括控制性要求和引导性要求2大类。重点要素管控，对影响村庄建设风貌的规划布局、环境整治、村庄设施、建筑风貌共4大类26项重点要素提出控制引导要求和实施技术措施。

图集由建筑特色研究、建筑改造措施、建筑设计原则、建筑设计思路和建筑设计图集五部分构成。针对平原地区和山地地区等不同地区的居住建筑需求和特点，传统型民居与传承型民居等不同风格的建筑，提出多种村庄民居建筑设计方案，形成建筑设计图集。

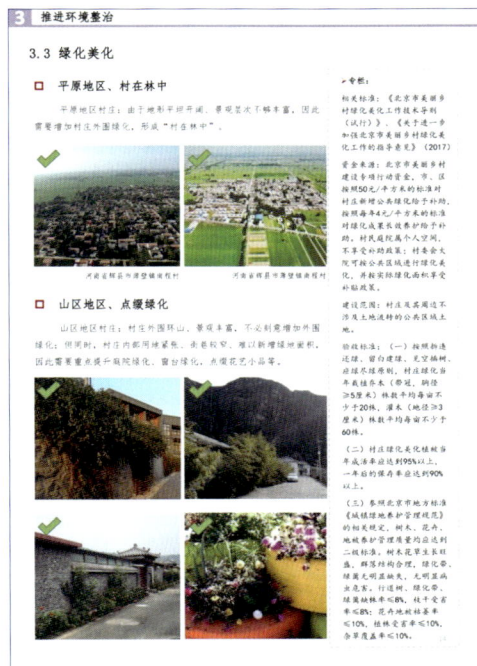

承担单位：中国建筑设计研究院
主要参加人员：李霞、王迎、苏童、王宇、高明、赵浩然、陈梦莉、郭星、杨猛、徐北静、王永祥、范晓杰
完成时间：2019年

《安徽省农村人居环境整治导则》

为推进安徽省农村人居环境整治三年行动，进一步提升农村人居环境水平，结合安徽省实际，针对农村人居环境整治实施的工程建设领域，制定《安徽省农村人居环境整治导则》（以下简称《导则》），以明确整治标准和技术措施。《导则》适用于安徽省农村人居环境整治，确定实施异地搬迁的村庄、拟调整的空心村等可不列入整治范围。《导则》包括总则、农村生活垃圾治理、农村厕所及粪污治理、农村生活污水治理、村容村貌提升和农村人居环境整治负面清单六个部分。

在安徽省农村人居环境现状调研基础上，针对突出问题进行重点有效引导。同时，通过国家政策解读和国内外地区案例借鉴，形成安徽省农村人居环境未来持续改善提升的目标方向，进行更好、更美、更宜居的方向性引导。针对重点问题，尤其是垃圾、厕所、污水治理工程，明确建设标准，以刚性管控为主，保障全面达标。按照目标导向，尤其是村容村貌整治工程，丰富案例展示，以弹性引导为主，注重突出特色。把握安徽省区域发展差异，根据不同村庄类别，因地制宜，进行分区分类引导，因村施策，科学确定整治目标、重点任务和治理模式。梳理相关专业技术标准，在整治内容和目标上进行充分衔接。

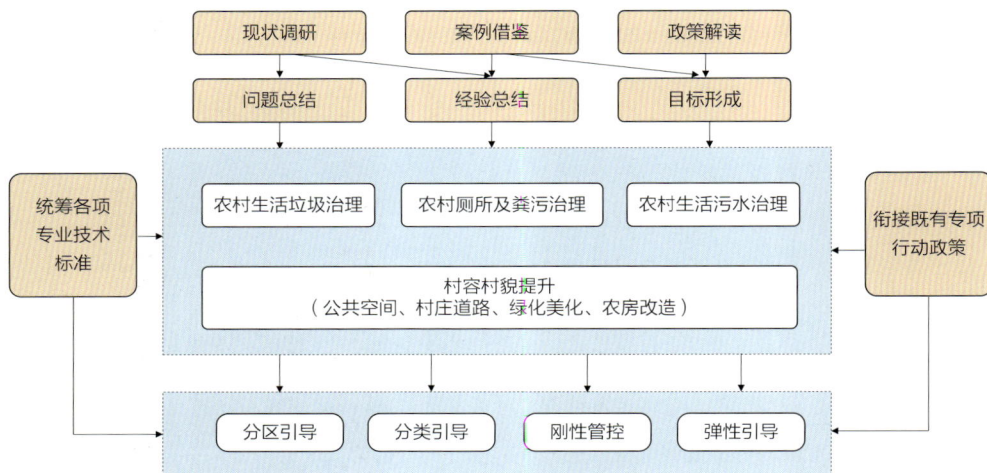

承担单位：中国建筑设计研究院有限公司

主要参加人员：冯新刚、李霞、王迎、王璐、李志新、王永祥、朱冀宇、单彦明等

完成时间：2018 年

湖北省枝江市乡村建筑导则及图集和示范性农房建筑设计

项目主要以建设"枝江地域"的荆楚风格建筑为目标，通过深化对枝江地域建筑的理解，在建筑设计中融合现代生活需求及传统文明精粹，旨在改善枝江市人民生活环境的同时，继承和弘扬荆楚建筑文化，发掘和展现三峡水乡风貌。

研究将提炼市域内典型村庄的建筑要素，明确整体建筑风格和色彩，提出有效的管控方法。并且会结合场地环境，选择有代表性的农房试点，为导则和图集的推广提供示范。

自新中国成立以来，在政府的引领下，我国乡村风貌及人居环境都得到了极大的改善。自 2019 年起，为了推进党中央提出的乡村振兴工作，实现现代化田园城市奋斗目标，枝江市各村落开始集中建设安置小区。本项目旨在为不同村落建设提供建设思路及风貌引导。

承担单位：中国建筑设计研究院有限公司

主要参加人员：冯新刚、李霞、王宇、周丹、张丹丹、李广林、王磊、王柳丹

完成时间：2017 年

项目规模：枝江市范围内所有村庄（枝江市总面积约 1310 平方公里）

大别山片区、太行山片区村庄整治指南（图解）

　　为贯彻党的十八大关于深入推进新农村建设和建设美丽中国的精神，加强对大别山片区、太行山片区的支持和指导，立足两大片区的自然条件、经济社会实际和村庄建设条件，打造村容整洁、基础完善、生活幸福、生产方便的美丽乡村，住房和城乡建设部委托中国建筑设计研究院分别编制了大别山片区、太行山片区村庄整治指南（图解），供参与村庄整治的基层干部、技术人员和群众使用。通过通俗易懂的图文和实例，对各项整治内容进行细化讲解，供参与村庄整治的基层干部、技术人员和群众使用。

大美乡村人才培养

　　"致天下之治者在人才"。乡村人才是乡村振兴战略的主力军，乡村规划建设人才队伍，是乡村人力资本开发中至关重要的一环。要大力培育新型乡村建设者，加强乡村规划建设专业人才队伍建设，发挥乡村生态治理人才对人居环境的保障作用，鼓励各类乡村工匠积极投身乡村建设，创新跨界人才培育和引用机制。这些优秀人才一方面靠县乡两级政府汇集农村青年，通过培训教育进行正规训练，逐渐形成乡村建设专项教育培训体系；另一方面，要重视各级科研院所和企业的在地技术推广，让科研技术体系回归乡土、落地生根，通过讲座、交流、短期培训的方式，培养一批又一批的乡村建设工作者。在农业现代化过程中，乡村人才培养是国家的重要事业，坚定实施乡村振兴战略，中国定会走出一条乡村人才培养的特色道路。

05 不同历史阶段的乡村建设者

"致天下之治者在人才"。乡村人才是乡村振兴战略的主力军，回顾不同历史阶段的乡村建设者，可以客观自觉认识我国村镇建设历史和现实。

一、改革开放以前的乡村建设者（1949—1978 年）

土地改革实现了"耕者有其田"，之后的农业合作化和集体化进程，在当时的环境下催生了农村工业，主要为农业生产和城市工业提供加工服务。乡村建设者因为一些特定技术产生分工。

农业合作社由几户或十几户农民组成，并相对确定一种集约化的经营方向。在这一过程中，第一批改变村庄基础设施的规划建设者，是从农田水利工程开始培养的。以村庄为单位，较大规模的农田水利建设无法通过零星几户农民完成。原始的乡村建设者队伍，必须保证快速组织劳动力，在特定季节完成基础设施建设或改造。这类工程既保证了稳产高产，也同步提高了村庄防灾抗灾的能力。当时合并出现的"大公社"正是满足了实施较大工程建设，调动劳动力和资金的需要，农村人民公社化的浪潮，让全国大部分地区的乡村建设者，实现了广泛联合。

著名的"农业学大寨"，是从初级农业生产合作社开始，以村庄为单位集结劳动力，持续挖山填沟、修造梯田、改良耕地，其本质就是先完善农业基础设施，进而达到粮食丰收增产增效。1963 年大寨村经历的洪灾是靠村民作为一线乡村建设者完成重建，包括大规模损毁的村民房屋、梯田、大坝。大寨村作为当时的典型，从乡村建设者的角度输出了宝贵经验，村干部始终坚持在生产一线参加劳动，并在村庄规划和建设的实施过程中逐年进行管理提升。大寨精神浓缩成四个字就是"自力更生"，也同样是当时乡村建设人才特征的集中表述。

拦河围海、围湖造地、改良土地、修建梯田、建造水渠、修通道路、建造房屋，农村大地上翻天覆地的变化，背后是人的力量。他们来自本土村庄、他们共建自己家乡，几亿农民未曾受过专业训练，却用不到 30 年时间，靠人力作业的方式，大规模改善了农村基础设施，把我国农业生产提高到一个新水平。

二、改革开放以后的乡村建设者（1979—2001 年）

改革开放改变了农村人才长期封闭和不流动的状态，在市场经济体制逐渐形成的过程中，农村人口开始逐渐流向城市。大量的农村人才开始向非农业产业转移，导致乡村本土人才流失严重，造成部分地区农村建设人才极度匮乏的情况。然而，现代农业发展要依赖高素质的农村人才，要提高农业经济的竞争力，必须依靠农村人力资本的投入，依靠农村人才素质的全面提高。

乡村规划建设需要有知识、有文化、有能力的人，自20世纪80年代后期开始，伴随城市化的发展，大量的青壮年流出乡村，成为打工人或是创业者。这种人才流动的自由，也让有创新精神的农民有机会改变命运，成长为农民企业家，为社会创造更多财富。然而，农村人才的不断流出，让"农民"仅仅成为一种身份，在地缘上无法联合力量建设家乡，也没有回乡村、促发展、搞建设的意愿。

三、社会主义新农村的建设者（2002—2011年）

党的十六届五中全会以后，针对农村劳动力教育匮乏的情况，国家开始加大农村劳动力的职业培训，改变大量的青壮年农民没有接受过职业教育，在农村无法发挥应有的作用，直接进入到城市劳动力市场的现状。2003年开始，国家建立了资助家庭经济困难学生的就学制度，同时对农村基础教育环境投资力度不断扩大，改善了农村人才成长的基础条件。2007年的中央一号文件提出"加快发展农村职业技术教育和农村成人教育，扩大职业教育面向农村的招生规模"，重在促进农村人才的成长环境。

社会主义新农村建设的主要内容，包含了建设村镇、改善环境。在村庄环境改造提升的过程中，住房改造、垃圾处理、安全用水、道路整治、村屯绿化等工作，都需要专人专职做好统筹协调和落地实施。中央再提村级自治组织建设，就是为了能够让农民主动有序地参与到乡村建设的事业中。

社会主义新农村建设提倡在科学规划的指导下进行乡村建设，而不是盲目上工程项目。城乡二元体制影响下，城市规划的经验无法直接用在乡村规划建设中。大部分乡村亟须改善的是道路和给排水设施，因此有条件的地区率先开展了村庄整治工程。有能力完成这项工作的人才，大部分不是本村农民，而是外部聘请的团队根据地区特点，提出了因地制宜的规划实施路径。这个时期国家加大力度提高了农民医疗保障水平、教育均衡发展和社会保障体系，一系列举措都是从农民的根本利益出发，缩小城乡差距，进而为下一个阶段从局部小康迈向全面小康，夯实人才基础。

四、生态文明时代的美丽乡村建设者（2012 年至今）

党的十八大以来，我国在培养乡村治理人才上开展了一系列工作。中央企业在关注农村、走进农村、建设农村的过程中，为打赢脱贫攻坚战贡献了力量，通过干部挂职"第一书记"等方式，在乡村产业发展、乡村治理、社会工作等方面发挥了重要作用。《中共中央国务院关于实现巩固拓展脱贫攻坚成果同乡村振兴有效衔接的意见》指出，"延续脱贫攻坚期间各项人才治理支持政策，建立健全引导各类人才服务乡村振兴长效机制"，这是国家针对乡村建设人才培育存在的问题，提出的多渠道、多形式的培养方式。从人员范围上，把外出务工人员、大专院校毕业生、退伍军人都纳入可培训范围内，充实乡村建设的基层队伍。各地方也史无前例的重视和完善乡村人才服务机制，激励人才留在乡村，以全面推进乡村振兴。

乡村振兴，关键在人。一直以来，乡村人才的引、育、用、留，都是当地政府重点工作之一。随着国家对乡村建设工作的不断深入，多元合一的培养模式逐步成为主流；当地政府、培训机构、中央和地方企业，各自发挥优势，共同参与乡村人才培养。人才培养的过程，一方面，在一定程度上先缓解乡村建设人才青黄不接的现状；另一方面，根据各地区特点，精准培养紧缺人才，在乡村规划之前首先完成人才规划，再结合人才培养规律，逐步扩充总量、提高质量、进而优化人才梯队和组织结构。

各地区不论是发展乡村旅游、现代农业、工业商贸，都需要乡村规划建设人才为产业发展打下基础。各省在"十三五"期间广泛开展特色小（城）镇建设，建设中与招商引资同等重要的就是人才聚集。特色小镇的专业化人才通常从产业出发，区域技能劳动者和专业技术人才占多数，经营管理人才和具备研发能力的科技人才需要依靠特色小镇人才引进政策导入。规划建设人才因为培养周期长，在小镇建设初期大部分依靠外脑，由咨询或设计公司提供规划建设的智力支持。从开发阶段过渡到运营阶段，则有条件稳定本土专职规划建设人员，逐渐形成具备全局和整体意识、有系统性工作能力、能实现长远战略规划落地的团队。

美丽乡村目标对乡村建设提出了更高的要求，不仅要保护自然风貌，还要传承历史文化，改善乡村风貌，发展特色农业。我国幅员辽阔，不同地区的村庄规划更应关注自然的本底条件，更加依赖深度了解本土特点的人，按照因地制宜、因村而异、因特色产业而借力发力的原则，提出科学合理的建设模式。在共同缔造的过程中，各地广泛尝试

大美乡村规划建设
Beautiful Rural Areas of China: Planning and Construction

可持续的人才培养机制和服务保障。在这一阶段，中央提倡调动广大农民群众积极参与基层管理和建设，各地区也通过政策鼓励发动农村群众在规划建设家园工作中的积极性。以乡镇为组织，以村庄为基点，不仅扩大了党员干部的专项教育培训，还积极拓展了村民小组和社会组织加入规划建设和社会管理服务。外部进驻工作的规划建设专业人员，不仅延长了驻村服务的周期，还以授人以渔的心态，尝试整合当地本土工匠和新乡贤，形成本土梯队。

06 新时代乡村建设人才培养

　　新时代应大力培育新型乡村建设者，加强乡村规划建设专业人才队伍建设，发挥乡村生态治理人才对人居环境的保障作用，鼓励各类乡村工匠积极投身乡村建设，创新跨界人才培育和引用机制。

一、乡村规划建设人才

2018 年中央农村工作会议强调，乡村振兴要靠人才、靠资源，要着力抓好招才引智，促进各路人才"上山下乡"投身乡村振兴。在推动乡村振兴的过程中，国家把人力资本开发放在了首要位置。2021 年，中共中央办公厅、国务院办公厅印发了《关于加快推进乡村人才振兴的意见》，作为纲领性指导文件，提出乡村振兴，关键在人。

乡村振兴的总体人才类型划分，可分为生产经营型、专业技能型、管理服务型、生态保育型、文化传承型。因为城乡规划学科体系的特点，乡村规划这一领域的专业人才，具备跨界和融合的属性，有能力促进土地、资金、产业的汇集和循环，对乡村振兴至关重要。优秀的乡村规划师，既要懂得当地的产业经营特点，又要具备专业的规划技能，还要理解政府的管理服务思路，懂得生态保护和乡村本底条件改善，同时还要能够读懂乡愁，通过适切的方式，传承地域文化。

城乡规划是我国普通高等学校的本科专业，隶属于工学。"城乡规划学"在我国曾经是"建筑学"下面的二级学科，以前学科名称是"城市规划"。2008 年我国《城乡规划法》出台之后，教育部修改了学科名称，2011 年设置为独立的一级学科。这一学科的特点是交叉综合性强，需要经济、地理、交通、水利、社会、历史、文化等多学科知识的融会贯通。学科发展对推进我国城乡规划发展的理论与实践，促进城乡统筹和区域协调稳定具有重要意义。

中国当代城乡规划，经过 60 余年形成了一套相对独立的规划体系和工作方法。县镇级的城乡规划在这一体系中，与各层级的行政机构设置吻合，规划职能按照规划对象有明确的专业分工和分类。乡村规划的目标是引导和控制村庄的整体发展，可以延伸到对具体空间变化的管理，在今天更加突出公共治理。一些典型的村庄规划案例，定位接地气，工作组织方式本土化、社会化，能鼓励村民多元化参与到整体规划过程中。

村庄规划人才需要具备专业素养，懂得保护生态环境、保护耕地、整合利用资源，同时需要了解村民的实际需要和国家各层级的标准规范，才能提供居住安全、公共服务到位、基础设施完善、投资空间良好、环境美化的规划方案。在村庄特色产业升级改变的过程中，既要懂山水格局、乡土文化，又要控建筑风貌、促产业发展。早期为了避免"千村一面"，国家提出共同参与的乡村规划，提倡让村民代表加入编制组，并在方案定案前征求全村村民的意见。现在的陪伴服务模式，更需要规划师具备沟通协调能力，在规划过程中，负责人要同时协调政府、村民、投资方和施工方等多方利益。

当前情况下，大部分村庄没有自己的规划师，在农村人才分类培养体系下，规划应归类于管理服务型人才，这类人才从业务切入点应掌握农村土地利用和承包、土地承包经营权流转、农村基础设施建设、农村交通和公路养护等内容。村集体基层干部中，有明确责任和能力专职负责村庄规划的情况很少。可根据乡村实际发展需求，设置优惠政策，把专业人才，如一些"特岗"报考的高校毕业生，引入这些专项岗位，进而形成长远职业规划，让有能力的人留在乡村。

村庄规划在实施过程中，需要协调各类技术单位形成合力。村委会基本可以承担项目选址和施工指导的工作，但因为缺乏村庄自己的规划专职人员，仍需县、镇两级政府协调相关资源和条件，给出上位规划并提出引导性要求。从基层参与来看，村民主要负责提出共同的村庄发展诉求。

目前示范性村庄规划项目主要依靠专业设计院团队主导实施。一方面，整合政府、村民、投资方诉求；另一方面，协调项目可研、选址、工程招采等技术类工作。农村所有的建设活动，如果要实现可持续有效发展，应进行完成的业务跟踪服务，包括规划、筹备、组织、管理、实现、后续等各流程。如果牵头人或负责人不稳定，会造成好的规划无法落地，多边的协调工作无法理清头绪，不利于村庄发展。

第一，"特岗"可以在有条件的地区定向吸纳"城乡规划"专业的高校毕业生，这些学生可以出任村官或技术岗位，从事促进村庄规划编制、基层规划事业发展、乡村基础设施建设相关的工作。"特岗"人员具备较高的文化素质和科学素养，比政府官员更容易领会国家最新政策，年龄上的优势更适合在当地做好宣传和纽带的工作。第二，"新乡贤"不仅有一技之长，还擅长利用网络媒体促进村民对新事物的认知和理解。新乡贤在擅长领域往往可以示范和引领广大村民形成合力，甚至某些地区可以支持新乡贤群体形成教育平台，实现农民大众的进步并加固信任。"新乡贤"虽然有很好的群众基础，但仍需农村基层组织强化和主推优秀事迹。在土地治理、农业水利、机械操作等方面有专长的"新乡贤"，村集体可以提供条件扩展其有关乡村规划的理论基础，了解适宜性规划思想和适切性技术，在乡村规划中起到更加重要的作用。第三，"培训机制"可以针对普遍短缺的农村规划人才队伍，带动乡村规划能力提高。鼓励采用新理念、新方法、新途径，持续性地开展示范性培训活动。选取重点村组干部、大学生村官、乡村教师等，作为培养对象，通过有组织的培训，逐渐形成一支具有一定知识储备和专业素养的带头人队伍。已成规律和特点的地区，还可以设定符合当地发展需要的人才认定标准，逐渐扩大规模，形成定向输出和循环。

二、新时代的乡村生态治理人才

国土空间规划的全要素，包括山水林田湖草等自然空间要素以及城、镇、村等人工环境。国土空间行动方略包含了国土空间构成要素的各类使用方式，即保护、开发、利用、修复、治理等。农村地区既具自然生态特征又具人工特征，乡村的构成、组织关系、发展演进的路径和城市完全不同。农村广泛存在着生产、生活和生态空间，正因如此，乡村生态治理的人才不仅要懂农业生产，还要深刻理解农民的生活，并具备生态保护的知识。和上述内容最接近的学科是"风景园林学"（景观学），是我国普通高等学校的本科专业，隶属于工学。现代景观学服务生态系统，追求生态和文化综合价值，通过分析、规划、设计、改造、管理、保护、修复等方法实现人与自然的和谐关系。景观学横跨理工、农林、艺术、人文等多种学科领域，包含了生物、植物、地理地质、土木建筑等不同分项内容，是人居环境学科群的支柱型学科之一。

乡村生态治理人才，宏观上应该了解景观规划设计和生态修复的大尺度实践方法，微观上还要懂得植物应用和工程技术的具体技术，遇到具有遗产保护价值的村庄，还应具备保护和修复的基本知识。本土成长起来的乡村生态治理人才，有着最朴素的观念，懂得"保留村庄风貌，少砍树少填湖"，往往有比较丰富的在地农业知识和种植经验。本土生态治理人才和正规高等教育培养的"景观设计师"偏差较大，高校走出的设计师和农村迫切需要的一线人才偏差也较大。

新时代，国家提出加强乡村风貌整体管控，防止乡村景观城市化，改善农村人居环境，建设美丽宜居乡村等，都是乡村振兴战略的重要任务，涉及的生活垃圾、"厕所革命"、污水治理、村容村貌、建设保护等工作，都需要特定懂技术的人落地实施。从科研单位和高等院校提出的各类乡村人居环境改善的关键技术，或者说是全域土地综合治理的方法措施，对应到每一个村的实施，缺的不是一个全能人才，而是一支精良的专业队伍。

"实施乡村振兴战略，必须破解人才瓶颈制约。"早期村里的农业技能型人才的带动作用较大，他们的各种经验把粗放型的低产低效，带入到技术引领的高产高效水平，正是这些农民，快速成长为本土技术人才。在农村基础设施不断完善的过程中，基层农村出现了新的职业，包括环保管理人员、环保设施运维人员、生态保护看护人员、乡村环保宣教人员等。历年中央一号文件和政府工作报告都会提到生态保育型人才的发展提升策略，在一系列政策引导下，该领域的乡村振兴人才的培养工作，开展时间较长，也有较好的连续性。当前，国家对乡村生态治理人才的工作内容做出要求，包括：农资用品污染、水污染、土壤污染、固体废弃物污染、生活垃圾、公共环境等方面的防治和整治。"十四五"期间开展的农村人居环境整治提升行动卓有成效，到2021年，国家明确提出"健全农村人居环境设施管护机制"。一线工作者不仅要能深刻理解村镇规划建设目标，还要懂得农田保护和生态涵养，进而完成一系列具体的工作。生态治理的工作区别于其他，需要长期的本地维护和群众教育。政府持续增大对乡村环保设施建设的投入，完成各类基础设施的建设，投入运营之后人才管理如果跟不上，会出现成本增加甚至设施弃置的情况。

乡村生态治理工程类目繁多，从实施主体上看也并不统一。不论是架桥修路还是农田改良，不论是黑臭治理还是厕所革命，抑或修坝筑堤连同景观风貌提升，各类工程都是一个子系统，有政府主导完成的，也有国企主导的；有村镇自己实施的，也有市场资本驱动的；有外乡精英来实现情怀的，也有本土创客从零开始的，还有村民自发的零散工程实践。

政府主导的工程实施，一般紧跟政策，一定时期有专项资金到位，可以完成较大体量的工程，但如果在此过程中，村民没有广泛参与，长期的生态维护会后劲不足。国企主导的工程，针对性更强，在专长领域能够一针见血解决问题，但是很难覆盖全周期的乡村生态治理。村镇主导的工程，往往资源有限，但优点是可以调动本地村民的积极性，通常解决的都是迫在眉睫的问题。市场资本主体进入到乡村，通常是被当地独特的自然生态条件所吸引，所以资源控制意识强，资本和村民合作比较困难，但可以解决部分村民的就业。理想主义者来实现情怀，以及本土创客实践乡村振兴的，这两种都属于个人行为，难以产生规模化影响。村民自发组织的工程，成本最低、实施速度快，但是往往技术不扎实，能力有短板或定位不清晰，长此以往村里的生态工程缺乏整体组织性，第一个动工的村民决定了村庄风貌，本村施工队的能力决定了全村工程的平均水平。

乡村治理仍需扩大人才队伍　探索建立以政府为主导，企业和农民共同协作的可持续运营体系，扩大生态文明建设领域的专业人才规模。只有这样才能保障乡村基础设施长效运行，乡村生态环境可持续发展。

第一，大量培养本土"宣教人员"。村民主动参与的可持续发展生态保护工作至关重要，要选好基层带头人。重点培养对象来自村民，要会引导村民。让村民理解生态环境保护的意义，懂得生产生活和生态之间的关系，明白在实际劳动中，可以用怎样的方式为改善乡村环境作出贡献。

第二，"人才引进"注重景观、环境和传媒三大方向的学生。可以尝试与高校共同培养专业人才，将学生学到的生态环境理论在农村广袤的土地上充分实践。引进的专业人才应因地制宜提升全域治理能力、获得设施应用技能、大力传播环保意识，用创造性的内容和形式引导广大农民投入乡村建设，发挥群众的力量。

第三，"培训机制"的建立。农民作为乡村生态治理的主体，基层应该创造更多的机会和扶持政策，请专家走到田间地头，建立定期培训机制。长远来看，更应该发展区域人才规划，并完善相关的人才管理和保障制度。这样才能通过长效机制，不断将普通劳动力转化成生态治理专业技能型人才，并实现从外部吸纳到形成可以长期扎根农村的专业队伍。培训机制，不仅是落实科技兴农的必然需要，更是推动农业产业化、提供就业岗位、提高劳动收入的有效方法。

三、新时代乡村工匠技艺传承

乡村工匠是乡村规划建设人才队伍的重要组成部分，他们是乡村重要的技术技艺传承人，他们不仅具有一技之长，更深谙乡土文化，是当前美丽乡村建设的规划者、设计者甚至是主导者。随着科技的发展与社会分工的细化，传统的乡村工匠自近代以来开始分化为两个类型：一类是扎根于农村地区的传统手艺人或技艺人；另一类人进入了工业领域，成为工业和城市里的技术人员和专业人员，不是服务农村的乡村工匠。如今，我国进入了社会主义新时代，在乡村振兴的背景下，现在的乡村工匠与过去传统的手工艺人也不可同日而语，其不仅应具备新技术和新理念，还应具备技术创新和开发的能力。

在传统手工艺术消失的情况下，农村建筑出现了同质化现象，美丽乡村建设自然就无从谈起。乡村工匠需要结合农村社会、文化的特殊性来推进乡村建设，在这个过程中，需要打造一大批具有乡村文化敏锐度、技艺精湛的乡村建筑匠人，以此来改变美丽乡村建设过程中乡村艺术内涵缺乏、单调的局面。

当前农村工匠建筑设计和施工人员紧缺，大多数工匠没有机会接受专业教育，建筑学、土木工程、建筑设备，这些有关房屋建造的相关知识靠师傅传帮带。村落建筑、道路、园林等方面的设计施工人员，是乡村工匠中的主干群体，从人民群众的安全和农房建设的紧迫需求来看，应该优先补缺。中国建设科技集团发挥近70年在建筑领域的专业技术积累，选择适应性技术补全农村技术缺口，希望实实在在推进乡村工匠人才的培育。

村里的"能人"往往是土专家，是村舍房屋的一线建造者，他们大多善用当地的建筑材料，无论是泥瓦匠还是木匠，都有本土的技艺传承。但是，全国的人才开发体系和培训鉴定等基础工作尚欠缺，乡村工匠作为乡村振兴的专业技能型人才作用尚未发挥。一些地区的农房修建和基础设施建设质量堪忧，工程实施的质量需要提高，这也是迫切培养乡村工匠的直接原因。

单就农民自建房来看，大部分平房瓦房一般请村里的瓦匠工长出面，组织小规模队伍完成建造，如果是二层以上的楼房，需要专业施工队完成。乡村工匠队伍一般20人左右，在传统施工工序之外也产生外延。以浙江农民自建房工程为例，乡村工匠协助申请人向村集体经济组织或村民委员会提交申请，从早期就介入工程实施，与国家提倡的设计师负责制有相似之处。申请资料除了农村宅基地和建房许可，还需要包含建设工程方案。核发许可证后，乡村工匠开始施工，房屋四址、基槽验收、竣工验收均由专人核验，才能办理不动产登记。

因此，应积极建立乡村工匠高技能人才联合培养制度，通过乡村工匠培训基地建设，优化施工队伍，让其了解基本的房屋建设法律法规。政府应积极打造学习平台，建立有效的教育培训机制，定期展开示范性培训。培训人次达一定规模的地区，应尽早制定人才标准，并长期稳定乡村工匠专项培养、奖励和保障基金。

培训项目应由各县级政府选派符合条件的乡村青年，参加不同主题的短期培训，逐渐补全知识体系。参训人员，第一，应该具备浓烈的乡土情怀、热爱技艺、扎根农村，同时需要有服务乡村、服务大众的意识和理念，具备与人沟通的能力。第二，需要具备一定的科技文化素质，受过教育，具备基本的读图、算量、组织能力。第三，乡村工匠应该具备深厚的乡村文化意识修养和文化传播意识，能够及时把握乡村文化和艺术发展的脉搏。第四，乡村工匠应该具备工匠精神，不仅在技术技艺方面追求精益求精，还需要保持专注专一，勇于创新。

1. 农房建设队伍

农房建设，关系生命安全，应由接受过专业训练的乡村工匠队伍，按照国家法律法规的安全性能要求进行修建。由于农村住房建设通常楼层低、户型固定、技术难度不大，综合人工成本的因素，以自建房施工队为代表的乡村工匠队伍在各地普遍存在。政府应积极鼓励这样的施工队伍提升业务水平，每年提供机会学习国家和地方法律法规，把建设安全稳定、质量过硬、人民群众满意的农房作为首要目标。对于既有建筑改造为餐厅、民宿、超市、代购点、棋牌室、幼儿园、展览馆、作坊等情况，村里的能工巧匠必须掌握公共建筑设计施工的强制性规范。对于地质灾害隐患区域的房屋、年久失修安全隐患问题严重的建筑，乡村工匠也应具备基本的排查能力，能够明确分类、拆除或重建、加固或更新。农房建设队伍是当前乡村工匠的主力军，也是技术条件最好的继续培养对象。加强农民施工队伍和高校、科研院所、企业的合作。既能推广新材料新工法，还能从一线出发精准提高人员素质，为乡村振兴伟大事业贡献积极力量。

2. 农业设施建设队伍

农业设施，关系农业生产，应由了解基本农机工作原理或生产养殖工艺的乡村工匠队伍，按照安全生产的需要和农业现代化的要求进行修建。例如，在不占用永久基本农田的前提下，设施农用地可以建设养殖设施。能够完成这类工程的乡村工匠需要了解某项农法或养殖技术，了解专业用房包括粪便处理和检验检疫等特殊功能方面的技术。不论是新建、改建、扩建都需要符合污染防治规划和防疫条件。例如，蘑菇栽培房有砖木结构、干打垒、大棚，也有旧房或地下室改造而成，乡村工匠队伍需要懂得菇房对温度、湿度、通风、光线的要求，对菇房的空间比例、屋顶坡度、密闭性要求等要非常熟悉。农业设施建设队伍的能力，直接决定当地农业现代化发展水平，影响农民投入生产劳动的积极性和劳动付出的价值。乡村需要发挥好本土农业能手的带头作用，就地培养更多爱农业、懂技术、善动手的现代农民。通过基层党组织的第一书记、大学生村干部、农村工作队等人才工作机制，吸引具备特殊技能的外部人才进村，精准培养本村农业发展急需的乡村工匠。这支队伍农业技术含量高，随着梯队人才的完善，可以孵化出多方向的创业团队，是带领村民致富的重要力量。

3. 装配式建筑施工队伍

装配式建筑，可广泛应用于农村的公共空间和公共服务设施，应由专业厂家提供部品部件的生产加工制造，乡村工匠队伍进行快速组装搭建。装配式建筑是农村建房的发展方向，是建造方式、建造技术、建筑材料、施工组织的变革，在农村的危房改造和抗震改造过程中，预制钢结构、木结构都有所应用。乡村工匠可以结合地区气候特点和材料部品供应情况，完成安全、快速、高品质的农房搭建。乡村工匠通过集中培训，掌握必备的防腐、隔音、防潮等处理要求，即可形成一支施工队伍，完成叠合板、楼梯、阳台、隔墙、复合式墙体等快速安装。这些经过培训的农民施工队，通过高品质的房屋性能、良好的口碑、合理的价格，可以在当地获得稳定的业务来源，加上物流和机械业务支持，创造了新就业岗位，形成了乡村振兴特色人才培养的优化路径。

4. 古建筑修缮施工队伍

古建筑修缮，是历史文化名村名镇和文物保护的重要工作，应由了解古代建筑遗存构法和加固改造要求的乡村工匠队伍进行施工。古建修缮技术传承方式主要靠口传心授，苏州地区通过培训发展了大量的专业技术工人，根据当地营造特点，工种包含石雕工、砖细工、木雕工、木工、瓦工、假山工等。古建修复工匠普遍劳作辛苦、收入不高，传统营造技艺遭遇困境，面临后继乏人、技艺失传的局面。因此，我国职业教育谱系院校逐步开设"古建筑工程技术"专业，输送从事文物建筑修缮的专业人员到施工企业。相似的课程体系应下沉至农村，为历史文化资源丰富的村镇，系统性培养乡村工匠队伍。

07 中国建科乡村建设人才支持

中国建科因地制宜编制村庄建设规划，加强基层规划管理力量，组织多方力量下乡编制规划，通过讲座、交流、短期培训等方式，培养一批又一批的乡村建设工作者，引导和支持规划、建筑、景观等领域设计人员下乡服务。

责任规划师

千里不同风，百里不同俗，乡村具有独特的文化基因。然而，样板式开发、穿衣戴帽式改造、流于形式的乡村美化……乡村规划建设中的种种问题，很容易让乡村丢掉了独有的质朴面貌。针对村庄建设"无规划、乱规划和被规划"问题仍时有发生，照搬照抄城市规划现象未得到根本性改变，为落实《农村人居环境整治三年行动方案》关于村庄规划管理基本覆盖的要求，住房和城乡建设部发布了《关于进一步加强村庄建设规划工作的通知》（建村〔2018〕89号）以及《关于开展引导和支持设计下乡工作的通知》（建村〔2018〕88号）。这两个通知强调因地制宜编制村庄建设规划，加强基层规划管理力量，组织多方力量下乡编制规划，特别是要充分认识设计下乡在实施乡村振兴战略、推动乡村高质量发展和促进城乡融合发展等方面的重要意义，以落实《农村人居环境整治三年行动方案》确定的各项任务为重点，引导和支持规划、建筑、景观、市政、艺术设计、文化策划等领域设计人员下乡服务，大幅提升乡村规划建设水平。

在这一背景下，各地开始探索创新设计下乡人才服务乡村的新模式。北京市责任规划师工作从2007年开始试点，在部分城区的规划实施过程中，市规划自然资源委不断探索建立责任规划师制度，打通规划落地的"最后一公里"，取得了一定成效。2017年，北京城市总体规划提出应"建立责任规划师和责任建筑师制度"。自2018年以来，北京市规划和自然资源委员会编制出台了《北京市村庄规划导则》等相关文件，并于2018年5月发布《关于征集规划师、建筑师、设计师下乡参与美丽乡村建设的倡议书》，向社会广泛征集有志做乡村规划建设工作的团队和个人。随后，在总结东城、西城、海淀的街道规划实施，以及各区美丽乡村规划实践的基础上，市规划自然资源委出台了《关于推进北京市乡村责任规划师工作的指导意见（试行）》，旨在充分发挥乡村责任规划师在实施乡村振兴战略、提高村镇高质量发展和促进城乡融合发展等方面的重要作用，进一步提高乡村规划质量和建设管理水平。

中国建科作为地处北京的中央企业，所属中国建筑设计研究院、中国城市建设研究院积极履行社会责任，每一年度都有数十位设计师承担北京市的乡镇、村庄责任规划师工作，多个团队定点服务延庆、门头沟、丰台等区县乡镇。乡村责任规划师的主要职责包括贯彻符合乡村实际的规划建设理念，尊重自然山水格局，发挥生态环境优势，保护和传承乡村历史文化特色，防止大拆大建和乡村景观城市化、西洋化，充分尊重村民意愿，提供全过程、陪伴式的技术服务，有效推动乡村地区健康和可持续发展。乡镇（街道）政府要充分听取和尊重乡村责任规划师的意见，并为乡村责任规划师驻乡提供便利条件。

北京市丰台区单元责任规划师

为贯彻落实《北京城市总体规划（2016—2035年）》《北京市城乡规划条例》《中共北京市委、北京市人民政府关于加强新时代街道工作的意见》《北京市责任规划师制度实施办法（试行）》（京规自发〔2019〕182号）等文件关于责任规划师工作的相关要求，严格依照《丰台区责任规划师制度实施工作方案（试行）》《丰台区责任规划师和社区规划志愿者工作组织及任务清单（试行）》等要求，履行责任规划师职责，开展丰台区23单元责任规划师工作。

重点工作

自责任规划师正式接受聘任以来，23单元团队努力克服疫情影响，深入属地开展调研，积极推动南苑森林湿地公园控规编制，在相关设施选址及公共空间改造方案中，提出相关意见与建议，充分发挥了责任规划师的作用。主要开展以下工作：

（1）分目标、分层次展开实地调研。深入了解单元内现状情况，对单元范围内的人口、辖区范围、三大设施等基本情况进行调研，形成了《三大设施校核成果及调研报告》。开展城市体检调研工作，对单元内一刻钟生活圈、背街小巷、老旧小区综合整治等内容进行调研，面向公众收集体检调研问卷，了解属地相关诉求，提交《23单元城市体检调研成果及调研报告》。并发挥牵头责任规划师作用，形成《和义街道城市体检调研报告》《南苑乡城市体检调研报告》。

（2）依托团队技术优势，履行审查职责。出具责任规划师书面意见14项，涉及方

案审查、选址意见、项目咨询等方面。尤其是跟踪南苑森林湿地公园控规编制工作方面，依托团队技术优势，全面把关相关方案设计，履行责任规划师审查职责，线上线下共对接7次，4次提出阶段性意见与建议，为丰台区的规划建设工作献计出力。

（3）围绕"七有""五性"，聚焦民生项目。围绕和义西里小区内部公共区域的改造提升项目，形成了对立项定位、改造范围、改造功能、改造意向、建设时序等内容的调整建议，形成《和义西里公共空间改造相关建议》。

（4）发挥责任规划师"上传下达"作用。发挥责任规划师在分局、属地街乡、企业、社区等多部门和主体中的纽带作用，促进利益相关方在规划过程中的利益交换和决策。

（5）积极参与责任规划师统筹管理工作。作为责任规划师统筹第一小组成员，与其他单元共同开展工作例会、学习交流、工作宣传、日常管理工作等责任规划师统筹管理工作。

亮点工作

在充分了解属地需求，总结现状问题的基础上，确定责任规划师工作亮点选题。

（1）开展儿童城市规划宣传教育课堂活动。活动主题是北京中轴线及和义街道城市认知，通过城市和所居住的街道认知，提升孩子的城市认知能力，感受北京历史文化名城的魅力，增强家园的归属感、责任感。

（2）探究高密度城市边缘区绿色空间发展与管理政策。结合实地调研中街道绿色空间品质普遍较低的问题，针对未来政府在大型公园管理，以及社区在激发小型绿地活力两类工作中可能面临的问题，开展制度和管理对策研究，形成《高密度城市边缘区绿色空间发展与管理政策研究报告》。

（3）研究老旧小区停车难问题。对老旧小区停车管理进行研究分析，以和义街道为例，充分挖掘现有空间潜力，为改善老旧小区机动车停车问题提出应对方案及改善提升措施建议，形成《和义街道老旧小区停车难问题的调研报告》。

设计单位：中国建筑设计研究院有限公司
设计人员：盛况、骆爽、王迪、朱冀宇、李霞、任芳、周丹、刘帅、王璐、王磊、张耀之、范晓杰、刘欣宇、李秋童等
完成时间：2021 年
项目规模：15.6 平方公里

北京市延庆区张山营镇、大榆树镇、井庄镇责任规划师

责任规划师团队主动作为，深入基层，与镇村交流座谈、实地调研走访，为乡镇"画像"，建立镇基础信息资料车，全面了解镇政府、村委会、村民需求，广纳建议。同时积极参与美丽乡村规划、实施方案审查会，提出审查意见。对辖区内项目严格把关，落实专家评审工作。对接综合审批科，提供日常咨询服务，协助报批方案审查。

重点工作

（1）助力"创城"攻坚，团队多次陪同区领导调研，全程参与并提供技术支持和相

关技术保障服务。

（2）与区级责任规划师共商"京张体育文化旅游带"建设大计，反馈属地特征、问题与工作思路。

（3）聚焦冬奥小镇建设，围绕冬奥环境提升，责任规划师团队手绘方案，参加现场对接、项目沟通会20余次，从经济环保、易实施见效快的角度，积极建言献策，推动冬奥环境整治工程的多个项目顺利实施，效果显著。开展《张山营镇全域风貌导则》专题研究，对全域风貌景观进行持续引导提升。

（4）推动美丽乡村建设，配合分局开展"乡村风貌提升专题研究"，对各镇风貌提出引导要求，指引美丽乡村建设品质与特色提升。配合传统古院落保护修复工作，针对古院落屋顶防水、墙体施工、室内隔墙、传统民居传承等问题，现场指导施工，对古院落后续利用问题提出工作思路，保护传承乡村传统文化魅力。针对下芦风营村村民活动中心建言献策，推荐比选多种建设案例，彰显乡村风貌特色。同时，团队着眼于村庄产业发展，为后黑龙庙村"乡村会客厅"项目提出建设思路，与村书记、企业多方沟通，增强乡村共生关系构建。

大美乡村规划建设
Beautiful Rural Areas of China: Planning and Construction

难点项目

责任规划师团队针对难点项目持续跟踪，与镇、村、相关编制团队就大榆树镇小张家口村搬迁安置方案进行利弊分析。针对窑湾村、莲花滩村泥石流搬迁安置建设历史遗留问题，提出冲突问题及整改意见。对世界葡萄博览园项目选址条件进行分析，引导企业在生态敏感区合理有序开发建设。

亮点宣传

责任规划师团队在北京市规自委公众号平台等发表多篇文章，积极推广宣传责任规划师工作进展情况，提升公参与度及认可度。为延庆责任规划师团队设计"妫画师Logo"，为推动延庆责任规划师工作开展加瓦助力。领衔责任规划师李霞在北京市2020年度责任规划师交流会上作为分论坛对话嘉宾积极发声，分享远郊地区乡镇责任规划师工作经验，进一步扩大了责任规划师的影响力。

设计单位：中国建筑设计研究院有限公司
设计人员：李霞、冯新刚、王迎、周丹、范晓杰、王璐、高明、刘欣宇、刘静雅、郭星、孙璇、王柳丹、俞涛、李志新、胡承江、张恒玮
完成时间：2021年
项目规模：369平方公里
获得奖项：杰出贡献奖（北京市规划和自然资源委员会延庆分局）

北京市怀柔区泉河街道责任规划师

在工作组织方面，建立由1名领衔规划师＋多名建筑、规划、景观、市政等专业人员组成的责任规划师团队，实现不同类型规划人员在设计、实施、管理阶段的全过程

参与；搭建多方工作平台，实现及时沟通，提高工作效率；每周至少开展一次团队内部例会，安排部署相关工作，明确工作重点；及时整理每次责任规划师工作，形成工作日志。在工作成果方面，通过开展调研摸底、上传下达、技术咨询、规划评估、总结宣传等工作，深度参与街道城市治理工作，打造共建共治共享的社会治理格局。

重点工作

（1）调研摸底工作

深入认知泉河街道辖区，走访踏勘辖区内街巷空间、重点公服及各社区；厘清现实问题，发放调查问卷了解居民诉求；编制《怀柔区泉河街道老旧小区现状摸底报告》，剖析现状问题并出谋献策。

（2）技术咨询工作

自觉践行责任规划师实施办法，制定团队年度工作任务及计划清单；聚焦"背街小巷"，开展访谈踏勘工作；积极参与北京市规划和自然资源委员会怀柔分局、社区组织的协调讨论会，提供技术服务与咨询，编制《怀柔泉河街道小泉河片区整治提升发展建议》《泉河街道产业发展对策建议研究》。

（3）上传下达工作

对接分局和街道，开展《怀柔分区规划》解读工作，传达规划重点工作内容；协助北京市规划和自然资源委员会怀柔分局和街道落实市委、区委层面工作部署。

（4）总结宣传工作

在北斜街自选试点，针对使用人群进行改造设计，在满足空间使用的基础上，完成闲置地块更新改造为口袋公园，为老城发展注入新活力；引入公众参与理念，策划"我心中的怀柔城"系列规划公益课堂，面向儿童和青少年开展科普宣传工作，强化宣教落实，达到寓教于乐的社会效应。

设计单位：中国建筑设计研究院有限公司

设计人员：李霞、徐北静、高明、杨猛、刘静雅、王柳丹、孙璇、陈梦莉、宋长奇、王玮珩、徐婷、李燕、贾宁、

王永祥、赵爽、张浩、管力

完成时间：2021 年

责任辖区：北京市怀柔区泉河街道

获得奖项：北京市 2020 年度"优秀责任规划师"

北京市门头沟区龙泉镇、雁翅镇责任规划师

　　龙泉镇属于门头沟城区，是区政府所在地，在规划建设工作中，面临街区控规编制、老旧小区改造、传统村落保护发展等多样化的规划建设需求，工作量大且复杂。雁翅镇属于门头沟深山区，发展动力不足，人居环境较差，面临传统村落保护发展、产业发展绿色转型等迫切需求。

　　自 2020 年 6 月中国建筑设计研究院责任规划师团队签约为龙泉镇和雁翅镇责任规划师以来，团队按照北京市责任规划师的相关要求，与乡镇积极配合，以乡镇落实城乡规划管理工作为主线，与镇领导充分沟通，与居民多方面交流，探索性地开展工作。通过责任规划师工作，不仅有效保障乡镇各项规划落地实施，同时也极大地提升了规划团队的设计水平，有效激发村民建设美丽家园的内生动力。责任规划师制度助力精细化治理，保障政府推进规划落地。

　　在乡镇规划建设中，责任规划师承担的角色是非常多样的，门头沟责任规划师为团队负责制，为更全面服务于规划建设工作，特意选择规划、建筑、景观、市政等多专业的人员组建团队，针对每次与龙泉镇沟通的任务要求，分派具体设计人员，为乡镇的规划和建设决策提供具有技术性或政策性的解决方案。同时，责任规划师制度提供了实操的平台，促进设计团队技术提升。

　　在城市规划建设落实过程中，经常会面临一些困难，比如：规划有了，但具体实操起来却难以落位；建设项目孰先孰后，具体操作的步骤是什么。这些工作在之前仅作为"设计师"是

很少考虑到的，但在责任规划师的角色下，要求设计师从"专项选手"转变为"全能选手"，尤其要重视落地性，对于规划人员对项目的思考角度和设计能力有很大提高。

责任规划师制度构建沟通的桥梁，实现政策自上而下传导乡镇建设一般由镇、区级政府部门组织开展工作，政府难以全面掌握村民意愿。责任规划师作为独立第三方专业技术人员，肩负着为对口街镇、社区提供政策宣讲的职责，通过宣讲会、宣传手册、线上宣传等手段，为基层老百姓解读政府政策，增加政策、方案和技术透明度。在这过程中，规划师积极转变角色，引导村民从"观望"逐步转向"关注"，继而转向"主动参与"，有助于形成共建共治共享社区发展治理新格局。

设计单位：中国建筑设计研究院有限公司

设计人员：（1）龙泉镇责师团队成员：单彦名、高朝暄、刘闯、田家兴、黄旭、李嘉漪、郝静；（2）雁翅镇责师团队成员：俞涛、高朝暄、李志新、韩沛、高雅、田靓、刘娟

完成时间：2021 年

责任辖区：龙泉镇、雁翅镇

获得奖项：北京市 2020 年度优秀责任规划师

大美乡村规划建设
Beautiful Rural Areas of China: Planning and Construction

北京市大兴区长子营镇责任规划师团队服务

北京市大兴区作为平原地区　村庄数量多。为更好地推进美丽乡村规划编制工作，大兴区在全市率先启动乡村责任规划师工作，制定并发布《大兴区乡村责任规划师工作制度（试行）》，积极推进责任规划师制度的建立和普及，吸引全国优秀规划人才，为大兴区美丽乡村建设贡献力量。

按照区级乡村责任规划师制度，大兴区结合 2019 年 9 个镇 142 个美丽乡村规划编制任务，在全国范围内公开招聘，并邀请专家面试，遴选出了 36 名经验丰富的乡村责

任规划师。选聘出的 36 名乡村责任规划师在大兴区采育镇、长子营镇、魏善庄镇、庞各庄镇、榆垡镇、礼贤镇、北臧村镇、青云店镇、安定镇 9 个镇开展相关工作，从全域国土空间管理的角度对大兴区村庄进行规划编制、规划技术审查和规划实施管理等方面的技术指导。

按照工作制度，区级乡村总责任规划师每年驻区累计工作时间不得少于 30 日；每半年需对全区美丽乡村规划及建设工作进行阶段性总结，提出问题并形成对策；同时每一年需对全年美丽乡村规划及建设工作进行总结，形成专题报告，向区政府汇报。镇级乡村责任规划师每年每村驻村累计工作时间不得少于 10 日。

大兴区通过评优逐渐落实形成乡村责任规划师人才库，与人才库中的规划师进行长期合作，对表现优秀的乡村责任规划师，进行适当奖励。乡村责任规划师聘任情况、年度评估等相关信息，在区政府网站公开，接受公众监督。

大兴区还率先在临空经济区开展了责任规划师相关工作，设立了临空经济区起步区责任城市规划师和临空经济区起步区责任城市设计师。在服务临空经济区规划、高水平建设首都新国门、高质量推进临空经济区起步区建设方面，提供专业支撑，做好技术指导。

设计单位：中国城市建设研究院有限公司
设计人员：李坤、李远、王欣平、张曦等
完成时间：2022 年

中国建科人才培训实践

中国建设科技集团进行人才培养实践的重要载体是"人才培训中心"，全称"中国建设科技有限公司人才培训中心"，这是一所由中国建设科技有限公司出资，于 1997 年经北京市西城区教委审批，并在国家事业单位登记管理局登记设立的民办文化教育培训学校。在几十年的发展过程中，培训中心一直是央企作为社会力量办学的重要阵地。学校在不同时期完成了大量国家城乡建设人才的专业化培养，不仅在企业内部形成专业化人才梯队，更重要的是持续将央企科研和工程经验总结提炼，面向全国持续进行知识输出和工作方法宣讲。

1. 专项办学历程

作为一所央企自建学校，人才培训中心长期以来保持非营利身份扎实办学，通过国际合作和地方联手，逐步搭建起国家的职业化教育人才专有体系。从 20 世纪 90 年代的农村住房开始，到如今紧跟乡村振兴战略，人才培训中心聚焦乡村人才培养路径，为国家作出了卓越贡献。

<table>
<tr><td>1996</td><td>建设部批准设立人才培训中心。同时期住建部设立的科研机构共计 12 个，包含：建筑标准设计研究所、建筑科技信息研究所、建筑历史研究所、村镇规划设计研究所、建筑与房地产经济研究所、居住建筑与设备研究所、人居环境设计研究所、建筑防水与工程材料研究所、建设音像出版社、建筑新技术与产品展示推广中心、人才培训中心和设计分院。人才培训中心是国家部委设立最早的建筑类专业培训学校，次年成立后即专注于面向社会，针对建筑行业培养专业技术人才。</td></tr>
<tr><td>1997</td><td>人才培训中心承担了中国和日本两国政府间的专项技术合作——"中国住宅新技术研究与人才培训"项目。该项目为期五年，通过委派长期、短期专家工作组，为中国人民建设实用、卫生和优质的住宅进行指导。其中，人才培训中心对于改善村镇居民住宅设计进行专项技术研究，编写教材并实施培训。集团在 20 世纪 90 年代就提出了明确目标，建设国家级住宅建设人才培训中心，逐步形成制度化的行业性资质继续教育基地。培训内容包含：村镇规划设计、老龄住宅、住宅需求预测、住宅施工、住宅产品试验、住宅性能试验，以及其他新技术及先进管理方法。</td></tr>
<tr><td>2000</td><td>由建设部四家直属单位合并组建中国建筑设计研究院。自 1996 年到 2000 年，人才培训中心作为中日两国政府合作的 JICA 项目实施单位，完成了中国建设部和日本建设交通省签署的合作项目。该项目在双方合作下为推动我国住宅建设的发展，培训中、高级建设行业人才，推广建筑业新技术、新成果作出杰出贡献。同年，中国建筑技术研究院和香港培华教育基金合作，针对当时国家提出的西部大开发战略，组织了"小城镇规划设计与建设管理"专题培训班，首次介绍日本、中国香港和云南等地的规划建设经验，针对当时的国家村镇发展情况进行融合。</td></tr>
<tr><td>2004</td><td>根据国务院《关于做好农业和农村工作的意见》，六部委联合确定了 1887 个镇为全国重点镇，要求将这些重点镇建设作为农村全面建设小康社会的重要任务，把全国重点镇建设成为促进农业现代化信息化、加快农村经济社会发展和增加农民收入的重要基地。由集团所属中国建筑设计研究院、人才培训中心、小城镇建设杂志社三家单位联合，举办了全国重点镇建设与发展培训班。培训对象为各地主管城镇建设的市长、县长、地委和建设局领导干部，以及重点镇的镇长、副镇长及建设相关人员。培训班由建设部城乡规划司、国土资源部土地利用管理司、国家开发银行、国家环境保护总局政策法规司、国家发展研究中心农村经济研究部联合授课。</td></tr>
<tr><td>2006</td><td>针对"十一五"提出的《中共中央国务院关于推进社会主义新农村建设的若干意见》，人才培训中心组织了"社会主义新农村建设与村镇总体规划设计培训班"，针对县域发展、乡镇县设、村落改造等方面进行专项授课，内容包含了基础设施、村容村貌、农房设计等若干主题。同年，全国开展城镇防洪专项工作，人才培训中心针对县城重镇的防洪抗灾组织专题培训班，组织专家对各地防洪应急预案编制思路和任务明细进行授课。此外，针对全国重点村镇建设组织了村庄整治专题研修班；针对特色小镇组织了建设特色小镇专项研讨会。</td></tr>
<tr><td>2011</td><td>人才培训中心举办了"全国村镇规划、小城镇建设与管理培训班"。由中国建筑设计研究院小城镇发展研究中心派出专家，针对"十二五"时期的战略任务，对小城镇功能定位、产业布局、开发边界、公共服务设施和基础设施一体化发展的新格局等，面向全国完成了培训任务。</td></tr>
<tr><td>2012</td><td>住房和城乡建设部颁布实施《农村住房建设技术政策》，成为各级村镇规划建设主管部门进行农村住房规划建设管理的指导性文件。针对大量的村庄合并、拆迁和改造实施需求，同期叠合《城乡建设用地增减挂钩试点和农村土地整治清理检查工作方案》的要求，人才培训中心举办"村镇规划建设与城乡建设用地管理专题培训班"。同年，人才培训中心还针对《城镇给水排水技术规范》进行了面向全国的标准宣贯。</td></tr>
<tr><td>2021</td><td>培训工作的推进因新冠疫情延后，人才培训中心在 2021 年 7 月组织了"乡村美好人居环境的设计与营造"专题培训班。党的十九大报告中提出乡村振兴战略后，中国建设科技集团积极研究国家系列政策，以人才培训中心为载体，面向全国的扶贫干部、各区县负责乡村建设的专班开展培训。在国家乡村振兴局成立之后，各地逐步挂牌成立乡村振兴局。人才培训中心针对地方乡村振兴局班子成员、县市区乡村振兴局局长及相关人员进行教研，根据地方实际需求，将中国建设科技集团六十多年来在村镇规划建设方面的科研成果进行转化和经验输出。</td></tr>
</table>

1997 年，针对当时我国农村住房存在的普遍问题，人才培训中心进行了《村镇集合住宅规划设计研究》，目标是提高村镇小康住宅规划设计水平。当时的研究内容包含四项：掌握村镇住宅的居住实态及居民的要求；研究村镇住宅的规划设计方针和相关技术与设备；编制村镇小康住宅的规划设计方案及示范住宅设计图；编制培训教材。

2. 科技成果转化

大国崛起之路离不开科技创新浪潮的推动和科技成果的转化效率。中国建设科技集团一直以科技创新驱动高质量发展，为加快城乡建设行业的转型升级进行智力输出。高质量发展的城乡建设是中国梦的重要载体，凝聚着人们对美好生活的向往和期盼。乡村整体人居环境和人们的生活都在发生翻天覆地的变化，随着乡村振兴战略的提出，央企对广大农村的发展和建设可以提供更强大的智力支持。中国建设科技集团在乡村振兴领域致力于研究八个大方向，包括：村镇规划建设、文化遗产保护、乡村生态景观、乡村旅游规划、农村防灾减灾、农村住房建设、农村污水处理、生活垃圾处理。分别从科研成果和项目经验两个维度进行归纳总结，从一整套乡土调查研究的方法论，到在全国各地落地实施的具体乡村建设工程，逐渐形成了适应不同阶段、侧重不同方面的乡村振兴专题课程。这些课程既是指导乡村建设落地操作层面的实施办法，又为各区县、各乡镇、各乡村政府班子谋划全局发展提供重要策略。

3. 联合培养模式

培养对象

中国建科依托培训中心作为学校实体，定期与地方政府或相关单位联合举办专题培训班。针对全国村镇建设，人才培训中心切实落实中央精神，培训对象面向社会有辐射范围广、对应层级宽、专业技术性强的特点。包含各省、自治区建设厅、直辖市的建委、村委等村镇管理专业人员；地市级建委村镇建设管理者；县、区级村镇建设管理专业人员；六部委确定的全国重点村镇主管规划建设相关的领导和村镇建设实施者；建筑设计院、城乡规划设计院的专业技术人员等。

近年来，乡村人才重点培养对象正在发生较大的变化。人才培训中心积极解读政策，持续关注培养对象的结构性变化，以及新人对学习的需求。中共中央办公厅、国务院办公厅印发的《关于加快推进乡村人才振兴的意见》，坚持把乡村人力资本开发放在首要位置，一方面提出要大力培养本土人才；另一方面也要求推动专业人才服务乡村。在各类人才向农村基层一线流动的过程中，不同地区需要不同类型的人。在农村第二、三产业发展的人才梯队中，中国建科有先天的优势，可以重点培养乡村工匠，协助地方建设农民工劳务输出品牌。同时，在培养乡村公共服务人才领域，建设乡村规划建设人才队伍过程中，需要熟悉乡村的首席规划师、乡村规划师、建筑师、设计师团队参与村庄规划设计，提高设计建设水平、塑造乡村特色风貌。不论是乡镇事业人员、驻村第一书记，还是大学毕业生、退役军人，以及本地长期生活工作的人员，在其选拔的过程中，都需要在专有领域掌握一定的技能，需要培训。

因此，伴随乡村振兴人才队伍的规模化扩张，与以往相比，参与乡村建设的人员呈现来源更广、背景更丰富、学科基础更加庞杂且参差不齐的特点。这就需要用创新的方法培养变化中的人群，让他们可以通过短时间专题性的培训课程，掌握基本思路和工作方法。在准备上岗或在职操盘具体项目的情况下，学员可以针对所在村镇的发展特点，结合自己工作中面临的核心问题，进行高效率学习和创新实践。

联合模式

乡村振兴专项培训，采用联合培养模式。在课程教研和培训组织上，人才培训中心从项目伊始就确定了"央企＋地方"的联合培养机制。这种创新课程组织方法涉及三组人群：第一是央企的专家，作为授课教师组；第二是来自地方需要学习的干部及专业人员，作为学员组；第三是乡村振兴先进地区作为教学示范的案例村镇，作为研学组。为了更好地培养符合时代要求的乡村振兴人才，使各地学员具有创新思维和多元视角，培训班让专家和学员一起走进田间地头，通过"科研＋项目＋现场教学"的融合型授课场景，扩展了更宽的知识面。这种联合培养解决了许多现实的问题，使央企和地方的资源得到了充分的交流利用。中央企业有优质的师资和科研储备，地方区县有丰富的村镇资源和区域特色发展的落地经验，有了这样的后盾，一些全国普遍性的乡村建设课题，就可以在具体的教学场景中进行学习。有条件的地区还可以结合乡村建设组织项目制学习，在真实项目挂进的过程中，学员以小组为单位，通过训练建立起创新思维的习惯和处理具体问题的能力。大量的农村建设问题涉及知识庞杂，从调研开始就应具备收集处理信息、获取知识的能力，才能更好地进行问题的分析和解决。这种双向促进的教学方法，不仅对学员非常有益，也促进了办学合作双方在技术交流和政企合作上达成共识。

央企角色

以2021年7月在成都举办的乡村振兴培训班为例，联合培养模式中央企角色和地方特色做到双重呼应。"乡村美好人居环境的设计与营造"专题培训班，是人才培训中心和成都战旗乡村振兴学院联合办学的项目。以中国建科为主导，双方在策划环节确定了教学的三个部分：专题讲座、互动交流、现场教学。其中，央企派出专家组从北京前往战旗村，面授课程内容包含政策解读、村庄规划、国土空间、风景园林、旅游产业、农房建造等。地方区政府牵头，结合课程内容进行现场教学点位的匹配和筛选，包含战旗村在内拓展了四个各具特色的实体村落。

专家在村镇居民家中做旧村改造调查（江苏省常州市莫城镇）

调研人员与居民座谈（沈阳市于洪区沙岭镇）

村镇居住实态调查（沈阳市新城子尹家乡）

央企的科研和工程经验遍布全国，在选择地方联合办学的主体时，更多考量的是村庄样本，即科研项目中的方法论和结论，能否在现场教学点位看到具体反馈；工程项目的实操方法总结，能否在现场教学点位看到示范案例。本着这样的目标，央企把握了核心的课程设计，根据学员的阶段、规模、类型进行理论部分的教研，同时根据地方教学

中国建科乡村振兴领域科研成果转化八大方向

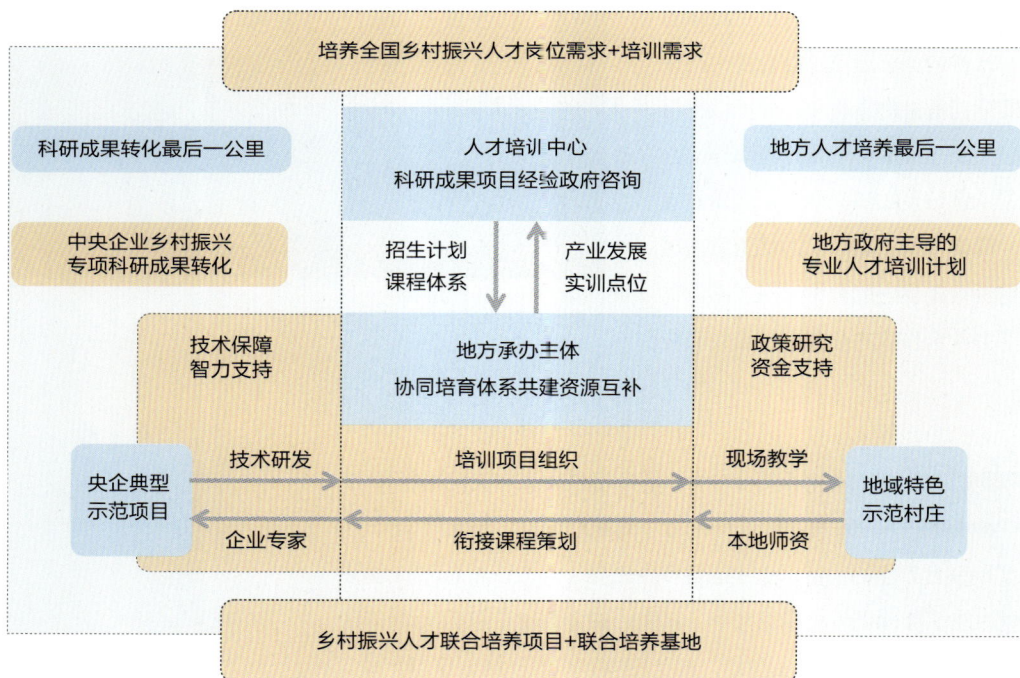

央企与地方联合培养乡村振兴人才模式图

高阶 培训	专班优化提升	项目管理实务	乡村首席规划师	住房建设辅导员
	干部考核机制	政府招标采购	基础设施工程师	环境保护工作者
	党政队伍建设	历史文化保护	乡村美学设计师	文化传播媒体人
基础 培训	地区补贴政策	技术服务规范	乡村专项规划师	乡村修路工
	专业技术要求	规划编制要求	乡村建筑设计师	乡村水利员
	管理条线分工	保护乡村风貌	乡村景观设计师	乡村厕改专家
双向	专业人才下乡服务		大力培养本土人才	
人才 梯队	行政体系 管理人员	地方规划 建设人员	村镇基层 建设人员	乡村创客 乡村工匠
培训 对象	各省、自治区建设厅、直辖市的建委、村委等村镇管理专业人员；地市级建委村镇建设管理者；县、区级村镇建设管理专业人员	各省、市所属的建筑设计院、城乡规划设计院、高等院校相关的专业技术人员	乡镇事业人员、驻村第一书记、大学毕业生、退役军人、熟悉乡村的首席规划师、乡村规划师、建筑师、设计师、景观设计	乡村建筑工匠、农村自建房施工队、乡村手工业者、传统艺人，名师工作室、大师传习所、返乡创业者

乡村人才振兴的创新培养模式

点位的考察反馈，优化整体课程结构。

　　我国幅员辽阔，在同一阶段不同地区乡村振兴面临的问题是不同的。因此，课程教研的针对性必须满足学员所服务的县镇地区发展的要求。例如在成都当地，郫都区下辖县镇有很多苗木种植的综合产业以及和川菜有关的食品加工产业。虽然相关教学点位丰

"科研＋项目＋现场教学"融合教学场景

富，但是针对来自甘肃的学员，城市观赏类的苗木园艺场，从产业运营到管理经验，由于气候差异在当地没有具体的应用场景。配课的过程中，关于乡村生态景观的部分，就侧重环境保护和村镇基础设施的建设，现场教学点位也匹配的是利用当地竹子进行竹艺产业扶持的村落。甘肃和成都同属于地震多发地带，在乡村规划建设的专题课后，匹配的是地震灾后复建的白鹿镇作为现场教学。

在培训项目筹备和实施过程中，央企一方面担当社会责任；另一方面做好信息弥合的工作，让跨区域学习的县镇队伍，掌握理论基础、学习项目经验、调研适配做法、找到发展路径。让经验输出的地方政府，可以精准输出适合该区域借鉴和深耕的部分，扩大全国影响力，也让本企业的专家丰富下乡体验，和一线乡村管理者面对面，通过集体研讨了解基层情况和区域差异，通过专业技能给予地方帮助，可以做到三方共赢。

地方特色

正如费孝通先生在《乡土中国》中谈及乡土本色时所述，"从基层上看去，中国社会是乡土性的"。从社会学角度研究中国的乡村，在人与空间的关系上是不流动的，安土重迁，各自保持独立。正是因为在相当长的历史时期内，乡村人口流动性缓慢的特点，决定了乡村建设和乡村生活很富于"地方性"特点，聚村而居，村村不同。对于每个村具体建设情况最了解的还是当地县镇，入乡进村的实景调研和培训，需要依托地方政府和学校代表紧密配合才容易高效高品质办学。脚下的每一分土地，所见的每一个村子，体验的每一种产业，当地的"土专家"和"乡创客"最有发言权。他们既能从亲身经历输出经验，又能准确比较村和村之间的差异和变化，在研学过程中带给学员感同身受的学习经历。

在"乡村美好人居环境的设计与营造"专题培训班联合培训中，战旗乡村振兴学院在发挥地方特色方面起到了重要的支撑作用。在教研磨课的过程中，根据中国建设科技集团的课程结构，不仅在校园内组织乡村建设专题展览，还对应课程内容进行教学点位的调研设计。对应"以文化引领的乡村振兴伴随式实践"课程，匹配现场教学目的地在崇州市竹艺村，这是一个典型的文化旅游产业村；对应"创新村庄规划，助力乡村振兴"课程，匹配有地域特色的农村规划建设案例，全员抵达彭州市白鹿音乐小镇；对应"新时代最优价值生命共同体创新实践"

中国建科和四川省成都市郫都区的培训合作

中国建科专家在乡村振兴专题培训班授课

培训班在竹艺村现场教学

培训班在白鹿镇现场教学

大美乡村规划建设
Beautiful Rural Areas of China: Planning and Construction

课程，匹配乡村生态文明建设及农村基础设施建设案例，现场教学地点就在新津区兴义水乡。

跨界整合

国家提出要坚持多元主体、分工配合，推动政府、培训机构、企业等发挥各自优势，共同参与乡村人才培养，解决制约乡村人才振兴的问题，形成工作合力。在具体进行学习活动策划和培训组织的过程中，人员包含生产经营人才、产业发展人才、公共服务人才等，不同领域的人员术业有专攻、各自有资源，但对于具体的一个村或一个镇，遇到的建设发展瓶颈通常是多元的。集结和培养覆盖各领域的完备班底需要过程，村镇干部和专班队伍需要培养跨界整合能力。

培训班在兴义水乡现场教学

中国建科提出针对乡村振兴的专业人才能力建设，中央企业尤其是科技型央企，服务地方需要关注五种人才、发挥四个作用、形成八大机制、提供两项保障。

五种人才：农业生产经营人才、农村第二、三产业发展人才、乡村公共服务人才、乡村治理人才和农村科技人才。

四个作用：模糊学科边界的作用、完善职教体系的作用、培养基层干部的作用和发挥企业办学的作用。

八大机制：干部培养锻炼机制、特岗定向培养机制、人才定期服务机制、基层一线流动机制、人才统筹使用机制、职业技能鉴定机制、分类分级评价机制和人才管理服务机制。

两项保障：乡村人才平台建设的保障和乡村人才专项规划的保障。例如，以科研院所和高校为代表的机构或团体，可以通过"科技小院"进村培养技术人员，通常有实体基地和技术推广计划，如涉及土地承包经营，就必须有懂得法律和农村经营管理的人员加入项目。革命老区和民族地区的乡村，往往有特殊的旅游资源，在文化旅游人才培养的过程中，如果不懂规划建设和旅游路线设计，也难以形成当地文化和特色旅游资源的深度开发。不论是农产品销售还是地方文化输出，在当前融媒体发展的背景下，都需要借助专业的传媒工作进行信息传播。培育农村创新带头人的过程中，实训基地的建设可能和电商平台的搭建重要性相当，需要人才队伍年轻化和复合化。

培训班实景教学场地

企业办学融合地方特色的课程实践过程中，人才培养路径未必按照学科对应，在一开始就进行精准细分，而是结合地方资源在跨界整合上走出特色之路。中国建设科技集团也在不断尝试工程和文化、建设和管理、传承和创新、人文和科技的学科大融合，以期在乡村振兴领域高质量培养地方急缺的专业化人才，继续在国家城乡建设领域进行高密度科技研发和高水平人才建设。

乡村振兴五大类人才专业能力建设

农业生产经营人才	农村第二、三产业人才	乡村公共服务人才	乡村综合治理人才	农村科技实践人才
高素质的农民队伍	创业创新带头人	乡村教师队伍建设	乡镇党政队伍建设	高科技的领军人才
农民在线教育培训	农村电商领头人	卫生健康队伍建设	优化党组织带头人	农村科技创新人才
企业筹建培训基地	乡村工匠传承人	文体旅游队伍建设	社会工作人员培养	企业科技特派员
合作社带头人培养	劳务输出经理人	乡村规划队伍建设	经营管理人员培养	产业示范区专家
生产指导项目支持	技能培训创立人	乡村营建队伍建设	法律顾问队伍建设	科技园建设专家

作用1-模糊学科边界	作用2-完善职教体系	作用3-培养基层干部	作用4-发展企业办学

中央企业服务地方发挥的四个作用

理论研究+项目经验	政策研究+定点帮扶

干部培养锻炼机制	特岗定向培养机制	人才定期服务机制	基层一线流动机制
人才统筹使用机制	职业技能鉴定机制	分类分级评价机制	人才管理服务机制

建立健全乡村人才振兴的八大机制

保障1-央企助力乡村人才平台建设	保障2-央企参与乡村人才专项规划

完成乡村振兴战略重要任务的两项保障

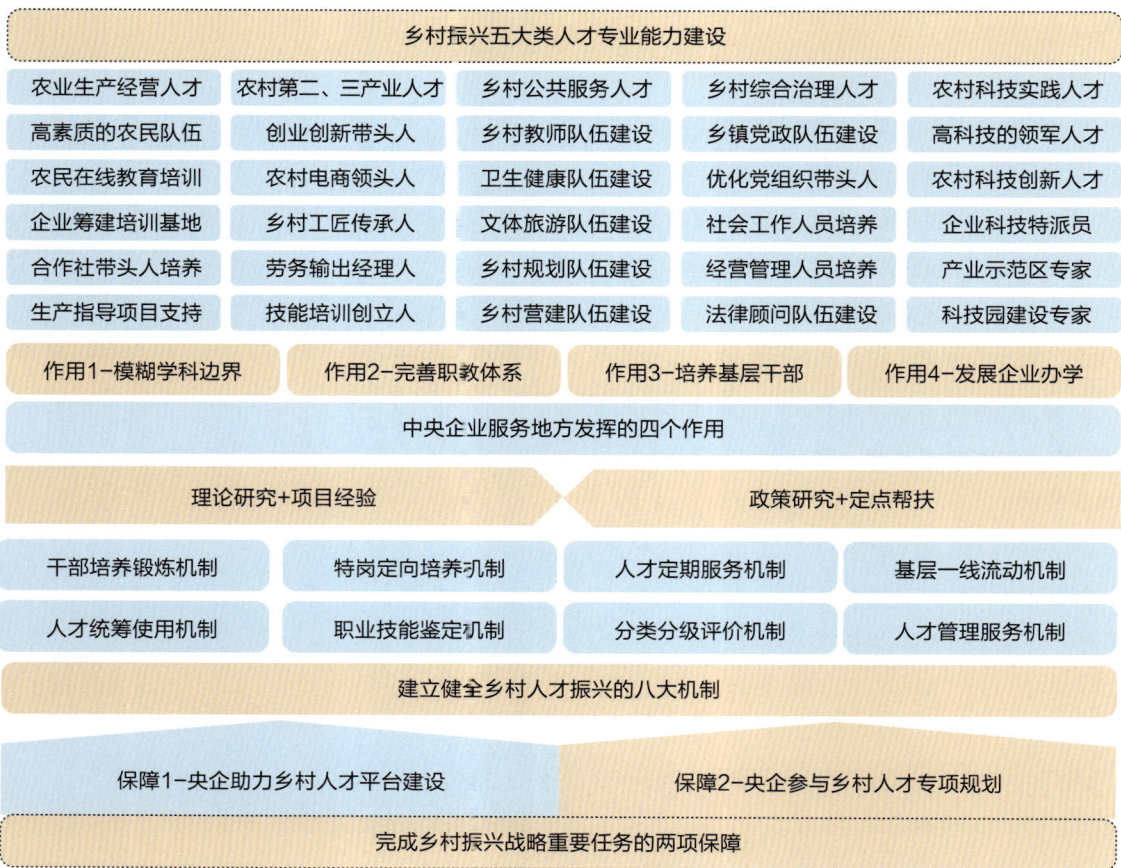

乡村人才振兴的跨界整合能力建设体系

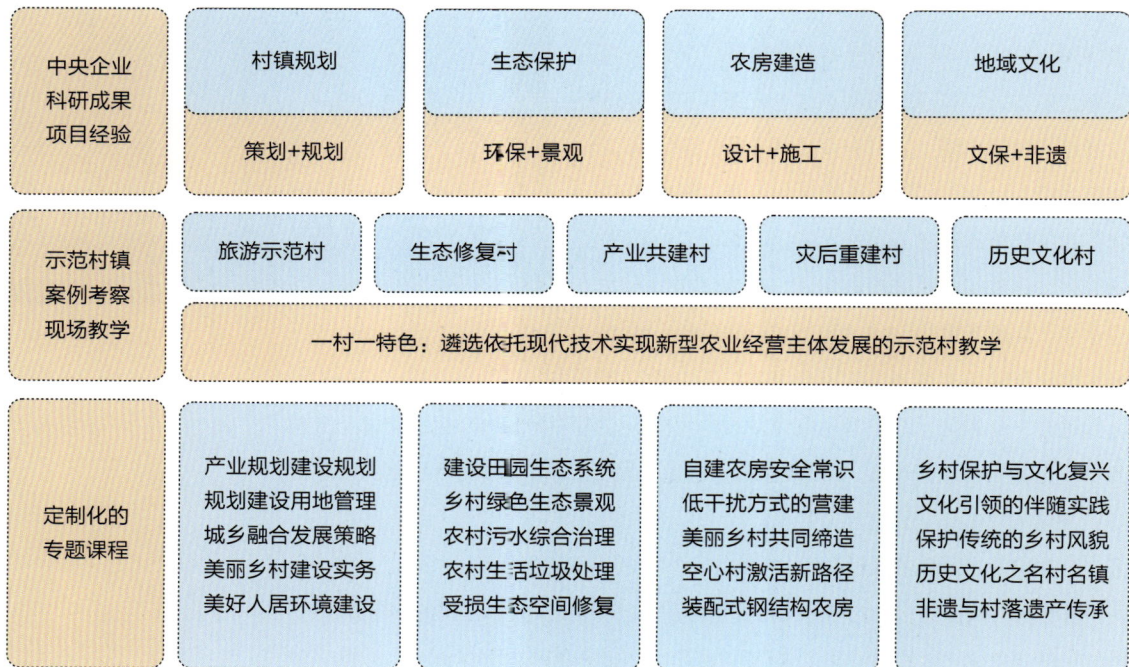

中央企业科研成果项目经验	村镇规划	生态保护	农房建造	地域文化
	策划+规划	环保+景观	设计+施工	文保+非遗

示范村镇案例考察现场教学	旅游示范村	生态修复村	产业共建村	灾后重建村	历史文化村
	一村一特色：遴选依托现代技术实现新型农业经营主体发展的示范村教学				

定制化的专题课程	产业规划建设规划 规划建设用地管理 城乡融合发展策略 美丽乡村建设实务 美好人居环境建设	建设田园生态系统 乡村绿色生态景观 农村污水综合治理 农村生活垃圾处理 受损生态空间修复	自建农房安全常识 低干扰方式的营建 美丽乡村共同缔造 空心村激活新路径 装配式钢结构农房	乡村保护与文化复兴 文化引领的伴随实践 保护传统的乡村风貌 历史文化之名村名镇 非遗与村落遗产传承

以问题为导向的乡村振兴课程体系

4. 特色课程体系

中国建设科技有限公司人才培训中心，结合中国建科的科研成果和项目经验，针对乡村振兴领域形成特色课程体系，包含规划、生态、建造、文化四个方面，十二项专题。这些专题以问题为导向，从基层面临的实际情况出发，通过菜单式的选择，让不同的地区结合乡村管理实务，可以进行适时、适合、适度的学习。随着全国乡村振兴战略的推进，课程专题紧跟国家政策进行动态更新。从难易程度的划分上，不同的课程内容从基本理论、项目操作、品质提升三个阶段进行教研。中国建科的授课专家，针对各地乡村振兴局提出的具体需求、学员基础和工作背景进行授课。

课题设置	详细内容
专题 1：村镇产业规划与建设规划	1. 村庄规划编制方法解析 2. 乡村振兴的产业规划和建设规划 3. 村镇规划决策方法和乡村建设管理 4. 低碳生态村镇建设与可持续发展 5. 重点示范村镇的规划建设新特点 6. 村镇基础设施规划与建设管理 7. 村镇建设发展与国土空间规划 8. 村镇基础设施建设融资渠道和行政监管 9. 村镇公共设施建设与服务体系构建 10. 村镇综合开发与创新经营思路 11. 历史文化名镇名村遗产保护与特色旅游 12. 农村房屋安全与加固改造
专题 2：村镇规划与建设用地管理	1. 农村住房建设技术政策解读 2. 现行国家村镇规划制度解析 3. 乡村振兴引领下的村镇规划 4. 村镇公共设施建设与服务体系 5. 农村住房改造的引导和配套设施 6. 农村住房建设的质量安全监督 7. 农村集体建设用地使用权和宅基地使用权管理及流转政策 8. 村庄建设规划与国土空间规划的衔接 9. 城乡建设用地整理和农村土地整治政策 10. 农村建设用地整理、资金筹措、监督机制 11. 城中村改造和农村住房建设平台搭建 12. 农村集体土地征收与地上房屋征收补偿 13. 农村土地综合整治与违法建设处理 14. 美丽乡村建设和村镇生活环境综合整治专题
专题 3：村镇总体规划和美丽乡村建设	1. 乡村振兴和美丽乡村建设的指导思想、基本原则、工作特点 2. 村镇总体规划的编制、实施管理和详细规划解析 3. 美丽乡村的生态建设规划和指标体系 4. 村镇体系布局因素和规划方法 5. 旧村改造方法和案例分析 6. 村镇给排水工程和防洪工程规划 7. 村镇景观绿地系统规划方法 8. 村镇居住建筑的节能设计和评价 9. 村镇规划与乡村建筑案例解析

课题设置	详细内容
专题4：乡村规划建设与城乡融合发展	1. 区域协调发展中以县城为重要载体的城镇化建设 2. 强化县域综合服务能力的实施方向 3. 脱贫攻坚成果和乡村振兴的有效衔接 4. 国土空间开发与保护的新格局 5. 统筹县域城镇和村庄规划建设实务 6. 县乡层级的全域土地综合治理 7. 国土整治修复中的重点区域和重大工程 8. 保护传统村落和乡村风貌
专题5：乡村美好人居环境的设计与营造	1. 以历史观看乡村振兴战略的提出 2. 乡村绿色振兴的模式和实施策略 3. 乡村振兴全方位全过程解决方案 4. 风景园林和人居环境引领的乡村振兴 5. 生态建设和产业支撑引领的县村振兴 6. 文化创意和旅游休闲引领的城村振兴 7. 以文化引领的乡村振兴伴随实践 8. 新时代最优价值生命共同体创新实践 9. 村庄分类发展路径和规划编制解析 10. 县域乡村振兴策略与村庄规划模式 11. 乡村营造中的保护与复兴 12. 装配式钢结构农房的应用基础
专题6：乡村振兴之低干扰方式营建	1. 低干扰方式的乡村营建与本土文化 2. 微介入乡村规划的技术路线与实践经验 3. 乡村振兴中的特色文化和可持续建筑 4. 村民参与性的项目操作互动工作方法 5. 乡村建设策略的生成机制和理论体系 6. 村落整体转型和乡村景观保护 7. 乡村聚落的认知解读与重构模式 8. 乡村营建的全程策划和工程管理
专题7：乡村振兴之建设共创实践	1. 乡村振兴的规划思考 2. 青年学生如何助力乡村振兴 3. 高校乡村研习社的探索实践 4. 空心村激活的新路径探索 5. 乡村共建的探索与实践 6. 国土空间规划体系下的村庄设计 7. 基于乡村治理的村庄设计案例 8. 乡村旅游与乡村产业振兴 9. 乡村振兴战略的相关问题解析 10. 区域发展与乡村的现实与未来 11. 从环境治理到生态宜居 12. 双循环背景下的乡村治理方案
专题8：乡村振兴之农村污水治理	1. 乡村振兴之农村污水治理路径 2. 村镇生活综合污染控制方法 3. 村镇污水处理技术与成套方法 4. 村镇排水和污水处理设施规划

课题设置	详细内容
专题8：乡村振兴之农村污水治理	5. 村镇污水处理系统运行与工艺 6. 乡村产业振兴与排水系统优化 7. 乡村水环境综合治理策略 8. 小型模块化乡镇污水处理技术 9. 分散式生态污水处理方法 10. 难降解生活污水和工业废水处理
专题9：乡村振兴之绿色生态景观	1. "两山理论"与农村生态文明建设 2. 历史文化名村名镇名城的山水格局 3. 乡村振兴的绿色基础设施建设 4. 生物多样性保护和植物应用 5. 山水林田湖草构筑生命共同体 6. 农村生态修复和人居环境建设 7. 推进农业面源污染综合治理 8. 乡村生态景观资源特征指标体系 9. 农村生态环境保护修复实务 10. 受损生态空间重建与功能提升 11. 既有林木保护与利用关键技术 12. 建设健康稳定的田园生态系统 13. 加强耕地资源保护和质量提升 14. 农村"厕所革命"的分类和实操 15. 改善村容村貌的建设管理实务
专题：10：乡村环境保护与垃圾处理	1. 村镇有机垃圾处理技术 2. 村镇有机垃圾腐殖化技术集成 3. 村镇生活垃圾填埋及污染控制 4. 村镇生活垃圾处理技术和模式 5. 村镇生活垃圾的物流特征 6. 村镇生活垃圾的产生及特性 7. 村镇生活垃圾集约化处理 8. 农村生活垃圾运收和处理技术 9. 农村垃圾分类试点经验 10. 农村生活垃圾小型卫生化处理 11. 农村生活垃圾分类和资源利用 12. 农村生活垃圾治理政策及制度
专题11：乡村建筑的文化遗产保护	1. 中国区域性乡土建筑遗产 2. 古村古镇与名村名镇的遗产类型 3. 城镇化进程与大型文化资源整体保护 4. 乡村振兴与传统民居保护 5. 中国传统村落深入调查方法 6. 中国传统村落遗产价值体系 7. 历史文化名城名镇名村保护体系 8. 重点文保单位保护规划要求 9. 中国边疆遗产与村镇建设 10. 文化遗产保护与村镇规划体系 11. 中国乡村景观分类保护方法

课题设置	详细内容
专题 11：乡村建筑的文化遗产保护	12. 少数民族村寨抢救维修保护 13. 哈尼梯田保护管理规划 14. 黔东南村庄综合规划及整治 15. 村镇遗址保护展示与环境整治
专题 12：乡村自建住房质量安全常识	1. 农村住房的选址要求和地基条件 2. 农村住房的地基基础处理方法 3. 房屋平面布置的注意事项 4. 墙体砌筑的基本要求和操作方法 5. 楼板和屋面的设计施工要求 6. 混凝土浇筑的强度等级要求 7. 模板支架的安全施工要点 8. 施工用电安全要点 9. 起重安全及安全防护 10. 农房改建和拆除的注意事项

后 记

实施乡村振兴战略是关系全面建设社会主义现代化国家的全局性、历史性任务。自党的十九大以来，习近平总书记就实施乡村振兴战略发表了一系列重要讲话，对做好乡村振兴工作提出了明确要求。做好新时代"三农"工作、推进乡村全面振兴，就要认真学习、深入领会、全面贯彻习近平总书记关于实施乡村振兴战略的重要讲话精神，全面实施乡村振兴战略，加快推进农业农村现代化，谱写中华民族伟大复兴的"三农"新篇章。

20 世纪 70 年代中期，中国建设科技集团"乡村建设国家队"的前身——国家建委中国建筑科学研究院农村房屋调查研究组成立，从农房建设调查起步，坚持不懈服务国家乡村建设。从新农村建设，美丽宜居乡村升级版，特别是进入脱贫攻坚、全面建设小康社会阶段，几代优秀中国建科人坚决贯彻落实党中央重大决策部署，义不容辞扛起中央企业的责任担当，发挥科技、资源、人才等优势，从制定农村建设政策，到绘制美丽乡村规划，再到设计建造乡村建筑与农房，为乡村提供人才智力支持，开展村镇规划建设技术人员、村镇干部、农村工匠培训，全力以赴参与乡村建设的各个环节。2021年是中国共产党成立 100 周年，2022 年是中国建科成立 70 周年，中国建科以献礼建党100 周年、集团成立 70 周年为契机，组织集团从事乡村建设的科技人员，共同编辑出版了《大美乡村规划建设》，记录展示中国建科在各个时期参与乡村建设的优秀成果。

经过编写组和项目参与人员的共同努力，《大美乡村规划建设》一书终于正式出版发行。编写组人员发挥优势与专长，为书籍出版作出了积极贡献。本书由中国建科党委书记、董事长文兵和党委副书记、总裁孙英担任编委会主任，党委副书记吕书正担任主编，与编委会其他成员一道为本书的编辑出版提供了宝贵建议和指导意见。副主编冯新刚、陈玲承担全书统稿和审校工作，杨超执笔"乡村建设历程"部分，崔婷婷、张玉昆负责资料整理、图文编辑及文稿校对工作，李静执笔"乡村建设人才培养"部分。

在本书组稿过程中，特别感谢集团周清清、冯夏荫、孙金颖的大力支持，同时也感谢各子公司从事乡村建设工作的科技人员代表：中国建筑设计研究院有限公司冯新刚、陈玲、李广林、梁旭、陈晶、鄢宁等；中国城市建设研究院有限公司陈珊珊、曾理、杨策、杨非羊；中国市政工程华北设计研究总院有限公司张研、李晓雪、李全胜；中国建筑标准设计研究院有限公司赵格、武志、梁双、汪浩；中国城市发展规划设计咨询有限公司杨涛、高宜程、王冰洁；深圳华森建筑与工程设计顾问有限公司管联、黄秋梅；上海中森建筑与工程设计顾问有限公司张晓远、陈鑫春、薛娇、徐之琪；中国建设科技有限公司人才培训中心李静等。在本书编辑过程中，人民出版社编辑同志作出了重要贡献，感谢大家在编写过程中提出的宝贵建议以及在案例推荐、内容呈现等方面所提供的大力支持。

今天，中国已经完成了脱贫攻坚和全面建成小康社会的伟大创举，带领广大乡村沿着共同富裕的道路，继续推进乡村振兴事业不断前进。参与乡村振兴，是中央企业推动共同富裕的重要责任，在踏上新征程、迈向现代化的不懈奋斗中，中国建科将继续发挥专业优势、凝聚行业力量，进一步探索创新乡村营建方式，持续助力乡村振兴，为国家实施乡村振兴战略贡献新的更大力量。

责任编辑：郭　娜
装帧设计：王欢欢
责任校对：吕　飞
封面手绘：李志新

图书在版编目（CIP）数据

大美乡村规划建设／中国建设科技集团 编著 . —北京：人民出版社，2022.11
ISBN 978 - 7 - 01 - 025121 - 9

I. ①大…　II. ①中…　III. ①乡村规划 - 研究 - 中国　IV. ① TU982.29

中国版本图书馆 CIP 数据核字（2022）第 182259 号

大美乡村规划建设
DAMEI XIANGCUN GUIHUA JIANSHE

中国建设科技集团　编著

人民出版社 出版发行
（100706　北京市东城区隆福寺街 99 号）

北京雅昌艺术印刷有限公司印刷　新华书店经销

2022 年 11 月第 1 版　2022 年 11 月北京第 1 次印刷
开本：889 毫米 × 1240 毫米 1/16　印张：26
字数：590 千字

ISBN 978 - 7 - 01 - 025121 - 9　定价：398.00 元

邮购地址 100706　北京市东城区隆福寺街 99 号
人民东方图书销售中心　电话（010）65250042　65289539